Schnittpunkt 10

Mathematik
Nordrhein-Westfalen

Arbeitsheft

herausgegeben von Matthias Dorn und Petra Hillebrand

erarbeitet von
Ilona Bernhard, Matthias Dorn, Jürgen Frink, Petra Hillebrand, Klaus-Peter Jungmann, Karen Kaps, Michael Kölle, Nicolas Kümmerle, Michael Neubert, Tanja Sawatzki, Uwe Schumacher

Ernst Klett Verlag
Stuttgart · Leipzig

Liebe Schülerinnen und Schüler,

auf dieser Seite stellen wir euch euer Arbeitsheft für die 10. Klasse vor.

Die Kapitel und das Lösungsheft

Zu allen Kapiteln eures Buches findet ihr Übungsaufgaben. Ausführliche Lösungen der Aufgaben befinden sich im eingehefteten Lösungsheft. Zusätzlich bietet das Heft **20 Trainingsseiten für die Prüfungsvorbereitung**. Ihr wisst: Die beste Lernmethode für Prüfungen ist, sich alle Lern- und Übungsschritte, in kleine Portionen unterteilt, über einen längeren Zeitraum vorzunehmen. Damit dies möglich ist, haben wir spezielle Seiten für die langfristige Prüfungsvorbereitung in das Arbeitsheft aufgenommen.
Das Prüfungstraining fängt gleich nach dem ersten Kapitel an, damit ihr schon möglichst früh das wiederholen und üben könnt, worauf es ankommt. Hier werden wichtige Themen auch aus den vorangegangenen Jahren wiederholt, Wissen gesichert und Aufgaben im Stil der Prüfungen gestellt.

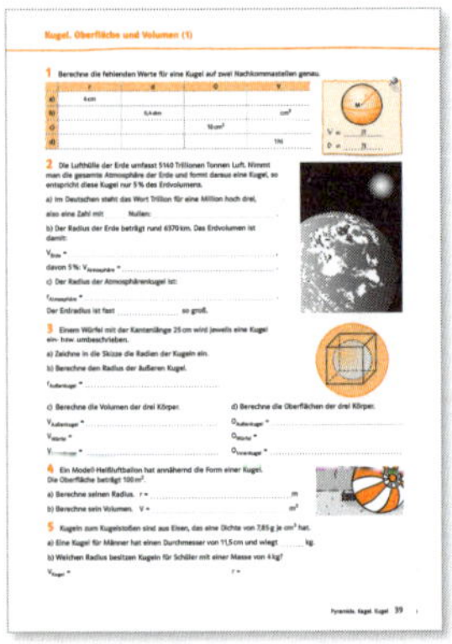

Übungsblätter

Zu allen wichtigen Bereichen der 10. Klasse findet ihr hier viele verschiedene Übungen. Damit ihr seht, wie eine Aufgabe gemeint ist, haben wir an einigen Stellen schon einen Aufgabenteil gelöst (orange Schreibschrift). Eure Antworten schreibt ihr auf die vorgegebenen Linien ________________ oder in die farbigen Kästchen ▭.
Manchmal braucht ihr einen Zettel für Nebenrechnungen. An manchen Aufgaben findet ihr Nummern, z. B. [T1]. Falls ihr Schwierigkeiten haben solltet, für die gekennzeichnete Aufgabe einen Lösungsansatz zu finden, könnt ihr den entsprechend nummerierten Tipp am unteren Seitenrand durchlesen und dann weiterarbeiten. Damit diese Tipps nicht unbeabsichtigt gelesen werden können, haben wir sie auf den Kopf gestellt.

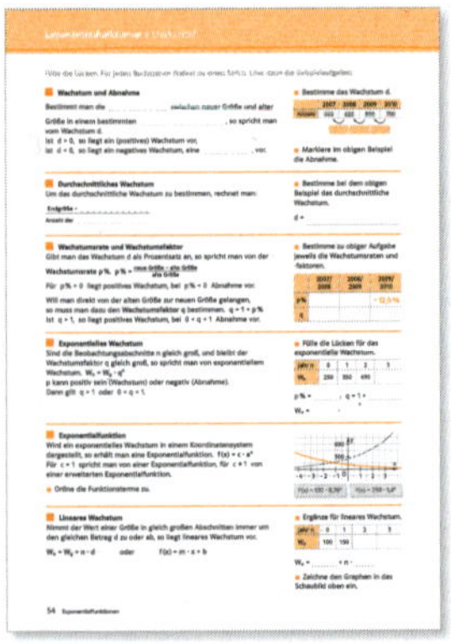

Merkzettel befinden sich am Ende von jedem Kapitel. Dort stehen alle wichtigen Regeln und Begriffe, die das Kapitel enthält. Um euch zu helfen, diese Begriffe leichter und auch dauerhaft zu merken, solltet ihr auch diese Blätter selbst bearbeiten und lösen.

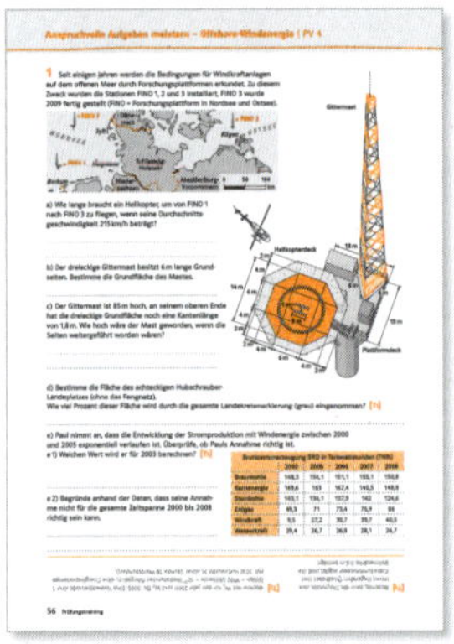

Training: Der Bereich **Grundlagen festigen** übt Aufgabentypen des ersten Prüfungsteils. Der Bereich **Anspruchsvolle Aufgaben** trainiert Aufgabentypen auf dem Niveau des zweiten Prüfungsteils.
Auf Seite 73 findet ihr eine detaillierte Übersicht zu den Inhalten der Prüfungsvorbereitungsseiten.

Der Wissensspeicher und das Register

Wisst ihr nicht, was ein Begriff bedeutet? Oder sucht ihr Übungen zu einem bestimmten Thema? Habt ihr beim Lösen einer Aufgabe ein Problem? Hier hilft das Register auf der letzten Seite. Alle mathematischen Begriffe der 10. Klasse könnt ihr dort nachschlagen. Von dort werdet ihr auf die Seite verwiesen, auf der ihr eine Erklärung des Begriffs findet.
Probiert es am besten gleich aus:
Auf welcher Seite wird „Bruchgleichung" erklärt?

____

allgemeine Dreiecke berechnen?

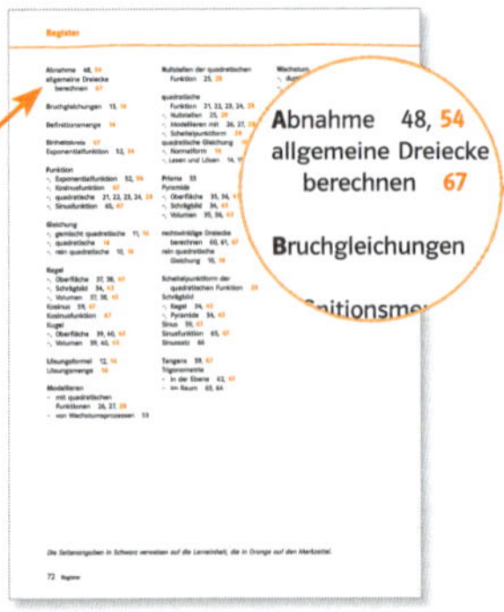

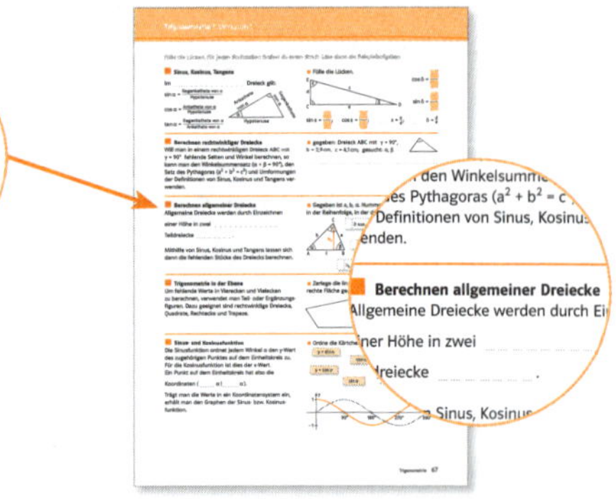

Wenn ihr das Heft durcharbeitet, werdet ihr gut gerüstet sein, um dann als letzten Schritt der Vorbereitungen Originalprüfungen der letzten Jahre in Angriff zu nehmen.

Für dieses Schuljahr und die kommenden Prüfungen wünschen wir euch viel Erfolg.

Euer Autorenteam

FiNALE Prüfungstraining

Nordrhein-Westfalen 2015

Mittlerer Schulabschluss
Realschule,
Hauptschule Typ B und
Gesamtschule Erweiterungskurs

Lösungen

Mathematik

Bernhard Humpert
Prof. Dr. Dominik Leiss
Dr. Martina Lenze
Dr. Bernd Liebau
Ursula Schmidt
Peter Welzel
Prof. Bernd Wurl
Prof. Dr. Alexander Wynands

ISBN 978-3-14-171306-8

westermann

12

1 Es ist sinnvoll, die Zahlen zum besseren Vergleich dezimal zu schreiben.

a) $0{,}4 \mid \frac{3}{6} = 0{,}5 \mid 0{,}38 \mid \frac{1}{4} = 0{,}25 \mid \frac{3}{8} = 0{,}375 \mid 0{,}44$

$\frac{1}{4} < \frac{3}{8} < 0{,}38 < 0{,}4 < 0{,}44 < \frac{3}{6}$

b) $-1\frac{1}{2} = -1{,}5 \mid -\frac{7}{5} = -1{,}4 \mid -\frac{3}{4} = -0{,}75 \mid -0{,}8 \mid -\frac{11}{8} = -1{,}375 \mid -1{,}3$

Bei negativen Zahlen hat die größere Zahl den kleineren Betrag.

$-1\frac{1}{2} < -\frac{7}{5} < -\frac{11}{8} < -1{,}3 < -0{,}8 < -\frac{3}{4}$

c) $0{,}7 \mid -\frac{3}{4} = -0{,}75 \mid -1{,}34 \mid \frac{4}{5} = 0{,}8 \mid -\frac{4}{3} = -1{,}\overline{3} \mid \frac{17}{20} = 0{,}85$

$-1{,}34 < -\frac{4}{3} < -\frac{3}{4} < 0{,}7 < \frac{4}{5} < \frac{17}{20}$

2 (1) $(11 - 8) : 5 = \frac{3}{5}$ (= 0,6) (2) $2{,}5 - 4{,}5 = -2$ (3) $\frac{5}{4} - \frac{2}{4} - \frac{7}{4} = -\frac{4}{4} = -1$

(4) $-\frac{5}{10} + \frac{9}{10} = \frac{4}{10} = \frac{2}{5}$ (= 0,4) (5) $\frac{1}{8} \cdot \frac{16}{5} = \frac{2}{5}$ (= 0,4) (6) $-8 \cdot \frac{1}{5} = -\frac{8}{5} = -1\frac{3}{5}$ (= −1,6)

(7) −2,6 (8) $(-4{,}6) \cdot \frac{1}{2} = -2{,}3$

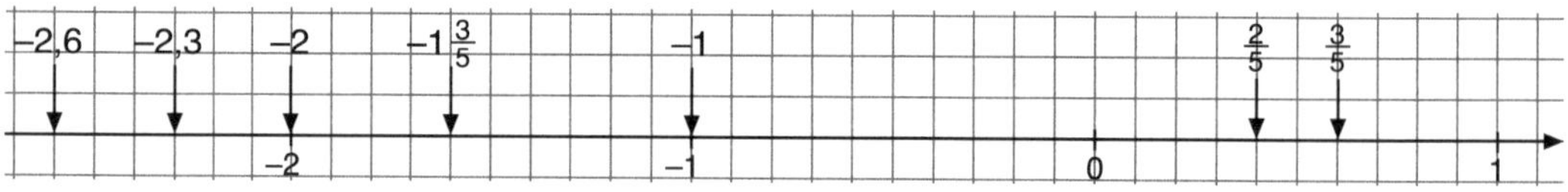

3 a = 7 cm; b = 10 cm, (7 cm + 3 cm)

A = 7 cm · 10 cm u = 2 · 7 cm + 2 · 10 cm

A = 70 cm² u = 34 cm

4 a) A = 32 m · 24 m

A = 768 m²

b) Der Preis P berechnet sich so:

$P = 768\ m^2 \cdot 75\ \frac{€}{m^2}$ P = 57 600 €

5 a) Es muss der Umfang des Spielplatzes berechnet und davon drei Meter abgezogen werden (3 Türen von je 1 m Breite).

u − 3 m = 2 · 45 m + 2 · 26 m − 3 m = 139 m

b) Da der 139 m lange Zaun 2 m hoch ist, beträgt die Fläche A des Zauns:

A = 139 m · 2 m A = 278 m²

6 A = 5 m · 30 m + 13 m · 35 m A = 605 m²

$u = 5\ m + 30\ m + \underbrace{8\ m + 35\ m}_{(65\ m\ -\ 30\ m)} + \underbrace{13\ m}_{(5\ m\ +\ 8\ m)} + 65\ m$ u = 156 m

14

1 a) Hauptschulabschluss: $\frac{1}{10}$ von 450 = 45

Realschulabschluss: $\frac{1}{3}$ von 450 = 150

Abiturientinnen und Abiturienten: 450 − 45 − 150 = 255

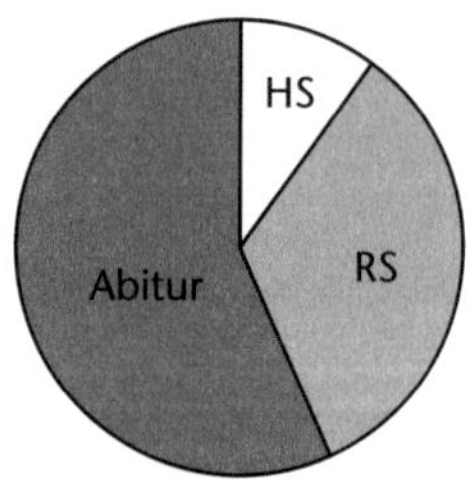

b) HS: 10 % ≙ 36°; (10 · 3,6°)

RS: $33\frac{1}{3}$ % ≙ 120°; ($33{,}\overline{3}$ · 3,6°)

A: $56\frac{2}{3}$ % ≙ 204°; ($56{,}\overline{6}$ · 3,6°)

2 Gesamtschülerzahl: 261 + 108 + 81 = 450

deutsche Nationalität: $\frac{261}{450}$ = 0,58 = 58 % ≙ 209°

türkische Nationalität: $\frac{108}{450}$ = 0,24 = 24 % ≙ 86°

andere Nationalität: $\frac{81}{450}$ = 0,18 = 18 % ≙ 65°

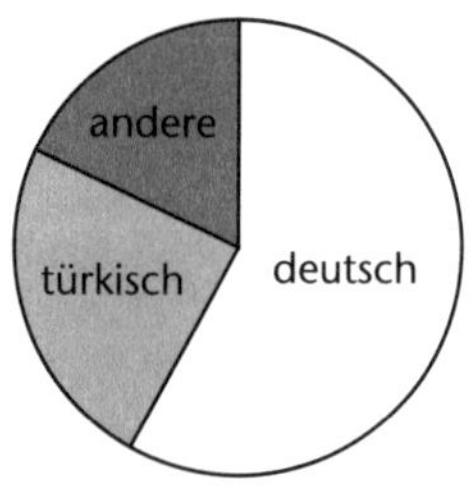

14

3 a) Um die Winkel besser messen zu können, sollte man die Radien verlängern.

Partei A: 72° (: 3,6) ≙ 20,0 %

Partei B: 35° (: 3,6) ≙ 9,7 %

Partei C: 90° (: 3,6) ≙ 25,0 %

Partei D: 163° (: 3,6) ≙ 45,3 %

360°   100 %

b) Partei A: $\frac{95\,450}{100} \cdot 20{,}0 = 19\,090$

Partei B: $\frac{95\,450}{100} \cdot 9{,}7 \approx 9\,259$

Partei C: $\frac{95\,450}{100} \cdot 25{,}0 \approx 23\,863$

Partei D: $\frac{95\,450}{100} \cdot 45{,}3 \approx 43\,239$

Bei b) ergibt sich die Abweichung von 1 Person durch Runden.

4 Gesamtpersonenzahl: 64 + 248 + 488 = 800

unter 18 Jahre: $\frac{64}{800} = 0{,}08 = 8\,\%$

18 bis 60 Jahre: $\frac{248}{800} = 0{,}31 = 31\,\%$

über 60 Jahre: $\frac{488}{800} = 0{,}61 = 61\,\%$

Umrechnung in Winkel für das Kreisdiagramm (· 3,6):

8 % ≙ 29°   31 % ≙ 112°   61 % ≙ 220°

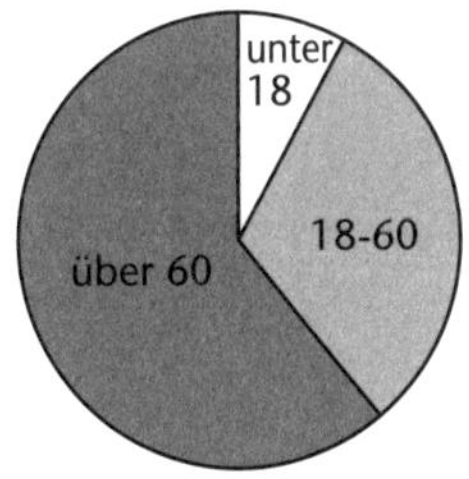

16

1 a)

x	1,5	3
y	4,5	**9**

b)

x	1	**3**
y	5	15

2 a)

x	7	0,5
y	3,5	**49**

b)

x	12	**10**
y	5	6

3 (1) Die doppelte Menge an getankten Litern kostet den doppelten Preis. Die Zuordnung ist proportional.

(2) Ist ein Apfel 50 g schwer, sind 100 Äpfel in dem 5-kg-Netz. Wiegt ein Apfel doppelt so viel (also 100 g), sind in dem Netz nur halb so viele Äpfel (nämlich 50). Die Zuordnung ist antiproportional.

(3) Es gibt junge und alte Menschen, deren Schuhgröße 42 beträgt. Es liegt keine proportionale und keine antiproportionale Zuordnung vor.

(4) Je größer ein Feld auf einem Schachbrett ist, desto größer ist das Schachbrett mit 64 Feldern. Verdoppelt sich der Flächeninhalt eines Feldes, verdoppelt sich auch der Flächeninhalt des gesamten Schachbrettes. Die Zuordnung ist proportional.

(5) Laufen zwei Staffelläufer eine 10-km-Strecke, so muss jeder Läufer 5 km laufen. Laufen vier Staffelläufer eine 10-km-Strecke, so muss jeder Läufer eine Teilstrecke von nur 2,5 km laufen. Die Zuordnung ist antiproportional.

4 Für die Berechnung der Gesamtschuld (Grundwert + Prozentwert) benötigt man den Prozentsatz (3 %), die Dauer (1651 bis 2008) und den Grundwert (572,20 €). Insofern muss der Text die folgenden Markierungen aufweisen:

2008; 3 %; 1651; 572,20 Euro

Insgesamt hat sich Prinz Charles 357 (1651 bis 2008) Jahre lang das Geld geliehen:

$572{,}20\,€ \cdot 1{,}03^{357} = 21\,899\,644{,}92\,€$

5 Mithilfe des Dreisatzes kann man hier die ursprüngliche Produktionsmenge bestimmen:

: 6,25	6,25 %	1125 Einheiten	: 6,25
· 100	1 %	180 Einheiten	· 100
	100 %	18 000 Einheiten	

Also wurden vor der Produktionssteigerung 18 000 Einheiten produziert.

6 Hier gilt es, alle zu 12,5 % gleichwertigen Zahlen anzukreuzen. Da 12,5 % wörtlich bedeutet „12,5 pro Hundert" ist dies gleichwertig mit: 0,125 (12,5 geteilt durch 100), $\frac{125}{1000}$ (als Bruchdarstellung von 12,5 : 100) und einem Achtel (als gekürzter Bruch von $\frac{125}{1000}$).

16

7 Da es sich um eine Schätzaufgabe handelt, rundet man zunächst die 10,1938 % auf 10 % sowie die 12021 € auf 12000 €. Da 10 % einer Größe (Grundwert) $\frac{1}{10}$ der Größe sind, wird 12000 durch 10 dividiert, sodass folgende Zahl anzukreuzen ist: 1 200 €.

18

1 Setzt man y = 0 in die verschiedenen Gleichungen ein, kommt man zur Lösung. Für Produktterme gilt: Ist einer der beiden Faktoren gleich 0, so ist es auch das Produkt.
a) x = 0 *oder* x = 1 b) x = 4

2 a)
$8 + (x-3)^2 = 57 \mid -8$
$(x-3)^2 = 49 \mid \sqrt{\ }$
$x - 3 = 7$ *oder* $x - 3 = -7$
$x = 10$ *oder* $x = -4$

b)
$x^2 - 4x + 4 = 0$
$(x-2)^2 = 0 \mid \sqrt{\ }$
$x - 2 = 0 \mid +2$
$x = 2$

3 a) y = 0 tritt zweimal auf. Die zugehörigen x-Werte stehen in den Zellen D1 (x = 0) und H1 (x = 4).
b) Das Programm berechnet den Wert in Zelle F2 mit der Formel "=8–2*(F1–2)^2"
c) Die Zellen E1 und G1 der Tabelle geben an:
y = 6 für x = 1 und für x = 3.
d) Hier setzt man für y den Wert 0 ein und bestimmt durch Umformen der Gleichung die gesuchten x-Werte:
$8 - 2 \cdot (x-2)^2 = 0 \quad \mid -8$
$-2 \cdot (x-2)^2 = -8 \quad \mid :(-2)$
$(x-2)^2 = 4 \quad \mid \sqrt{\ }$, also
$x - 2 = -2$ oder $x - 2 = 2$
$x = 0$ oder $x = 4$
Die gesuchten Werte sind 0 und 4.

4 a) Setzt man für x den Wert –2 in die Gleichung ein, so erhält man
$y = -2 \cdot (-2-1)^2 + 8$
$y = -2 \cdot (-3)^2 + 8$
$y = -2 \cdot 9 + 8$
$y = -18 + 8 = -10$
Für x = –2 hat y also den Wert –10.

b) Hier vereinfacht man zunächst die Gleichung.
$y = -2 \cdot (x-1)^2 + 8$
$y = -2 \cdot (x^2 - 2x + 1) + 8$
$y = -2x^2 + 4x - 2 + 8$
$y = -2x^2 + 4x + 6$
$y = -2\,(x^2 - 2x - 3)$
Dann setzt man für y den Wert 0 in die Gleichung ein und kommt durch Umformungen zu den gesuchten x-Werten.
$-2 \cdot (x^2 - 2x - 3) = 0 \mid :(-2)$
$x^2 - 2x - 3 = 0 \mid +1$ Quadratische Ergänzung
$x^2 - 2x + 1 - 3 = 1$
$(x-1)^2 - 3 = 1 \mid +3$
$(x-1)^2 = 4 \mid \sqrt{\ }$
$x - 1 = 2$ *oder* $x - 1 = -2$
$x = 3$ *oder* $x = -1$
Die gesuchten x-Werte lauten 3 und –1.

18 **5** a) Das Koordinatensystem zeigt den Graph der linearen Funktion $y = m \cdot x + n$ durch die Punkte P, Q und R.

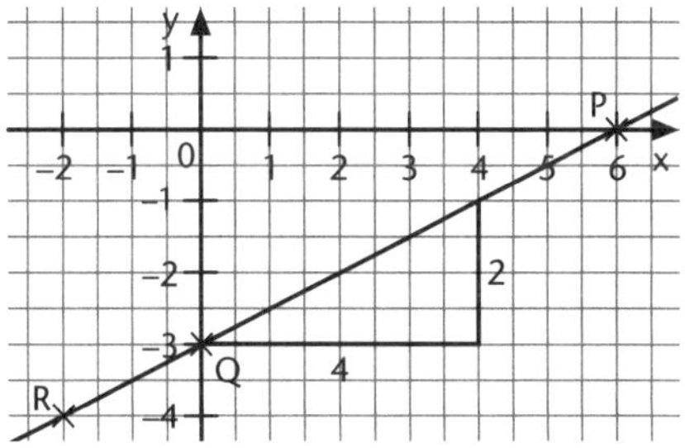

b) Zwei mögliche Lösungswege:

① Die Steigung m und den y-Achsenabschnitt n aus der grafischen Darstellung ablesen:
$n = -3$ und $m = \frac{2}{4} = 0{,}5$.
Funktionsgleichung: $y = 0{,}5x - 3$

② Mithilfe der Zwei-Punkte-Form lässt sich z. B. aus R(– 2|– 4) und Q(0|– 3) die Steigung m berechnen:

$$\frac{y_2 - y_1}{x_2 - x_1} = \frac{-3-(-4)}{0-(-2)} = \frac{1}{2}$$

n wird ermittelt, indem man die Koordinaten eines Punktes, z. B: P (6|0), in die Funktionsgleichung $y = 0{,}5x + n$ einsetzt, also $0 = 0{,}5 \cdot 6 + n$; $n = -3$
Funktionsgleichung: $y = 0{,}5x - 3$

6 a) Alle Funktionsgleichungen besitzen die Form $y = a \cdot x^2$.

- Der Graph g_2 geht durch den Punkt (1|1) und gehört zur Normalparabel mit der Funktionsgleichung $y = x^2$.
- Der Graph g_4 entsteht durch Spiegelung der Normalparabel an der x-Achse. Die Parabel ist nach unten geöffnet, der Faktor a vor x^2 muss also kleiner als 0 sein. Die zugehörige Funktionsgleichung ist daher $y = -x^2$.
- Im Vergleich zur Normalparabel ist der Graph g_1 schlanker, d. h., die Öffnung ist enger ($|a| > 1$). Die Parabel ist nach oben geöffnet ($a > 0$). Der Faktor a muss also größer als 1 sein, dies trifft nur auf die Funktionsgleichung $y = 3x^2$ zu.
- Im Vergleich zur Normalparabel ist der Graph g_3 breiter, d. h., die Öffnung ist weiter ($|a| < 1$) Die Parabel ist nach oben geöffnet ($a > 0$). Der Faktor a muss also zwischen 0 und 1 liegen, dies trifft nur auf die Funktionsgleichung $y = 0{,}5x^2$ zu.

b) Bei $a < 0$ ist die Parabel nach unten geöffnet. Außerdem ist der Scheitelpunkt (0|0), und der Graph ist symmetrisch zur y-Achse.

20 **1** a) Daten der Größe nach geordnet:
65,80 €; 84,30 €; 99,70 €; 107,20 €; 111,40 €
Median ist bei ungerader Anzahl der Wert in der Mitte: 99,70 €
arithmetisches Mittel:

$$\frac{65{,}80\text{ €} + 84{,}30\text{ €} + 99{,}70\text{ €} + 107{,}20\text{ €} + 111{,}40\text{ €}}{5} = 93{,}68\text{ €}$$

Spannweite ist die Differenz zwischen größtem und kleinstem Wert: 111,40 – 65,80 € = 45,60 €.

b) Daten der Größe nach geordnet:
4,20 m; 4,50 m; 4,60 m; 4,80 m; 5,10 m; 5,30 m
Median ist bei gerader Anzahl der Mittelwert der beiden Werte links und rechts von der Mitte:

$$\frac{4{,}60\text{ m} + 4{,}80\text{ m}}{2} = 4{,}70\text{ m}$$

arithmetisches Mittel:

$$\frac{4{,}20\text{ m} + 4{,}50\text{ m} + 4{,}60\text{ m} + 4{,}80\text{ m} + 5{,}10\text{ m} + 5{,}30\text{ m}}{6} = 4{,}75\text{ m}$$

Spannweite: 5,30 m – 4,20 m = 1,10 m

2 Zunächst ist es sinnvoll, die Gewichte der Größe nach zu ordnen:
54,5 kg; 56,8 kg; 67,5 kg; 72,2 kg; 73,8 kg; 78,2 kg; 78,5 kg; 81,4 kg; 84,3 kg; 93,4 kg; 96 kg; 98,6 kg

a) Das arithmetische Mittel (Summe aller 12 Gewichte, geteilt durch 12) ist $77{,}9\overline{3}$ kg.
Der Durchschnitt von 80 kg wird also unterschritten.

b) Spannweite: 98,6 kg – 54,5 kg = 44,1 kg

c) Bei 12 Werten ist der Median der Mittelwert zwischen dem 6. und dem 7. Wert.

$$\text{Median} = \frac{78{,}2\text{ kg} + 78{,}5\text{ kg}}{2} = 78{,}35\text{ kg}$$

Der Unterschied zwischen Median und arithmetischem Mittel beträgt
$78{,}35\text{ kg} - 77{,}9\overline{3}\text{ kg} = 0{,}41\overline{6}\text{ kg} \approx 0{,}42\text{ kg}$

20

3 Die bekannten 5 Weiten werden der Größe nach geordnet und addiert:
3,95 m; 4,10 m; 4,20 m; 4,45 m; 4,65 m (Summe: 21,35 m)
Da das arithmetische Mittel aller 7 Weiten 4,20 m beträgt, ist Sabine insgesamt 4,20 m · 7, also 29,40 m weit gesprungen. Im 6. und 7. Versuch hat sie zusammen eine Weite von 8,05 m erreicht (29,40 m – 21,35 m; Gesamtweite 7 Sprünge – Gesamtweite 5 Sprünge).

a) Da Sabines 6. Sprung zugleich ihre schlechteste Weite war, muss er weniger als 3,95 m weit gewesen sein. Die Spannweite zwischen bestem und schlechtestem Sprung beträgt 90 cm. Sabine ist im 6. Sprung deshalb wohl 4,65 m – 0,90 m, also 3,75 m weit gesprungen.

b) Im 7. Versuch ist Sabine dann 8,05 m – 3,75 m, also 4,30 m weit gesprungen. Dieses Resultat bestätigt auch die Lösung von a), denn der 7. Versuch kann kein „Rekordergebnis" mehr gehabt haben.

c) Alle 7 Weitsprungdaten der Größe nach geordnet:
3,75 m; 3,95 m; 4,10 m; 4,20 m; 4,30 m; 4,45 m; 4,65 m
Der Median ist 4,20 m.

22

1 a)
I. $20x + 5y = 1 \quad | \cdot 2$
II. $13x - 10y = 3{,}3$

I. $40x + 10y = 2$
II. $13x - 10y = 3{,}3$ (+)

$53x = 5{,}3 \quad | : 53$
$x = 0{,}1$
→ I. $20 \cdot 0{,}1 + 5y = 1$
$2 + 5y = 1 \quad | -2$
$5y = -1 \quad | : 5$
$y = -0{,}2$
Lösung: $x = 0{,}1$ und $y = -0{,}2$.

b)
I. $3x + 2y = 16 \quad | \cdot 2$
II. $2x + 3y = 19 \quad | \cdot 3$

I. $6x + 4y = 32$
II. $6x + 9y = 57$ (–)

$-5y = -25 \quad | : (-5)$
$y = 5$
→ I. $3x + 2 \cdot 5 = 16$
$3x + 10 = 16 \quad | -10$
$3x = 6 \quad | : 3$
$x = 2$
Lösung: $x = 2$ und $y = 5$

c)
I. $3x + 4y = 1 \quad | \cdot 2$
II. $6x + 8y = 0$

I. $6x + 8y = 2$
II. $6x + 8y = 0$ (–)

$0 = 2$
Das ist aber für alle Wertepaare x und y falsch.
Deshalb gibt es keine Lösungen.

d)
I. $3x + 2y = 8 \quad | \cdot 3$
II. $9x + 6y = 24$

I. $9x + 6y = 24$
II. $9x + 6y = 24$

Die beiden Gleichungen sind gleich.
Es gibt unendlich viele Lösungen, die man mit jeder der beiden Gleichungen bestimmen kann.

2 x: Anzahl der kleinen Scheine (5 €-Scheine); y: Anzahl der größeren Scheine (10 €-Scheine)
I. $5x + 10y = 50$
II. $x = 3y$

→ I. $5 \cdot 3y + 10y = 50$
$25y = 50 \quad | : 25$
$y = 2$
→ II. $x = 3 \cdot 2$
$x = 6$

Es sind zwei 10 €-Scheine und sechs 5 €-Scheine.

3 Lösung mit Gleichungen:
x = Preis der Flasche (in €); y = Preis des Korkens (in €)
I. $x + y = 1{,}1$
II. $x = y + 1$

→ I. $(y + 1) + y = 1{,}1$
$2y + 1 = 1{,}1 \quad | -1$
$2y = 0{,}1 \quad | : 2$
$y = 0{,}05$
→ II. $x = 0{,}05 + 1 = 1{,}05$

Die Flasche kostet 1,05 € und der Korken 0,05 € (5 Cent).

22

4

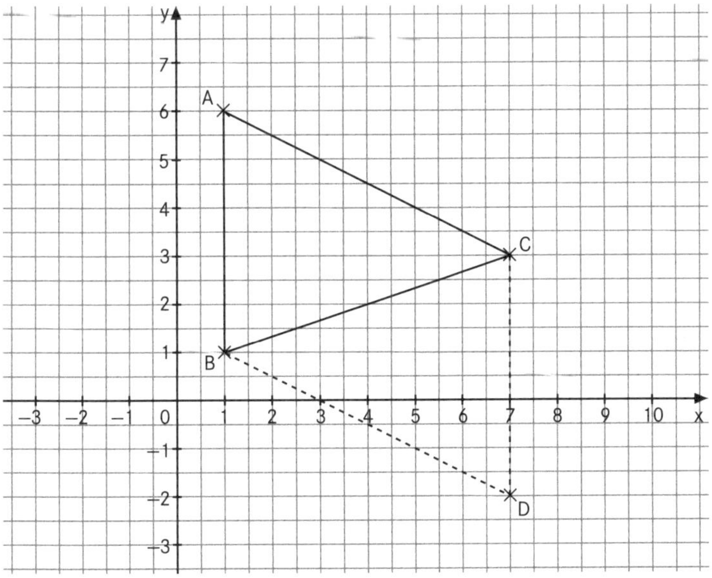

a) geeignet ist $c = \overline{AB}$ als Grundseite und h_c als zugehörige Höhe.
$c = 5$ cm, $h_c = 6$ cm

$A = \frac{5\text{ cm} \cdot 6\text{ cm}}{2} = 15\text{ cm}^2$

b) D (7|–2)

c) Das Parallelogramm ABDC hat den doppelten Flächeninhalt des Dreiecks ABC: $A = 30\text{ cm}^2$.

5

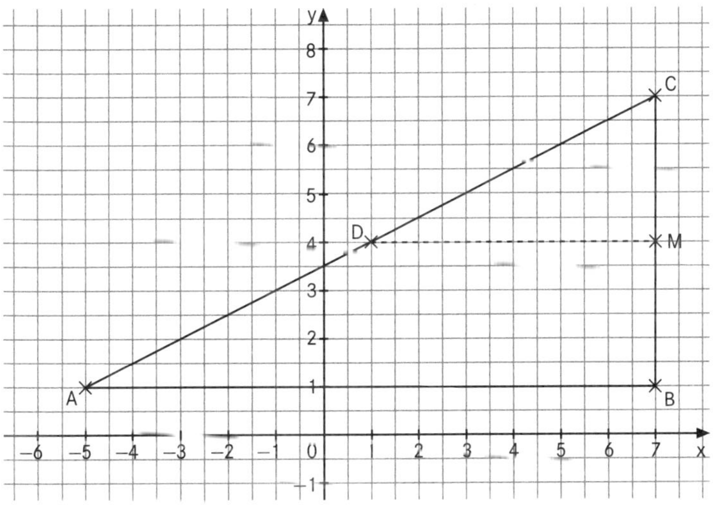

a) $\overline{AB} = 12$ cm; $\overline{BC} = 6$ cm
Die Strecke $b = \overline{AC}$ wird mit dem Satz des Pythagoras berechnet.
$b^2 = 12^2 + 6^2$
$b^2 = 180 \quad b \approx 13{,}42$ cm
$u = 12\text{ cm} + 6\text{ cm} + 13{,}42\text{ cm} \qquad u = 31{,}42\text{ cm}$

b) M (7|4)

c) Das Viereck ABMD ist ein Trapez. $A = \frac{a + c}{2} \cdot h$

$A = \frac{12\text{ cm} + 6\text{ cm}}{2} \cdot 3\text{ cm}$

$A = 27\text{ cm}^2$

22

6

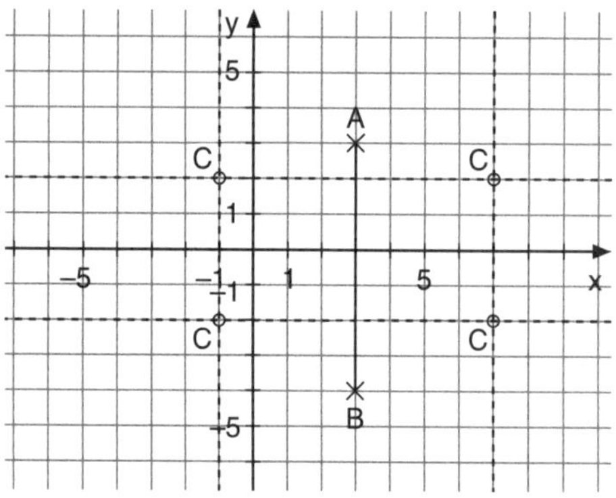

Der Punkt C liegt auf einer der beiden zur x-Achse parallelen Geraden (2 cm Abstand von der x-Achse). Außerdem gilt $g = \overline{AB} = 7$ cm, also muss h = 4 cm gelten, damit der Flächeninhalt 14 cm^2 groß ist. Das bedeutet: C liegt auch auf einer der gestrichelten Geraden, muss also einer der eingekreisten Punkte sein;
C(– 1|– 2) *oder* C(– 1|2);
C(7|2) *oder* C(7|– 2)

24

1 Ein 20-€-Schein ist ca. 13 cm lang und 7 cm breit.
$A \approx 13\text{ cm} \cdot 7\text{ cm}$, $A \approx 91\text{ cm}^2$ (= 0,91 dm^2 bzw. 9 100 mm^2)
Von den Auswahllösungen passt nur 9 570 mm^2.

2 Es geht sozusagen um die „Oberfläche" eines Eisbären, die am besten in der Einheit „m^2" beschrieben wird.
48 000 cm^2 = 4,8 m^2, 480 000 mm^2 = 0,48 m^2, 4 800 dm^2 = 48 m^2
Sicherlich sind 0,48 m^2 zu klein und 48 m^2 zu groß. Richtig sind also 48 000 cm^2.

3 Hier muss man kalkulieren: Die Schülerin ist 6 Zeitstunden pro Tag, 5 Tage in der Woche, 40 Wochen im Jahr und 10 Jahre in der Schule.
$6\text{ h} \cdot 5 \cdot 40 \cdot 10 = 12\,000\text{ h}$; $12\,000\text{ h} = 12\,000 \cdot 60 \cdot 60\text{ s} = 43\text{ Mio. s}$
Von den Auswahllösungen kommen nur 36 000 000 s in Frage.

4 Um die Mengen besser vergleichen zu können, rechnet man alle Angaben in die Einheit „m^3" um:
30 hl = 3 m^3, 300 000 ml = 0,3 m^3, 30 000 *l* = 30 m^3
Sicherlich sind 0,3 m^3 für den Innenraum eines Pkw zu wenig, 30 m^3 sind zu viel, also trifft die Angabe 30 hl zu.

5 a) Da 1 *l* = 1 dm^3 gilt, rechnet man am besten in der Einheit dm.
$V = 8\text{ dm} \cdot 4{,}5\text{ dm} \cdot 5{,}5\text{ dm}$ (6 dm – 0,5 dm)
$V = 198\text{ dm}^3 = 198\ l$ Es befinden sich 198 *l* Wasser im Aquarium.

b) $m = 198\ l \cdot \frac{1\text{ kg}}{l}$

$m = 198\text{ kg}$ Die Masse der Wasserfüllung beträgt 198 kg.

6 Das Schwimmbecken ist 8 · 1,50 m, also 12 m breit.
Für die Höhe h (hier ist h die Wassertiefe) gilt die Formel:

$$25\text{ m} \cdot 12\text{ m} \cdot h = 750\text{ m}^3$$
$$300\text{ m}^2 \cdot h = 750\text{ m}^3 \quad |:300\text{ m}^2$$
$$h = \frac{750\text{ m}^3}{300\text{ m}^2}$$
$$h = 2{,}5\text{ m}$$

Das Schwimmbecken ist 2,50 m tief.

7 (1) Man findet die Lösung durch Probieren:

Breite	Länge	Höhe	Volumen
1 cm	2 cm	3 cm	6 cm^3
2 cm	4 cm	6 cm	48 cm^3

(2) Man kann die Breite x nennen, dann beschreiben die Terme 2x die Länge und 3x die Höhe und es gilt die Gleichung:

$$x \cdot 2x \cdot 3x = 48$$
$$6x^3 = 48 \quad |:6$$
$$x^3 = 8$$
$$x = 2$$

Beide Wege führen zur Lösung:
Der Quader ist 2 cm breit.

8 a) $V = 4\text{ m} \cdot 2{,}5\text{ m} \cdot 1{,}8\text{ m}$, also $V = 18\text{ m}^3$ Es mussten 18 m^3 Erde ausgehoben werden.

b) $m = 18\text{ m}^3 \cdot 1\,700\ \frac{\text{kg}}{\text{m}^3}$

$m = 30\,600\text{ kg}$
$m = 30{,}6\text{ t}$ Die Masse des Erdaushubs beträgt 30,6 t.

26

1 (1) Preis der Kinokarte für eine Person: x;
Preis für Getränke und Popcorn: 17 €
Gleichung: $5x + 17 = 57$. Passt.

(2) Preis für 1 Flasche Wein: x; Preis für 1 Flasche Sekt: y
Gleichung: $5x + 17y = 57$. Passt nicht.

(3) Ein 5 km langer Rundkurs für Crossräder wird x-mal durchfahren. Der Kurs liegt 17 km von Tannendorf entfernt. Es sind 57 Teilnehmer am Start. Hierzu lässt sich keine sinnvolle Gleichung aufstellen.

(4) Ladung des kleinen Lkw: x; Ladung des großen Lkw: 17
Gleichung: $5x + 17 = 57$. Passt.

(5) Länge des Rechtecks: x; Breite des Rechtecks: 5
Gleichung: $5x + 17 = 57$ Passt.

2 a) $S(-4|8)$
Die Parabel wurde um 4 Einheiten nach links und 8 Einheiten nach oben verschoben. Sie ist um den Faktor 1,5 gestreckt und nach unten geöffnet.

b) $f(x) = -1{,}5\,(x + 4)^2 + 8$
$f(x) = -1{,}5\,(x^2 + 8x + 16) + 8$
$f(x) = -1{,}5x^2 - 12x - 24 + 8$
$f(x) = -1{,}5x^2 - 12x - 16$

3 (1) $f(x) = (x - 1{,}5)^2 - 20{,}25$
$f(x) = x^2 - 3x + 2{,}25 - 20{,}25$
$f(x) = x^2 - 3x - 18$

(3) $h(x) = (x + 3) \cdot (x - 6)$
$h(x) = x^2 - 6x + 3x - 18$
$h(x) = x^2 - 3x - 18$

(2) $g(x) = x^2 - 3x - 18$

Lukas hat Recht, da alle drei Terme übereinstimmen.

4 Es sind 12 Kugeln im Behälter.
$\frac{1}{6}$ von $12 = 2$; $\frac{1}{3}$ von $12 = 4$; $\frac{1}{2}$ von $12 = 6$
2 Kugeln müssen rot, 4 Kugeln blau und 6 Kugeln grün gefärbt werden.

5 Im Behälter befinden sich 20 Kugeln, davon sind 6 Kugeln weiß, 12 Kugeln blau und 2 Kugeln schwarz.

a) P (weiße Kugel) $= \frac{6}{20} = \frac{3}{10} = 30\,\%$

b) 18 Kugeln sind weiß oder blau.
P (keine schwarze Kugel) $= \frac{18}{20} = \frac{9}{10} = 90\,\%$

28

1 a) Der Mantel ist ein Rechteck, siehe nebenstehende Abbildung.
$M = 2\pi \cdot r \cdot h$
$M = 2\pi \cdot 4\text{ cm} \cdot 15\text{ cm}$
$M \approx 377\text{ cm}^2$

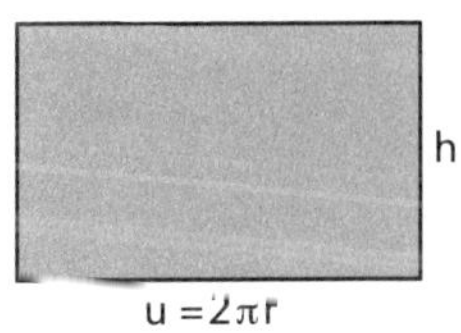

b) $O = 2G + M \quad O = 2\,\pi r^2 + M$
$O \approx 2\pi \cdot (4\text{ cm})^2 + 376{,}99\text{ cm}^2 \qquad O \approx 477{,}5\text{ cm}^2$

c) Wegen $1\,l = 1\text{ dm}^3$ wird bei der Volumenberechnung mit der Einheit „dm" gearbeitet.
$r = 0{,}4\text{ dm}; \quad h = 1{,}5\text{ dm}$
$V = \pi r^2 h \qquad V = \pi \cdot (0{,}4\text{ dm})^2 \cdot 1{,}5\text{ dm} \qquad V \approx 0{,}754\text{ dm}^3$, also $V \approx 0{,}754\,l$

2 a) $998\text{ ml} = 998\text{ cm}^3$
Bei der Volumenberechnung wird deshalb mit der Einheit „cm" gearbeitet.
$r = 5{,}15\text{ cm} \approx (10{,}3\text{ cm} : 2)$; $h = 12\text{ cm}$
$V = \pi r^2 h \quad V = \pi \cdot (5{,}15\text{ cm})^2 \cdot 12\text{ cm} \quad V \approx 999\text{ cm}^3$
Die Inhaltsangabe trifft zu.

28 b) Da der Papierbedarf in „m^2" angegeben werden soll, wird mit der Einheit „m" gerechnet.
Die Banderole entspricht dem Mantel der zylinderförmigen Dose.

$M = 2\pi \cdot r \cdot h$
$M = \pi \cdot 0{,}103\ m \cdot 0{,}12\ m$
$50000 \cdot M = 50000 \cdot \pi \cdot 0{,}103\ m \cdot 0{,}12\ m$
$M \approx 1941{,}5\ m^2$

Es werden ungefähr 1 942 m^2 Papier benötigt.

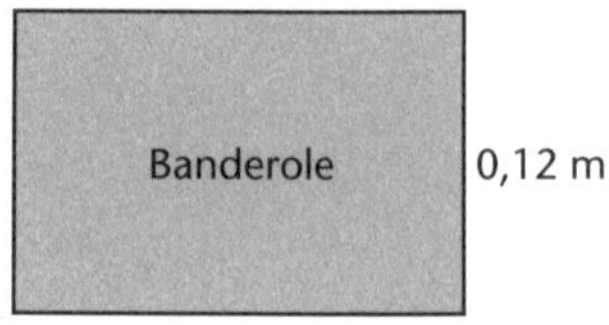

3 a) Der Umfang der kreisförmigen Grundfläche beträgt 1,5 dm = 15 cm.

$u = 2\pi r \mid : 2\pi$
$r = \frac{u}{2\pi}$
$r = \frac{15\ cm}{2\pi}$
$r \approx 2{,}39\ cm$ $\quad d \approx 4{,}78\ cm$

b) $V = \pi r^2 h$ $\quad V = \pi \cdot (2{,}39\ cm)^2 \cdot 8\ cm$ $\quad V \approx 143{,}56\ cm^3$

4 a) $0{,}4 \cdot 650\ € = 260\ €$ b) $0{,}23 \cdot 40\ m = 9{,}20\ m$

5 a) $\frac{374}{800} = 0{,}4675 = 46{,}75\,\%$ b) $\frac{35\ €}{1400\ €} = 0{,}025 = 2{,}5\,\%$

6 $0{,}45 \cdot x = 288\ m \quad |:0{,}45$
$x = \frac{288\ m}{0{,}45}$
$x = 640\ m$

Von 640 m sind 45 % 288 m.

7 a) $Z = 0{,}03 \cdot 3200\ € = 96\ €$ b) $Z = 0{,}025 \cdot 560\ € = 14\ €$

8 $16\ ha = 160000\ m^2$
$W = 13\,\%$ von $160000\ m^2$
$W = 0{,}13 \cdot 160000\ m^2$
$W = 20800\ m^2$

Das Fußballstadion nimmt 20 800 m^2 ein.

9 $\frac{43}{827} \approx 0{,}0519 \approx 0{,}052$ also 5,2 %

5,2 % der kontrollierten Fahrzeuge waren mit Mängeln versehen.

30 **1** Die Graphen zeigen den zurückgelegten Weg des Steins in Abhängigkeit von der Zeit. Grundsätzlich muss der Punkt (0|0) auf dem passenden Graphen liegen, denn in 0 Sekunden fällt der Stein 0 Meter. Damit scheiden die Graphen (A) und (C) aus.
Graph (B): Je mehr Zeit vergeht, desto schneller wächst der vom Stein zurückgelegte Weg.
Graph (D): Je mehr Zeit vergeht, desto kürzer ist der Weg, den der Stein in einer Zeiteinheit zurückgelegt. Der Stein fällt allmählich immer langsamer. Dies widerspricht jeglicher Alltagserfahrung.
Die richtige Antwort lautet also (B).

2 Die Graphen (1), (2) und (3) zeigen die Geschwindigkeit in Abhängigkeit von dem zurückgelegten Weg. Je tiefer ein Punkt des Graphen liegt, desto langsamer rollt die Murmel. Bevor man die Murmel loslässt, beträgt ihre Geschwindigkeit 0 $\frac{cm}{s}$. Damit scheidet Graph (2) aus. Auf dem steil abfallenden Teilstück der Murmelbahn nimmt die Geschwindigkeit nach und nach immer rascher zu und verringert sich dann allmählich auf dem nach oben gebogenen Bahnteil. Auf dem anschließend wieder nach unten abfallenden Teilstück am Ende der Murmelbahn steigt die Geschwindigkeit leicht an. Bei Graph (3) nimmt die Geschwindigkeit anfangs linear zu.
Richtig ist also Graph (1).

30

3 Die Pfeilspitzen geben die Segelrichtung an. Zunächst entfernt sich das Segelschiff vom Ufer bis zur Boje, dann nähert es sich dem Ufer bis zur dritten Boje und hält dann auf dem Weg zur ersten Boje einen konstanten Abstand vom Ufer. Beim Start und im Ziel ist der Abstand zum Ufer gleich. Diesen Sachverhalt gibt nur der Graph (3) richtig wieder.

32

1 Wahrscheinlichkeit für die Zahl Vier: $\frac{2}{6} = \frac{1}{3}$ (6 mögliche, 2 günstige Ergebnisse)

2 Wahrscheinlichkeit für eine gerade Zahl: $\frac{3}{6} = \frac{1}{2}$ (6 mögliche, 3 günstige Ergebnisse)

3 Wahrscheinlichkeit für keine Sechs: $\frac{5}{6}$ (6 mögliche, 5 günstige Ergebnisse)

4 Die Wahrscheinlichkeit eine Primzahl (PZ) zu würfeln, wird bei der großen Zahl von Versuchen nahe der relativen Häufigkeit rH(PZ) liegen.

$rH(PZ) = \frac{548}{800} = 0{,}685 = 68{,}5\,\%$

Würfel (1): $P(PZ) = \frac{4}{6} = \frac{2}{3} \approx 67\,\%$ Würfel (2): $P(PZ) = \frac{2}{6} = \frac{1}{3} \approx 33\,\%$

Würfel (3): $P(PZ) = \frac{2}{6} \approx 33\,\%$

Es wurde wohl mit Würfel (1) gewürfelt.

5 $rH(\text{unter } 3) = \frac{252}{1500} = 0{,}168 \approx 17\,\%$

Würfel (1): $P(\text{unter } 3) = \frac{2}{6} \approx 33\,\%$ Würfel (2): $P(\text{unter } 3) = \frac{1}{6} = 0{,}16 \approx 17\,\%$

Würfel (3): $P(\text{unter } 3) = \frac{1}{6} \approx 17\,\%$

Es könnte mit Würfel (2) oder mit Würfel (3) gewürfelt worden sein.

6 $rH(E) = \frac{197}{600} \approx 33\,\%$

$P(6) = \frac{1}{6}$,	$P(1) = \frac{1}{6}$	$P(\text{größer als } 3) = \frac{5}{6}$
$P(2) = 0$,	$P(5) = \frac{1}{3} \leftarrow$	$P(\text{weder 4 noch 5}) = \frac{1}{3} \leftarrow$
$P(4) = \frac{1}{3} \leftarrow$	$P(\text{größer als } 2) = \frac{5}{6}$	$P(\text{Primzahl}) = \frac{1}{3} \leftarrow$

Die mit einem Pfeil markierten Ergebnisse können es gewesen sein.

7 Die Wahrscheinlichkeiten für die Ergebnisse 1, 2 und 3 sind verschieden; in der Summe müssen sie 1 ergeben. Die hohe Anzahl von Versuchen bedeutet, dass die ermittelten relativen Häufigkeiten nahe bei den Wahrscheinlichkeiten liegen.

Gruppe 1: $rH(2) = \frac{198}{800} = 0{,}2475$ Gruppe 4: $rH(1) = \frac{188}{500} = 0{,}376$

Gruppe 2: $rH(1) = \frac{339}{900} \approx 0{,}3767$ Gruppe 5: $rH(2) = \frac{253}{1000} = 0{,}253$

Gruppe 3: $rH(3) = \frac{346}{700} \approx 0{,}4943$ Gruppe 6: $rH(3) = \frac{453}{1200} = 0{,}3775$

a) Offenbar hat eine der beiden Gruppen falsch gezählt, die als Zielzahl „3" hatten, denn die beiden relativen Häufigkeiten 0,4943 (Gruppe 3) und 0,3775 (Gruppe 6) liegen zu weit auseinander. Um zu ermitteln, welche Gruppe falsch gezählt hat, addieren wir die gerundeten Wahrscheinlichkeiten für die Ergebnisse 1 und 2.

$\left.\begin{matrix} P(1) \approx 0{,}38 \\ P(2) \approx 0{,}25 \end{matrix}\right\} P(1 \text{ oder } 2) \approx 0{,}63$

Dann gilt wegen $P(1) + P(2) + P(3) = 1$ für $P(3)$: $\underline{P(3)} = 1 - 0{,}63 = \underline{0{,}37}$

Also hat die Gruppe 3 falsch gezählt; ihre relative Häufigkeit von 0,4943 ist anders nicht zu erklären.

b) $P(1) \approx 0{,}38$ (Felder a x c) $P(3) \approx 0{,}37$ (Felder b x c)

Demnach ist davon auszugehen, dass a und b etwa gleich lang sind.

1 a) Da die Schnittkante der Länge x parallel zur Seite $\overline{AB}$ verläuft, treten zwei ähnliche Dreiecke auf und es gilt: x : 60 cm = 110 cm : 150 cm

$\frac{x}{60\text{ cm}} = \frac{110\text{ cm}}{150\text{ cm}}$ $\quad x = \frac{110\text{ cm} \cdot 60\text{ cm}}{150\text{ cm}}$ $\quad x = 44\text{ cm}$

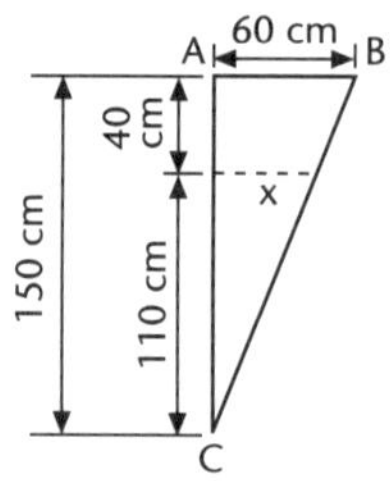

b) Dreieck: $A_D = \frac{1{,}1\text{ m} \cdot 0{,}44\text{ m}}{2}$ $\quad A_D = 0{,}242\text{ m}^2$

$A_{\text{abgeschnittenes Stück}} = A_{\triangle ABC} - A_D$

$= \frac{1{,}5\text{ m} \cdot 0{,}6\text{ m}}{2} - 0{,}242\text{ m}^2$

$= 0{,}208\text{ m}^2$

2 Die beiden dick gezeichneten Linien sind parallel, also treten ähnliche Dreiecke auf und es gilt:
x : 8 m = 33 m : 5 m

$x = \frac{8\text{ m} \cdot 33\text{ m}}{5\text{ m}}$

$x = 52{,}8\text{ m}$

Der Schornstein ist 52,80 m hoch.

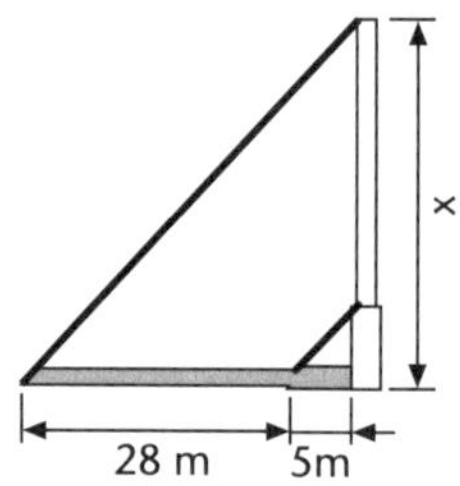

3 Die Sachsituation entspricht weitgehend der in Aufgabe 2. Nennt man die Größe von Sebastian x, so gilt x : 1,45 m = 1,50 m : 1,20 m

$x = \frac{1{,}50\text{ m} \cdot 1{,}45\text{ m}}{1{,}20\text{ m}} = 1{,}8125\text{ m}$

Sebastian ist ungefähr 1,80 m groß.

4 Der Graph von (1) schneidet die y-Achse an der Stelle – 5 und steigt
(1 zur Seite, 2 nach oben) : $y = 2x - 5$; zugehöriger Graph B
Der Graph von (2) schneidet die y-Achse an der Stelle 3 und fällt
(1 zur Seite, 1 nach unten) : $y = -x + 3$; zugehöriger Graph C
Der Graph von (3) schneidet die y-Achse an der Stelle 2,5 und steigt
(1 zur Seite, 1,5 nach oben): $y = 1{,}5x + 2{,}5$; zugehöriger Graph D
Der Graph von (4) schneidet die y-Achse an der Stelle 0 (Nullpunkt) und fällt
(1 zur Seite, $\frac{1}{5}$ nach unten): $y = -\frac{1}{5}x + 0$; zugehöriger Graph A

5 a) Der Graph ist eine Gerade, die parallel zur x-Achse durch den Wert – 2 auf der y-Achse verläuft.
b) Der Graph ist eine Gerade, die durch den Nullpunkt verläuft und fällt; und zwar bei einer Einheit zur Seite um 2 Einheiten nach unten ($m = -2$).

6

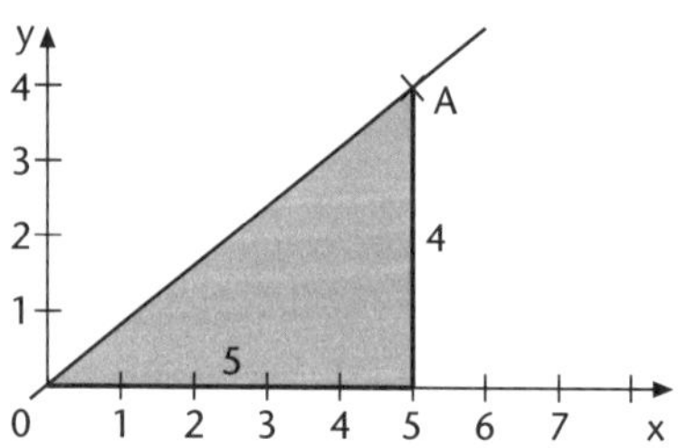

Am grauen Steigungsdreieck kann die Steigung m ermittelt werden:

$m = \frac{4}{5}$

$m = 0{,}8$

36

1 Rechnen und Ordnen

a) (1) $14 : 28 = 0{,}5$ (2) $-0{,}8$ (3) $25 : 100 = 0{,}25$

(4) $-\frac{1}{8} + \frac{2}{8} - \frac{4}{8} = -\frac{3}{8}$ (5) $0{,}75$ (6) $150 : 125 = 1\frac{1}{5}$

b)

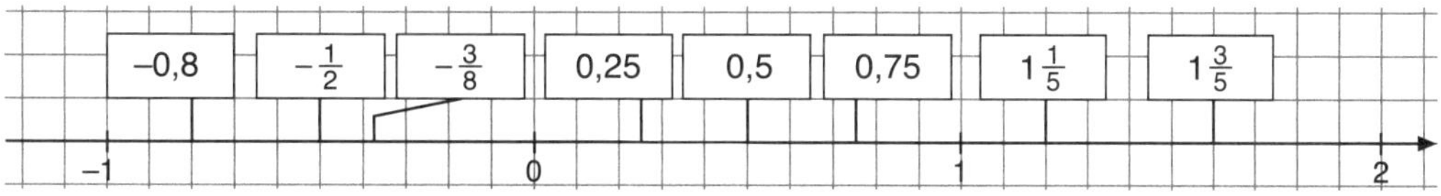

2 Quadrat und Rechteck

a) u = Summe aller Seitenlängen
Seitenlänge: $\sqrt{36\text{ cm}^2} = 6\text{ cm}$
$u = 4 \cdot 6\text{ cm} = 24\text{ cm}$

b) Möglich sind alle Kombinationen von zwei Seitenlängen, deren Produkt 36 cm^2 beträgt.
Ganzzahlige Kombinationsmöglichkeiten sind z. B.
1 cm x 36 cm, 2 cm x 18 cm, 3 cm x 12 cm, 4 cm x 9 cm, usw.

3 Abschlussfahrt

a) Für Venedig ist jeder Vierte, das sind 20 Schülerinnen und Schüler ($80 : 4 = 20$).
20 % sind für Paris, das sind 16 Schülerinnen und Schüler ($80 \cdot 0{,}2 = 16$).
Nach London oder Prag wollen somit $80 - 20 - 16 = 44$ Schülerinnen und Schüler.
Diese teilen wir im Verhältnis 3 : 1 auf:
$44 : 4 = 11$ $11 \cdot 3 = 33$
$11 \cdot 1 = 11$
Nach London wollen 33 Schülerinnen und Schüler, nach Prag 11.

b) Venedig: $\frac{1}{4} = 25\,\%$

Paris: 20 %

London: 33 von 80 $= \frac{33}{80} = 0{,}4125 = 41{,}25\,\%$

Prag: 11 von 80 $= \frac{11}{80} = 0{,}1375 = 13{,}75\,\%$

c) Um ein Kreisdiagramm zu zeichnen, muss man die Mittelpunktswinkel für die einzelnen Kreisausschnitte berechnen:
- 1 % entspricht $360° : 100$, also $3{,}6°$.
- Man kann auch mit den Brüchen rechnen, $\frac{1}{80}$ entspricht dann $360° : 80$, also $4{,}5°$.

Für die Kreisausschnitte erhalten wir dann folgende Mittelpunktswinkel:

Venedig: $\frac{1}{4} \rightarrow 90°$

Paris: $20\,\% = \frac{1}{5} \rightarrow 72°$

London: $\frac{33}{80} \rightarrow 33 \cdot 4{,}5° = 148{,}5°$

Prag: $\frac{11}{80} \rightarrow 11 \cdot 4{,}5° = 49{,}5°$

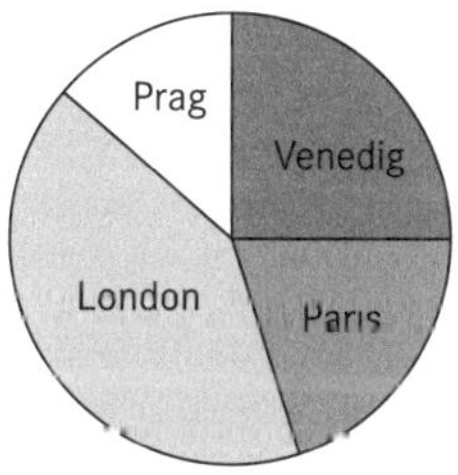

Das Streifendiagramm ist insgesmt 10 cm lang, sodass 1 mm genau 1 % entspricht.

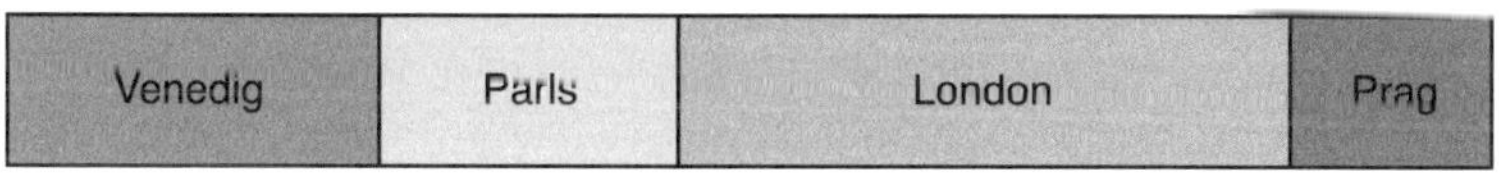

37

4 Im Koordinatensystem

Die Funktionsgleichungen von f und g besitzen die Form $y = m \cdot x + n$. Also sind f und g lineare Funktionen und ihre Graphen Geraden. f und g besitzen dieselbe Steigung m, d. h., die zugehörigen Graphen verlaufen parallel. Da m den Wert $-0{,}2$ besitzt, fallen beide Graphen von links nach rechts. Der Schnittpunkt des Graphen einer linearen Funktion $y = m \cdot x + n$ mit der y-Achse ist der Punkt $(0\,|\,n)$.
Also schneidet der Graph von f die y-Achse im Punkt $(0\,|\,-3)$, der Graph von g im Punkt $(0\,|\,3)$.

5 Gleichungssysteme

a) I. $5x - 3y = 53$
II. $4x + 3y = 37$ (I + II)

$9x = 90$
$x = 10$

→ II. $4 \cdot 10 + 3y = 37$
$3y = -3$
$y = -1$

b) 1. Zahl: x   2. Zahl: y
I. $3x + 1 = y$
II. $2x + y = 36$

in II.: $2x + (3x + 1) = 36$
$5x = 35$
$x = 7$

→ I. $3 \cdot 7 + 1 = y$
$22 = y$
Ergebnis: 1. Zahl: 7
2. Zahl: 22

6 Zuordnungen

(1) Für eine doppelte Menge Brötchen muss man den doppelten Preis zahlen. Die Zuordnung ist proportional.
(2) Ist ein Teilstück 10 m lang, werden 10 davon für eine Gesamtlänge von 100 m benötigt. Ist ein Teilstück doppelt so lang (20 m), werden nur halb so viele (5) gebraucht: Die Zuordnung ist antiproportional.
(3) Ein Quadrat mit einer Seitenlänge von x cm hat einen Umfang von 4x. Ein Quadrat mit doppelter Seitenlänge (2x), hat einen doppelt so großen Umfang ($4 \cdot 2x = 8x$): Die Zuordnung ist proportional.
(4) Es gibt kleine und große Schwimmbäder mit einer großen Anzahl von Frühschwimmern. Es liegt also keines von beiden vor.
(5) Verdoppelt der Rennwagen seine Geschwindigkeit, so halbiert sich die Zeit, die er für eine Runde benötigt: Die Zuordnung ist antiproportional.

7 Dreieck im Koordinatensystem

a)
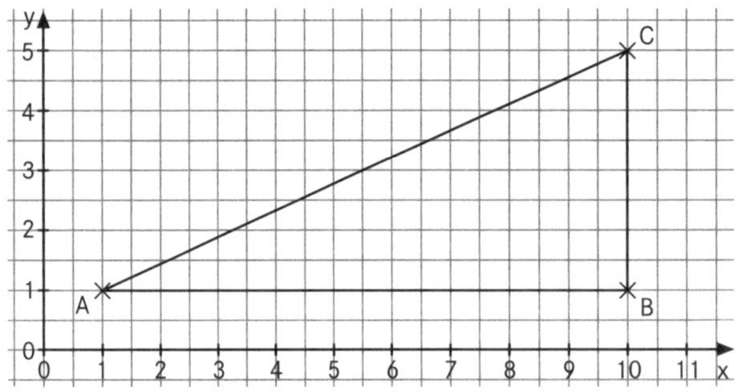

b) Länge der Strecken: $\overline{AB} = 9$ cm, $\overline{BC} = 4$ cm
Die Länge der Strecke $\overline{AC}$ ermittelt man mit dem Satz des Pythagoras:

$$(\overline{AC})^2 = (\overline{AB})^2 + (\overline{BC})^2 = (9\text{ cm})^2 + (4\text{ cm})^2 = 97\text{ cm}^2$$

$$\overline{AC} \approx 9{,}85\text{ cm}$$

u = Summe aller Seitenlängen   u = 9 cm + 4 cm + 9,85 cm = 22,85 cm

38

8 Lohnerhöhungen

Es müssen (1), (3) und (4) angekreuzt werden. Begründung:
(1) Da beide Gehälter um denselben Prozentwert (112 €) erhöht wurden, aber einen unterschiedlichen Grundwert besitzen, haben sie eine prozentual unterschiedliche Erhöhung erhalten.

(3) Da der Zusammenhang $p = \frac{W}{G}$ (mit Prozentsatz p, Prozentwert W und Grundwert G) gilt, kann man den Prozentsatz folgendermaßen bestimmen: $p = \frac{112}{(2712 - 112)} = \frac{112}{2600} \approx 4{,}3\,\%$

(4) Da der Zusammenhang $p = \frac{W}{G}$ (mit Prozentsatz p, Prozentwert W und Grundwert G) gilt, kann man den Prozentsatz folgendermaßen bestimmen: $p = \frac{112}{(2007 - 112)} = \frac{112}{1895} \approx 5{,}9\,\%$

38

9 Sportfest

a) Mittelwert = (3,75 + 4,10 + 4,25 + 3,70 + 3,15) : 5 = 3,79
Ergebnis: Luisa ist im Durchschnitt 3,79 m weit gesprungen.

b) Bezeichnen wir die Sprungweite im 5. Sprung mit x [m], so können wir die folgende Gleichung aufstellen:

$$(3{,}75 + 4{,}10 + 4{,}25 + 3{,}70 + x) : 5 = 4 \quad | \cdot 5$$
$$15{,}8 + x = 20 \quad | -15{,}8$$
$$x = 4{,}2$$

Ergebnis: Luisa hätte im fünften Sprung 4,20 m weit springen müssen.
Alternative Überlegung: Um durchschnittlich 4 m weit zu springen, hätte Luisa pro Sprung 0,21 m (vgl. Teilaufg. a)) weiter springen müssen; das sind bei 5 Sprüngen insgesamt $5 \cdot 0{,}21$ m = 1,05 m.
Luisa hätte also im letzten Sprung 3,15 m + 1,05 m = 4,20 m weit springen müssen.

10 Lostrommel

a) $P\,(\text{Hauptgewinn}) = \frac{\text{Anzahl der Hauptgewinne}}{\text{Anzahl aller Lose}} = \frac{20}{300} = \frac{1}{15}$

Die Wahrscheinlichkeit, dass das erste gezogene Los ein Hauptgewinn ist, beträgt $\frac{1}{15}$.

b) Es sind jetzt noch 270 Lose in der Lostrommel, davon 18 Hauptgewinne.

$P\,(\text{Hauptgewinn}) = \frac{18}{270} = \frac{2}{30} = \frac{1}{15}$

Die Wahrscheinlichkeit für einen Hauptgewinn ist genauso groß wie beim ersten gezogenen Los.

11 Gleichungen und Graphen

Grundsätzlich gibt es zwei Lösungswege. Bei dem rechnerischen Weg wählt man einen Punk (x | y) des Graphen aus, den dieser mit keinem der abgebildeten Graphen gemeinsam hat, und prüft, welche der zur Auswahl stehenden Gleichungen durch die Koordinaten des Punktes erfüllt wird. Schneller aber ist der andere Weg, bei dem man sein Wissen über den grafischen Verlauf von linearen und quadratischen Funktionen nutzt.

Die abgebildeten Graphen sind Geraden (g_1, g_2) oder Parabeln. Geraden sind Graphen von linearen Funktionen mit der allgemeinen Form $y = m \cdot x + n$. Drei zur Auswahl stehende Gleichungen sind linear, sie unterschieden sich nur in der Steigung (m). Die Graphen g_1 und g_2 steigen von links nach rechts an, also ist $m > 0$. Die Gleichung $y = -2x + 1$ scheidet damit aus. Da g_1 steiler verläuft als g_2, gehört die Gleichung mit dem größeren m zu g_1, nämlich $y = x + 1$. Zu g_2 gehört $y = 0{,}5x + 1$.

Zu den Parabeln (g_3, g_4, g_5, g_6) gehören Gleichungen, die einen quadratischen Term (x^2) enthalten. Hiervon stehen fünf zur Auswahl. Die Graphen g_3 und g_4 besitzen den Scheitelpunkt (0 | 0) und sind nach unten geöffnet. Zu ihnen gehören also Gleichungen der Form $y = ax^2$ mit $a < 0$. Zur Auswahl stehen $y = -x^2$ und $y = -2x^2$. Die Parabel g_3 verläuft durch die Punkte (–1 | –1) und (1 | –1). Zu ihr gehört also die Gleichung $y = -x^2$. Die Parabel g_4 ist schmaler geöffnet, zu ihr gehört die Gleichung $y = -2x^2$.

Die Graphen g_5 und g_6 sind verschobene Normalparabeln. Parabeln mit der Gleichung $y = x^2 + c$ besitzen den Scheitelpunkt (0 | c). Sie sind gegenüber der Normalparabel in y-Richtung verschoben; für $c > 0$ nach oben, für $c < 0$ nach unten. g_6 besitzt den Scheitelpunkt (0 | 2). Zu g_6 gehört also $y = x^2 + 2$. Die Parabel g_5 besitzt den Scheitelpunkt (–1 | 0). Zu ihr passt nur noch die Gleichung $y = x^2 + 2x + 1$. Folgende Überlegung bestätigt dies: umgeformt lautet die Gleichung $y = (x + 1)^2$. Parabeln mit der Gleichung $y = (x + b)^2$ besitzen den Scheitelpunkt (–b | 0) und sind gegenüber der Normalparabel um b nach links verschoben. Richtig ist also:

$y = x + 1$	g_1
$y = -x^2$	g_3
$y = x^2 + 2x + 1$	g_5
$y = x^2 + 2$	g_6

$y = x^2 - 2$	
$y = 0{,}5x + 1$	g_2
$y = -2x + 1$	
$y = -2x^2$	g_4

39 **12 Netz eines Körpers**

a)

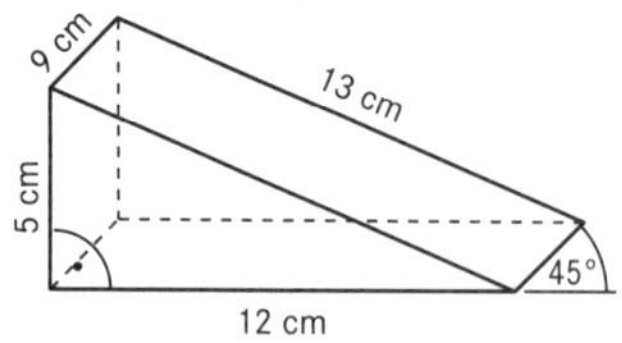

Bei einem Verzerrungswinkel von 45° und einem Verkürzungsverhältnis von $\frac{1}{2}$ muss die nach „hinten" verlaufende 9 cm lange Kante in der Zeichnung 4,5 cm lang sein.

b) Der Körper ist ein dreiseitiges Prisma.

c) Berechnung des Volumens: $V = G \cdot h$ (Grundfläche · Höhe)

Die Höhe h beträgt 9 cm, die Grundfläche G entspricht der Fläche des Dreiecks.

$A_D = \frac{12\text{ cm} \cdot 5\text{ cm}}{2} = 30\text{ cm}^2$; also $V = 30\text{ cm}^2 \cdot 9\text{ cm} = 270\text{ cm}^3$

Berechnung der Oberfläche: Zur Oberfläche gehören alle Begrenzungsflächen des Körpers.

$O = 2 \cdot G + M = 2 \cdot \frac{12\text{ cm} \cdot 5\text{ cm}}{2} + 12\text{ cm} \cdot 9\text{ cm} + 13\text{ cm} \cdot 9\text{ cm} + 5\text{ cm} \cdot 9\text{ cm} = 330\text{ cm}^2$

d) $m = 270\text{ cm}^3 \cdot 2{,}7\,\frac{\text{g}}{\text{cm}^3}$ $m = 729\text{ g}$

13 Parabeln in verschiedenen Darstellungen

$f(x) = -0{,}5\,(x + 1{,}5)^2 + 3{,}5$
$f(x) = -0{,}5\,(x^2 + 3x + 2{,}25) + 3{,}5$
$f(x) = -0{,}5x^2 - 1{,}5x - 1{,}125 + 3{,}5$
$f(x) = -0{,}5x^2 - 1{,}5x + 2{,}375$

14 Wasserfass

a) Das Fass hat die Form eines Zylinders. Für Zylinder mit dem Radius r und der Höhe h gilt:
$V = \pi r^2 h$
$V = \pi \cdot (30\text{ cm})^2 \cdot 80\text{ cm} \approx 226\,194{,}7\text{ cm}^3$ Dies entspricht ca. 226 *l*.

b) Das Fass ist oben offen. Deshalb fällt einmal πr^2 weg und es gilt die folgende Formel:
$O = \pi r^2 + 2\pi r h$
$O = \pi \cdot (0{,}3\text{ m})^2 + 2 \cdot \pi \cdot 0{,}3\text{ m} \cdot 0{,}8\text{ m} \approx 1{,}79\text{ m}^2 \approx 1{,}8\text{ m}^2$
oder $O = \pi \cdot (30\text{ cm})^2 + 2 \cdot \pi \cdot 30\text{ cm} \cdot 80\text{ cm} \approx 17\,907\text{ cm}^2 \approx 1{,}8\text{ m}^2$

15 50 % einer Zahl

(2) $\frac{50}{100}a = \frac{1}{2}a$ (3) $0{,}5a = \frac{1}{2}a$ (4) $a : 2 = \frac{1}{2}a$ (5) $\frac{1}{2}a$ (6) $\frac{5a}{10} = \frac{1}{2}a$

Alle Terme stellen die Hälfte oder 50 % einer beliebigen Zahl a dar.

40 **16 Funktionsgleichung**

a) Zelle G2

b) Aus der Wertetabelle ist abzulesen:
Für x = 4 (Zelle F1) und für x = 8 (Zelle J1) ist y = 0 (Zellen F2 und J2).

c) Formel "=20–5*(B1–6)^2" (Hinweis: Die Formeleingabe beginnt bei der Tabellenkalkulation immer mit einem Gleichheitszeichen =.)

d) Man setzt x = 10 in die Gleichung ein und rechnet:
$y = 20 - 5 \cdot (10 - 6)^2 = 20 - 5 \cdot 4^2 = 20 - 80 = -60$. Also $y = -60$

17 Prozente

a) *1. Methode:* 10 % von 130 € sind 13 €, 40 % sind dann 4 · 13 € = **52 €.**

2. Methode:
100 % → 130 €
1 % → 1,30 €
40 % → **52 €**

3. Methode:
130 € · 40 % = 130 € · 0,4 = **52 €**

b) *1. Methode:*
4 % → 12 kg
1 % → 3 kg
100 % → **300 kg**

2. Methode: □ · 4 % = 12 kg
also: □ · 0,04 = 12 kg |: 0,04
□ = **300 kg**

3. Methode: $W = G \cdot p\,\% = G \cdot \frac{p}{100}$ umformen: $W \cdot \frac{100}{p} = G$

einsetzen: $12\text{ kg} \cdot \frac{100}{4} = \mathbf{300\text{ kg}}$

40 c) *1. Methode:* 24 cm von 6 m bzw. 24 cm von 600 cm?
6 cm sind 1 % von 600 cm, dann sind 24 cm genau viermal so viel, also **4 %** von 600 cm bzw. 4 % von 6 m.

2. Methode: 600 cm → 100 %
1 cm → 0,166... %
24 cm → **4 %**

3. Methode: $\frac{24\text{ cm}}{6\text{ m}} = \frac{24\text{ cm}}{600\text{ cm}} = 0{,}04 = \mathbf{4\,\%}$

d) 3 % von 760 € sind 0,03 · 760 € = **22,80 €**

18 Welcher Funktionsgraph passt?

Zur Situation A gehört ein Graph, der zeigt, dass die Füllhöhe anfangs bei dem größer werdenden Querschnitt immer langsamer steigt und dann bei kleiner werdendem Querschnitt wieder schneller ansteigt. Am besten passt daher der Graph (3) zur Situation A.

Zur Situation B gehört ein Graph, der zeigt, dass der Skifahrer von Anfang an in Bewegung ist und zunächst immer schneller wird, dann nach dem Durchfahren der Senke langsamer wird, bis seine Geschwindigkeit nach dem kleinen Gipfel wieder ansteigt. Am besten passt daher der Graph (1) zur Situation B.

Zur Situation C gehört ein Graph, der zeigt, dass das Auto mit gleichbleibender Geschwindigkeit fährt, d. h. in gleichen Zeiteinheiten dieselbe Fahrstrecke zurücklegt. Am besten passt daher der Graph (2) zur Situation C.

41

19 Würfeln mit einem Quader

a) Die relative Häufigkeit für die Zahl 6 beträgt: $\frac{49}{500} = 0{,}098 \approx 10\,\%$. Da sich bei langen Versuchsreihen relative Häufigkeit und Wahrscheinlichkeit annähern, kann die Wahrscheinlichkeit, eine Sechs zu würfeln, näherungsweise mit 10 % angeben werden.

b) Die Seitenfläche mit der Augenzahl 1 ist genauso groß wie die Fläche mit der Zahl 6. Also beträgt die Wahrscheinlichkeit, eine Eins zu würfeln, ebenfalls ca. 10 %. Damit bleiben für die übrigen vier Ergebnisse (2, 3, 4, 5) noch 80 % übrig. Da ihre Flächen ebenfalls alle gleich groß sind, beträgt die Wahrscheinlichkeit für jedes Ergebnis ca. 20 %.

Augenzahl	1	2	3	4	5	6
Wahrscheinlichkeit	10 %	20 %	20 %	20 %	20 %	10 %

20 Messkeil

Es gilt (Eigenschaft der zentrischen Streckung bzw. Strahlensatz):

$$\frac{82\text{ mm}}{200\text{ mm}} = \frac{x}{30\text{ mm}}$$

$$x = \frac{82\text{ mm} \cdot 30\text{ mm}}{200\text{ mm}}$$

$$x = 12{,}3\text{ mm}$$

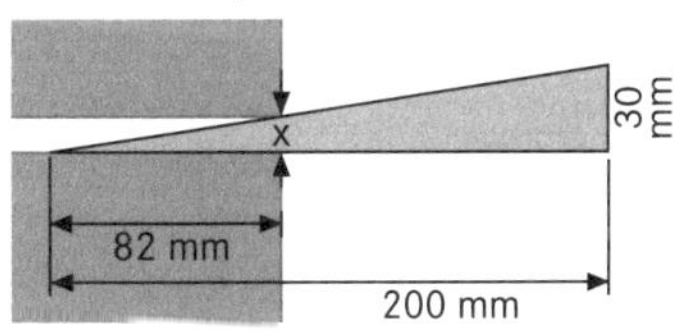

Die Höhe des Zwischenraums beträgt 12 mm.

21 Rechengeschichten

(1) Anzahl der Gewinnlose: x — Anzahl der Nieten: 0,5x
Gleichung: x + 0,5x = 30 — Ja.

(2) Roberts Sparsumme nach 30 Tagen: x
Gleichung: x = 15 · 1 € + 15 · 0,50 € — Nein.

(3) Mineralwasser in Liter: x — Fruchtsaft in Liter: 0,5 · x
Gleichung: x + 0,5x = 30 — Ja.

(4) Alter der Bruders: x — Alter von Max: 0,5 · x
Gleichung: x + 0,5x = 30 — Ja.

52

1 80 % = 0,8 x ist die Anzahl der Runden, die Silke geschafft hat.

80 % von x = x · 0,8 = 12

$$x \cdot 0{,}8 = 12 \quad |:0{,}8$$

$$x = \frac{12}{0{,}8}$$

$$x = 15$$

Silke hat 15 Runden geschafft.

2 $\frac{1\,293{,}50}{1\,990} = 0{,}65 = 65\,\%$ (Formel $p\,\% = \frac{W}{G}$)

Man zahlt bei Buchung bis Ende März nur 65 % des Normalpreises, spart also 35 % gegenüber dem Normalpreis (100 % – 65 % = 35 %).

3 Der Preis des Autos im Vorjahr wird x genannt. Es gilt dann: 100 % – 8 % = 92 %, 92 % = 0,92

$$x \cdot 0{,}92 = 22\,264$$

$$x = \frac{22\,264}{0{,}92}$$

$$x = 24\,200$$

Im Vorjahr kostete das Auto 24 200 €.

4 840 HMT (Hausmülltonnen) · 1,15 = 966 HMT (+ 15 %)

18 kg · 1,05 = 18,9 kg (+ 5 %)

Das Jahr 2010 hat 52 Wochen.

966 · 18,9 kg · 52 = 949 384,8 kg = 949,3848 t

Die Stadtreinigungswerke mussten knapp 950 t Abfall aus Hausmülltonnen abtransportieren.

5 Anzahl der Schülerinnen und Schüler zum Beginn von 2008/2009 : x

Anzahl der Schülerinnen und Schüler zum Beginn von 2009/2010 : x · 1,5

Anzahl der Schülerinnen und Schüler zum Beginn von 2010/2011 : (x · 1,5) · 1,4

Es gilt also die Gleichung $(x \cdot 1{,}5) \cdot 1{,}4 = 189$

$$x \cdot 2{,}1 = 189$$

$$x = \frac{189}{2{,}1}$$

$$x = 90$$

Die Regionalschule nahm den Betrieb mit 90 Schülerinnen und Schülern auf.

53

1 a) Zu berechnen sind ein Kegel mit r = 1 m und h = 3 m sowie ein Zylinder mit r = 1 m und h = 5 m.

$V_{Kegel} = \frac{1}{3}\pi \cdot (1\text{ m})^2 \cdot 3\text{ m} \approx 3{,}142\text{ m}^3$

$V_{Zylinder} = \pi \cdot (1\text{ m})^2 \cdot 5\text{ m} \approx 15{,}708\text{ m}^3$

$V_{Gesamt} \approx 18{,}85\text{ m}^3$ $(3{,}14\text{ m}^3 + 15{,}71\text{ m}^3)$

Jeder Kubikmeter wiegt 0,7 t, also ist die Masse m ≈ 18,85 · 0,7 t ≈ 13,195 t.

Das Modell wiegt knapp 13,2 t.

b) Hier geht es um die Oberfläche O, die aus dem Kegelmantel M_K, dem Zylindermantel M_Z und der Grundfläche G besteht. Zunächst muss s mit dem Satz des Pythagoras berechnet werden:

$s^2 = h^2 + r^2$

$s^2 = 9\text{ m}^2 + 1\text{ m}^2$

$s^2 = 10\text{ m}^2$

$s \approx 3{,}16\text{ m}$

$M_K = \pi \cdot r \cdot s \approx \pi \cdot 1\text{ m} \cdot 3{,}16\text{ m} \approx 9{,}93\text{ m}^2$

$M_Z = 2\pi r h_Z \approx 2\pi \cdot 1\text{ m} \cdot 5\text{ m} \approx 31{,}42\text{ m}^2$

$G = \pi r^2 = \pi \cdot (1\text{ m})^2 \approx 3{,}14\text{ m}^2$

$O = M_K + M_Z + G \approx 9{,}93\text{ m}^2 + 31{,}42\text{ m}^2 + 3{,}14\text{ m}^2 \approx 44{,}49\text{ m}^2$

Das sind knapp 44,5 m². Da man pro m² einen halben Liter Farbe braucht, sind 22,25 Liter Farbe erforderlich.

53

2 Um die Masse m des Werkstücks berechnen zu können, muss sein Volumen bekannt sein. Das Volumen V des Werkstücks berechnet sich aus dem Volumen V_{Z_1} des Holzzylinders abzüglich des Volumens V_{Z_2} des herausgebohrten Zylinders.

$V_{Z_1} = \pi \cdot r_1^2 \cdot h_1 = \pi \cdot (15\text{ cm})^2 \cdot 10\text{ cm} \approx 7\,068{,}58\text{ cm}^3$

$V_{Z_2} = \pi \cdot r_2^2 \cdot h_2 = \pi \cdot (2\text{ cm})^2 \cdot 5\text{ cm} \approx 62{,}83\text{ cm}^3$

Das Volumen V des Werkstücks ergibt sich dann aus

$V = V_{Z_1} - V_{Z_2} = 7\,068{,}58\text{ cm}^3 - 62{,}83\text{ cm}^3 = 7\,005{,}75\text{ cm}^3$

Da 1 cm³ Holz 0,76 g wiegt, beträgt die Masse m des Werkstücks

$m = 7\,005{,}75\text{ cm}^3 \cdot 0{,}76\,\frac{\text{g}}{\text{cm}^3} = 5\,324{,}37\text{ g} \approx 5{,}324\text{ kg}$

Die Masse des Werkstücks beträgt ca. 5,3 kg.

3 a) Gesucht ist die Körperhöhe h_P der Pyramide.
Gegeben ist das rechtwinklige Dreieck NMO mit $\overline{MN} = 5$ cm und dem Winkel ONM = $\alpha = 67°$.
Die gesuchte Körperhöhe h_P entspricht der Länge der Dreiecksseite $\overline{OM}$.

Es gilt: $\tan 67° = \frac{h_P}{5} \quad |\cdot 5$

$5 \cdot \tan 67° = h_P$, also $h_P \approx 11{,}78$ cm
Die Höhe der abgebildeten Körpers beträgt etwa 11,78 cm.

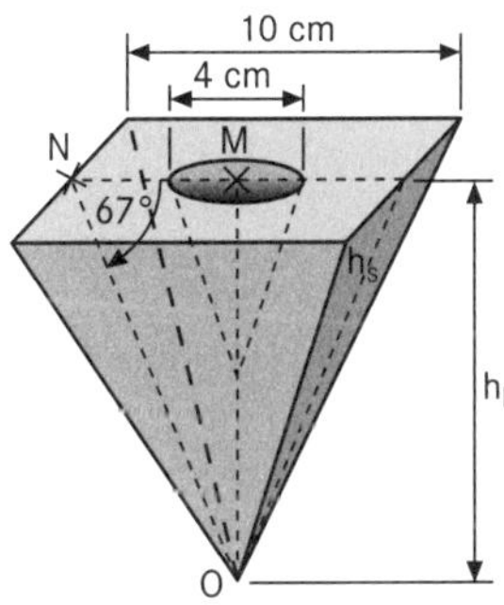

b) Das Volumen V des Werkstücks ergibt sich aus dem Volumen V_P der Pyramide abzüglich des Volumens V_P der kegelförmigen Aushöhlung. Deren Höhe beträgt die Hälfte von h_P, also 5,89 cm.

$V_P = \frac{1}{3} \cdot a^2 \cdot h_P = \frac{1}{3} \cdot (10\text{ cm})^2 \cdot 11{,}78\text{ cm} \approx 392{,}67\text{ cm}^3$

$V_K = \frac{1}{3}\pi \cdot r^2 \cdot \frac{h_P}{2} = \frac{1}{3}\pi \cdot (2\text{ cm})^2 \cdot 5{,}89\text{ cm} \approx 24{,}67\text{ cm}^3$

Das gesuchte Volumen V des Werkstücks ergibt sich dann aus:
$V = V_P - V_K \approx 392{,}67\text{ cm}^3 - 24{,}67\text{ cm}^3 = 368\text{ cm}^3$

c) Die Dichte von Aluminium beträgt $2{,}7\,\frac{\text{g}}{\text{cm}^3}$. Also $m \approx 368\text{ cm}^3 \cdot 2{,}7\,\frac{\text{g}}{\text{cm}^3} = 993{,}6\text{ g} = 0{,}9936\text{ kg} \approx 1\text{ kg}$

Die Masse m des Werkstücks beträgt etwa 1 kg.

54

1 a) Aus dem Graphen, der Inas Fahrt beschreibt, ist abzulesen, dass
- Ina nach einer Viertelstunde erst 4 km zurückgelegt hat (NEIN).
- Ina nach 30 Minuten (um 19.30 Uhr) eine Rast einlegt (JA).
- Inas durchschnittliche Geschwindigkeit zu Beginn ihrer Fahrt 4 km in 15 Minuten, also 16 km in 60 Minuten bzw. $16\,\frac{\text{km}}{\text{h}}$ beträgt (NEIN).

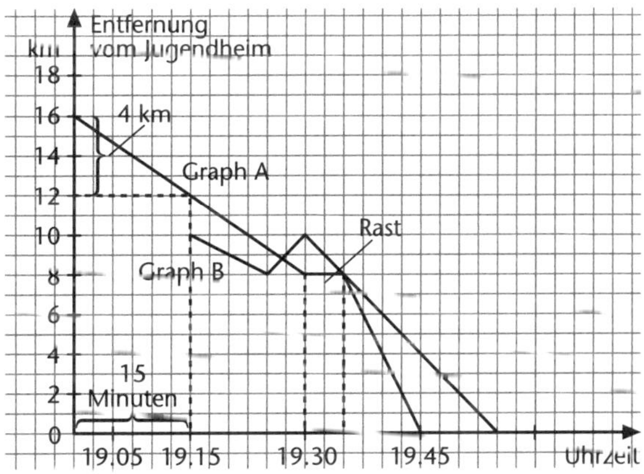

b) Eine mögliche Beschreibung wäre: Paul steigt um 19.15 Uhr auf sein Fahrrad und macht sich auf den Weg zum Jugendheim. Nach 2 km Fahrt (oder nach 10 Minuten) stellt er fest, dass er seinen Haustürschlüssel zu Hause vergessen hat.
Er kehrt um und radelt schnell (mit der doppelten Geschwindigkeit wie zuvor) zurück.
Schon von weitem sieht er seinen Vater mit dem Schlüsselbund vor dem Haus auf ihn warten.
Nur ein kurzes Dankeschön und schon radelt Paul wieder los. Ohne Pause und mit gleichbleibender Geschwindigkeit legt er nun die 10 km lange Fahrt zurück. Kurz vor Beginn der Party (um 19.55 Uhr) trifft Paul am Jugendheim ein.

c) Paul startet um 19.15 Uhr. Wäre er zeitgleich mit Ina um 19.45 Uhr angekommen, hätte er den 10 km langen Weg von Zuhause bis zum Jugendheim in 30 Minuten zurücklegen müssen.
Dies gelingt mit einer konstanten (gleichbleibenden) Geschwindigkeit von 10 km in 30 Minuten bzw. 20 km in 60 Minuten. Die Antwort lautet also: Paul hätte die gesamte Strecke mit einer konstanten Geschwindigkeit von $20\,\frac{\text{km}}{\text{h}}$ fahren müssen, um zeitgleich mit Ina anzukommen.

54

2 Eine mögliche Lösung ist im Koordinatensystem dargestellt. Je langsamer die Wandergeschwindigkeit ist, desto geringer ist die Steigung des entsprechenden Graphenabschnitts.

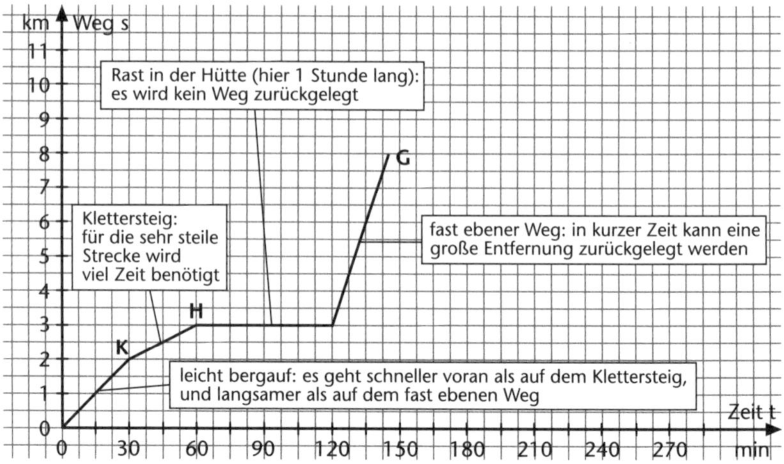

55

1 a) Die Aktie ist von G = 33,90 € um W = 3,70 € gesunken.

$p\,\% = \frac{3{,}70\text{ €}}{33{,}90\text{ €}}$ $p\,\% = 0{,}10914\ldots;$ $p\,\% \approx 10{,}9\,\%$

b) $\frac{33{,}60\text{ €} + 32{,}10\text{ €} + 34{,}10\text{ €} + 34{,}60\text{ €} + 33{,}90\text{ €} + 30{,}20\text{ €}}{6} = 33{,}08\overline{3}\text{ €}$

Den Durchschnitt des letzten Jahres hat die Aktie nicht erreicht.

c) Der Eindruck entsteht dadurch, dass die €-Achse nicht bei 0 €, sondern bei 30 € beginnt.

d)

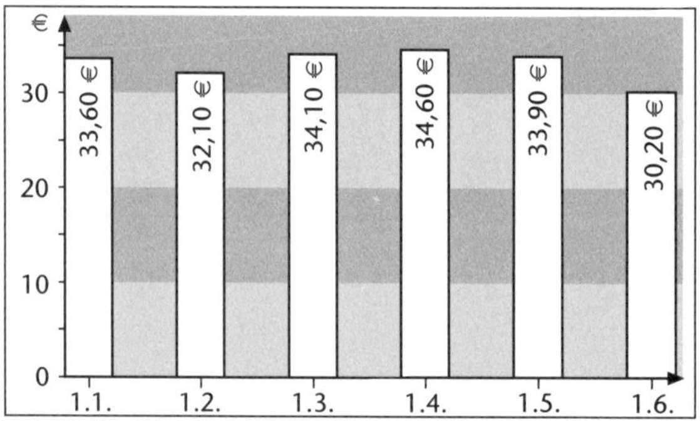

2 a) 80 % (24 von 30) der Schülerinnen und Schüler aus der Klasse 7a haben an der Umfrage teilgenommen.

b) Die Klasse 7b besteht zu 50 % aus Mädchen und zu 50 % aus Jungen (50 % entspricht 180°).
87,5 % (14 von 16) Mädchen wurden befragt (87,5 % von 180° entspricht 157,5°).
75 % (12 von 16) Jungen wurden befragt (75 % von 180° entspricht 135°).

c) Da wegen der Mehrfachantworten die Summe der Prozentsätze über 100 % beträgt, eignet sich nur ein Säulendiagramm zur Darstellung der Ergebnisse.

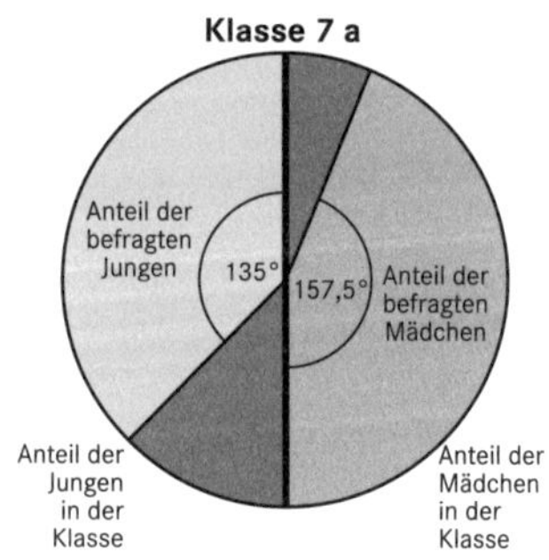

56

1 a) Der Höhenunterschied beträgt 180 m
(= 40 m + 50 m + 25 m + 40 m + 25 m).

b) Die Länge der gesuchten Strecke s kann mithilfe des Satzes des Pythagoras annähernd berechnet werden.

$s^2 = (78\text{ m})^2 + (180\text{ m})^2$
$s^2 = 38\,484\text{ m}^2$
$s \approx 196\text{ m}$

Der Kletterer legt lt. Rechnung eine Strecke von ungefähr 196 m zurück. Um den Satz des Pythagoras hier anwenden zu können, stellt man sich den Weg des Kletterers als geradlinige Verbindung zwischen Start und Ziel vor. Tatsächlich aber erkennt man in der Kletterkarte, dass der Weg häufig um Felsbrocken oder Spalten herumführt. Der berechnete Wert ist also nur eine Annäherung, in Wirklichkeit wird ein Kletterer auf dieser Tour eine längere Strecke zurücklegen.

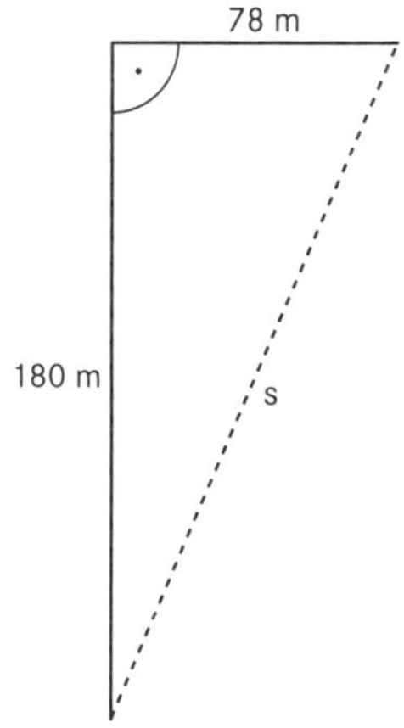

2 Die Länge des Trageseils kann mithilfe des Satzes des Pythagoras berechnet werden.

$s^2 = (62\text{ m})^2 + (130\text{ m})^2$
$s^2 = 20\,744\text{ m}^2$
$s \approx 144\text{ m}$

Da es aber kaum möglich ist, ein langes Seil so straff zu spannen, dass es wie eine Gerade zwei Punkte verbindet, wird das Trageseil in Wirklichkeit etwas länger sein.

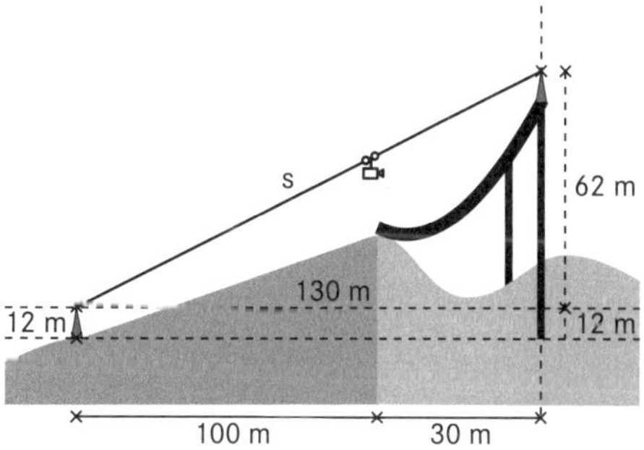

57

1 Das Plastikband besteht aus zwei Halbkreisen, die zusammen einen Kreis bilden, und zwei Strecken der angegebenen Längen.

$l = 6r + 6r + 2\pi r$
$l = 6 \cdot 5\text{ cm} + 6 \cdot 5\text{ cm} + 2\pi \cdot 5\text{ cm}$
$l \approx 91{,}4\text{ cm}$

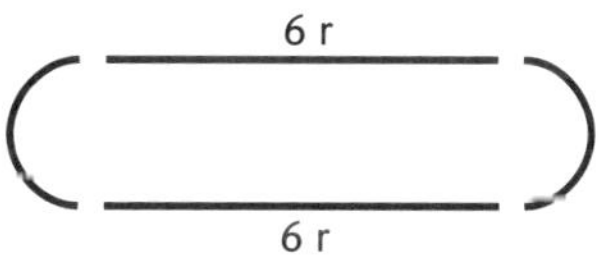

2 Das Plastikband besteht aus drei Drittelkreisen, die zusammen einen Kreis bilden, und drei Strecken der angegebenen Längen.

$l = 4r + 4r + 4r + 2\pi r = 12r + 2\pi r$
$l = 12 \cdot 6\text{ cm} + 2\pi \cdot 6\text{ cm}$
$l \approx 109{,}7\text{ cm}$

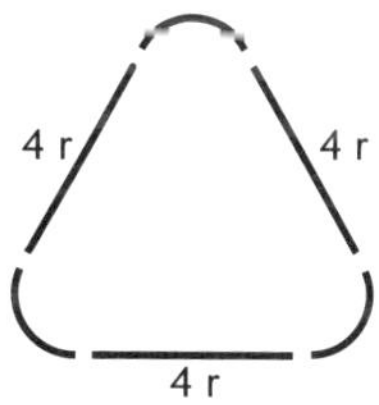

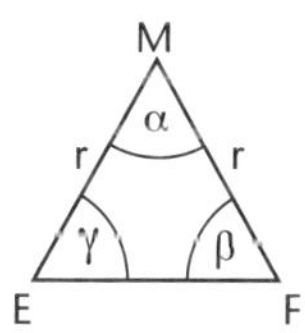

3 a) $\alpha = 60°$, nämlich der 6.Teil vom Vollwinkel 360°;
β und γ sind gleich groß, weil das Dreieck gleichschenklig ist;
Wegen der Winkelsumme von 180° gilt: $\beta = \gamma = 60°$.
Das Dreieck FME ist also gleichseitig.

b) Die einzelnen Teilstrecken sind jeweils 8 cm lang, wie aus den Überlegungen zu Teilaufgabe a) folgt.
$u_6 = 6 \cdot 8\text{ cm} = 48\text{ cm}$

c) $u_K = 2 \cdot \pi \cdot 8\text{ cm} = 50{,}2655...\text{ cm}$
$u_6 = 48\text{ cm}$
Der Grundwert G = 48 cm ist um W = 2,2655 cm gewachsen.

$p\,\% \approx \frac{2{,}2655}{48} \approx 4{,}7\,\%$

Der Umfang des Kreises ist um etwas mehr als 4,7 % größer als der Umfang des regelmäßigen Sechsecks.

57

d) Nach dem Satz des Pythagoras gilt:

$h^2 + (4\ cm)^2 = (8\ cm)^2$

$h^2 + 16\ cm^2 = 64\ cm^2 \quad |-16\ cm^2$

$h^2 = 48\ cm^2$

$h \approx 6{,}93\ cm$

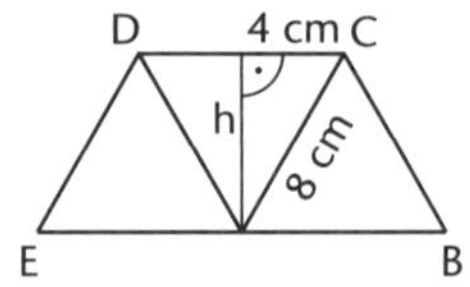

$A = \frac{a+c}{2} \cdot h \qquad A \approx \frac{16\ cm + 8\ cm}{2} \cdot 6{,}93\ cm$

$A \approx 83{,}16\ cm^2$

ohne Trapezformel: Das Trapez besteht aus drei Dreiecken mit der Grundseite 8 cm und der Höhe 6,93 cm.

$A = 3 \cdot \frac{8\ cm \cdot 6{,}93\ cm}{2}$

$A = 83{,}16\ cm^2$

e) Der Flächeninhalt vervierfacht sich (Streckfaktor: $k = 2$, $k^2 = 4$). Der Umfang verdoppelt sich ($k = 2$).

4 Es gilt $A = 0{,}25\ m^2$

$a^2 = 0{,}25\ m^2$

$a = 0{,}5\ m$

Der Kreis hat einen Durchmesser von 0,5 m und deshalb einen Radius von 0,25 m.

a) $A_K = \pi \cdot (0{,}25\ m)^2 \qquad u_K = 2\pi \cdot 0{,}25\ m$

$A_K \approx 0{,}196\ m^2 \qquad u_K \approx 1{,}57\ m$

b) Von $0{,}25\ m^2$ Platte werden $0{,}25\ m^2 - 0{,}196\ m^2 = 0{,}054\ m^2$ als Abfall abgesägt.

$p\,\% = \frac{0{,}054\ m^2}{0{,}25\ m^2} = 21{,}6\,\%$ Abfall

58

1 a) Das Volumen des Quaders berechnet sich aus $40\ cm \cdot 15\ cm \cdot 30\ cm = 18\,000\ cm^3$.

b) Pro Minute fließen $150\ cm^3$ in den Behälter ein, für $18\,000\ cm^3$ werden dann $18\,000\ cm^3 : \frac{150\ cm^3}{min} = 120$ Minuten, also 2 h benötigt.

c) Da der Behälter gleichmäßig gefüllt wird, ist die zugehörige Funktion linear und der Funktionsgraph eine Gerade. Um den Graph zeichnen zu können, braucht man nur 2 Punkte.

- Der Graph verläuft durch den Punkt P (0|0), da der Behälter zu Beginn keine Flüssigkeit enthält, die Füllhöhe also 0 cm beträgt.
- Nach 120 Minuten ist der Behälter voll, d. h. die Füllhöhe nach 120 Minuten entspricht der Höhe des Behälters, nämlich 30 cm. Damit kennen wir einen zweiten Punkt des Graphen: Q (120|30).

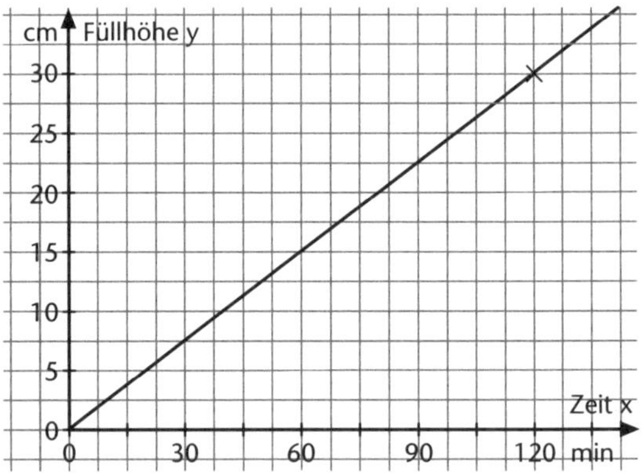

d) Die zugehörige Funktionsgleichung hat die Form $y = m \cdot x + n$. Ein möglicher Lösungsweg ist es, die Werte für m und n aus dem Graphen abzulesen:

$n = 0$ und $m = \frac{30}{120} = \frac{1}{4}$. Die gesuchte Funktionsgleichung lautet also: $y = 0{,}25x$.

2 a) $V = V_1 + V_2$

$V = 40\ cm \cdot 15\ cm \cdot 10\ cm + 20\ cm \cdot 15\ cm \cdot 20\ cm$

$V = 6\,000\ cm^3 + 6\,000\ cm^3$

$V = 12\,000\ cm^3$

Da $150\ cm^3$ in der Minute in den Behälter fließen, dauert der Füllvorgang $12\,000\ cm^3 : 150\ \frac{cm^3}{min} = 80$ Minuten.

58

b) Bei diesem zusammengesetzten Körper ist auch der zugehörige Graph aus Teilgraphen zusammengesetzt, die jeweils den Füllvorgang eines Teilkörpers beschreiben. Der Teilkörper 1 ist in $6\,000\ \text{cm}^3 : 150\ \frac{\text{cm}^3}{\text{min}} = 40$ Minuten gefüllt. Die Füllhöhe beträgt zu diesem Zeitpunkt 10 cm. Die Punkte (0|0) und (40|10) bestimmen diesen Teil des Graphen. Der Teilkörper 2 ist ebenfalls in 40 Minuten gefüllt. Die Füllhöhe beträgt anfangs 10 cm, bei vollständig gefülltem Körper 30 cm. Die Punkte (40|10) und (80|30) bestimmen diesen Teil des Graphen.

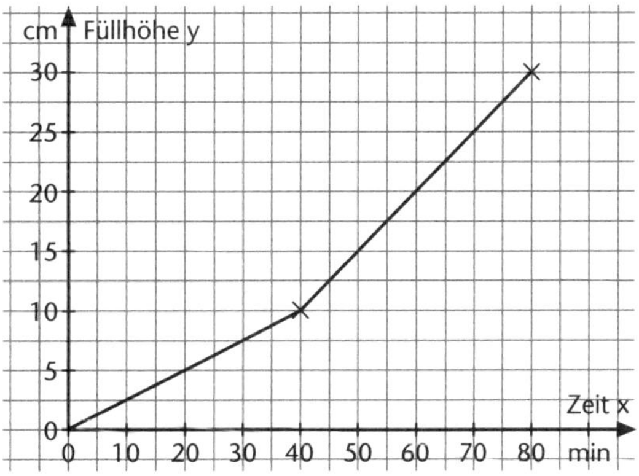

3 a)

Gefäß	Graph	mögliche Begründung
A	④	Der untere Teil des Körpers hat einen geringeren Querschnitt als der obere. Bei gleichmäßiger Befüllung muss der Graph also einen Wechsel von einem schnelleren zu einem langsameren Füllvorgang zeigen. Da es sich bei beiden Teilkörpern um Quader handelt, verläuft der Füllvorgang stückweise linear.
B	③	Der untere Teil des Körpers hat einen geringeren Querschnitt als der obere. Bei gleichmäßiger Befüllung muss der Graph also einen Wechsel von einem schnelleren zu einem langsameren Füllvorgang zeigen. Da der obere Teil die Form eines Kegelstumpfes besitzt, verläuft der Füllvorgang nur für den unteren Teil anfangs linear.
C	①	Für Quader D und Quader C sind die Füllvorgänge linear. Da die Grundfläche des Quaders größer ist als die des Würfels, verläuft der Füllvorgang des Quaders deutlich langsamer als der des Würfels. Der Graph mit der geringeren Steigung gehört also zum Quader.
D	②	

b) Eine mögliche Lösung ist ein aus 3 Teilquadern zusammengesetztes Gefäß:

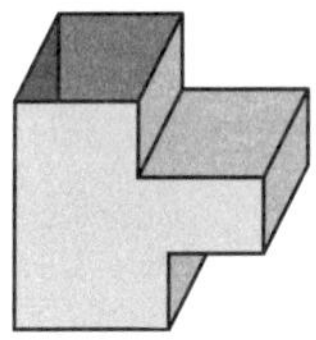

59

1 Die Meldung beinhaltet zwei Fehler.

- Der erste Fehler steckt in der Formulierung „Die letzte Saison fiel dagegen deutlich besser aus“. Jedes 3. Spiel zu gewinnen, bedeutet z. B. bei 4 von 12 Spielen als Sieger vom Platz zu gehen. Jedes 6. Spiel zu gewinnen, bedeutet dagegen in diesem Beispiel nur bei 2 von 12 Spielen siegreich zu sein.
- Der zweite Fehler liegt in der Angabe „Steigerung um 50 %“. Tatsächlich gewinnt die C-Mannschaft nur noch halb so viele Spiele; richtig wäre es, von einer Verminderung um 50 % zu sprechen.

2 Die Meldung beinhaltet zwei Fehler.
Der erste mathematische Fehler steckt in der Formulierung „nur noch“.
Früher: Jeder 10. Autofahrer rast. Heute: Jeder 5. Autofahrer rast.
Wenn also heute jeder 5. statt früher jeder 10. Autofahrer zu schnell fährt, dann hat sich die Zahl der Raser erhöht.
Der zweite Fehler liegt in der Angabe „fünf Prozent“.
Jeder 5. Autofahrer bedeutet, dass sich unter jeweils 5 Autofahrern 1 Raser befindet.
Unter 100 Autofahrern sind dann 20 Raser zu finden, also: 20 von 100 oder 20 % der Autofahrer fahren zu schnell.
Richtig müsste die Meldung also lauten: „Fuhr vor einigen Jahren noch jeder zehnte Autofahrer zu schnell, so ist es heute sogar jeder fünfte. 20 Prozent sind natürlich viel zu viel, und so wird weiterhin kontrolliert, und die Schnellfahrer haben zu zahlen.“

59

3 a) 80,99 % von 163 Torschüssen in die Ecke unten links waren erfolgreich, das entspricht 132 Treffern (= 80,99 % · 163). Unten rechts in der Ecke waren 87,41 % von 127 Torschüssen erfolgreich, das entspricht 111 Treffern (= 87,41 % · 127). Absolut gesehen gab es unten links mehr Treffer, allerdings war die Gesamtzahl der Torschüsse in diese Ecke auch größer. Relativ gesehen ist daher die Trefferquote für die Ecke unten rechts größer.

b) Addiert man alle Treffer in den sechs Kreisflächen links vom Torwart (der in der Mitte steht), erhält man 313. Die Summe der Torschüsse in den sechs Kreisflächen rechts vom Torwart beträgt 262. Der Bereich links vom Torwart hat also eine höhere Trefferquote, nämlich 313 von 626 (50 %), die Trefferquote rechts vom Torwart beträgt ca. 41,85 %.

c) Ein Kreis mit dem Durchmesser 1 cm hat eine Fläche von $A = \pi \cdot (0{,}5)^2\ \text{cm}^2 \approx 0{,}8\ \text{cm}^2$.
Für einen Kreis mit einer halb so großen Fläche gilt:

$A = \pi \cdot r^2$

$0{,}4 = \pi \cdot r^2$

$\frac{0{,}4}{\pi} = r^2$, also $r = \sqrt{\frac{0{,}4}{\pi}} \approx 0{,}35$

Der Durchmesser des 50-%-Kreises muss 0,70 cm (7,0 mm) betragen.

60

1 a) Die Länge der Strecke $\overline{OM}$ entspricht dem Betrag der f(x)-Koordinate des Punktes M.
Der Punkt M hat die x-Koordinate 0.
Für $x = 0$ gilt $f(x) = -0{,}04 \cdot 0^2 + 38$

$f(x) = 38$

Die Länge der Strecke $\overline{OM}$ beträgt demnach 38 m.

b) Die Punkte A und B liegen symmetrisch zur f(x)-Achse.
Für die Punkte A und B gilt $f(x) = 0$, also ist die Gleichung

$0 = -0{,}04x^2 + 38$ zu lösen.

$0{,}04x^2 = 38$

$x^2 = \frac{38}{0{,}04}$

$x^2 = 950$

$x_1 = \sqrt{950}$ *oder* $x_2 = -\sqrt{950}$

$x_1 \approx 30{,}8$ $\quad x_2 \approx -30{,}8$

Die Strecke $\overline{AB}$ ist rund 61,60 m lang (30,8 · 2).

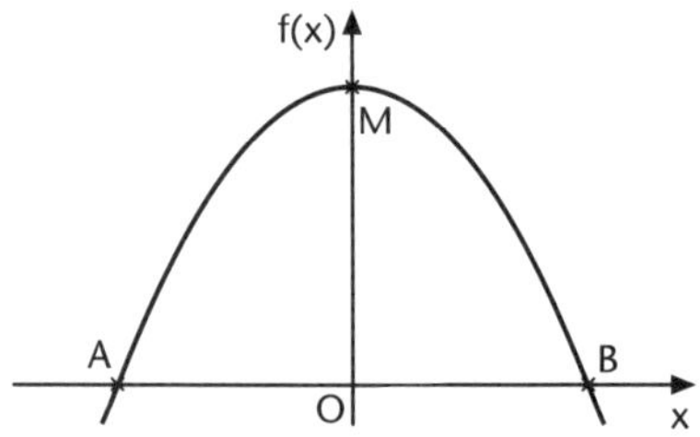

$f(x) = -0{,}04x^2 + 38$

2 Gesucht ist die Länge der Strecke $\overline{AP}$, denn A markiert das Ende des Balkens und P den hintersten Abdruck beim Landen.
Zu lösen ist die Gleichung:

$0 = -0{,}025x^2 + 0{,}115x + 0{,}15$

$0{,}025x^2 - 0{,}115x - 0{,}15 = 0 \quad |:0{,}025$

$x^2 - 4{,}6x - 6 = 0$

$x_{1/2} = +2{,}3 \pm \sqrt{(2{,}3)^2 + 6}$

$x_{1/2} = +2{,}3 \pm \sqrt{11{,}29}$

$x_{1/2} \approx 2{,}3 \pm 3{,}36$

$x_1 \approx 5{,}66$

x_2 ist negativ und entfällt als Lösung.

Karsten hat eine Weite von 5,66 m erzielt.

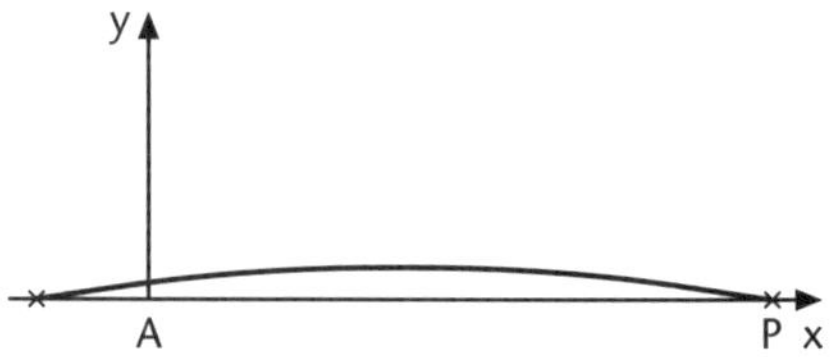

$y = -0{,}025x^2 + 0{,}115x + 0{,}15$

3 Der Mittelpunkt M des Korbringes hat die Koordinaten M(11,2|2,52). Dabei ergibt sich 11,2 m als die Differenz von 14 m und 2,80 m. Die Frage ist, ob der Punkt M annähernd auf dem Graphen von f(x) liegt: $f(11{,}2) \approx 2{,}52$?

$f(11{,}2) = -0{,}032 \cdot 11{,}2^2 + 0{,}387 \cdot 11{,}2 + 2{,}2$

$= -4{,}01408 + 4{,}3344 + 2{,}2 = 2{,}52032$

$f(11{,}2) \approx 2{,}52$

Elke trifft den Korbring fast genau in der Mitte.

60

4 a) Der Punkt (0 | 0) gehört zum Graphen der Funktion:

$0 = a \cdot 0^2 + b \cdot 0 + c$

$0 = c$

b) Die Parabel hat eine Funktionsgleichung der Form $y = ax^2 + bx$

Für $P_1(50 | 14)$ ergibt sich die Gleichung I. $14 = a \cdot 50^2 + b \cdot 50$

I. $14 = 2500a + 50b$

Für $P_2(100 | 0)$ ergibt sich die Gleichung II. $0 = a \cdot 100^2 + b \cdot 100$

II. $0 = 10000a + 100b$

Zu lösen ist dann das folgende Gleichungssystem:

I. $2500a + 50b = 14$

II. $10000a + 100b = 0$

I. $-5000a - 100b = -28$ (+)

II. $10000a + 100b = 0$

$5000a = -28$

$a = -0{,}0056$

Einsetzen von $a = -0{,}0056$ in II.:

$10000 \cdot (-0{,}0056) + 100b = 0$

$-56 + 100b = 0$

$100b = 56$

$b = 0{,}56$

c) Die Funktionsgleichung heißt $y = -0{,}0056x^2 + 0{,}56x$.

61

1 a) Zur Berechnung fehlt die Höhe h, die man mit dem Satz des Pythagoras ermittelt.

$h^2 + 2{,}5^2 = 11^2$

$h^2 = 11^2 - 2{,}5^2$

$h^2 = 114{,}75$

$h \approx 10{,}7$

Das Dreieck ist etwa 10,7 cm hoch.

$A = \frac{g \cdot h}{2} \longrightarrow A = \frac{5 \cdot 10{,}7}{2}$

$A = 26{,}75$

Der Flächeninhalt des Dreiecks beträgt etwa 27 cm².

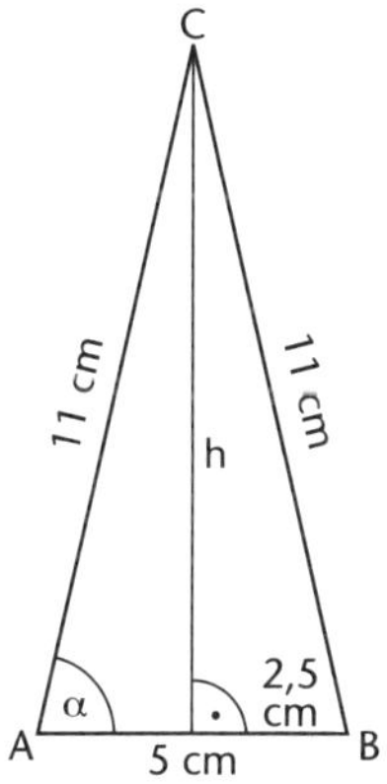

b) α kann man mit der Kosinusfunktion berechnen.

$\cos\alpha = \frac{2{,}5}{11}$

$\cos\alpha = 0{,}2\overline{27}$

$\alpha \approx 76{,}9°$

Da das Dreieck gleichschenklig ist, gilt auch $\beta \approx 76{,}9°$

Für γ arbeitet man mit der Winkelsumme im Dreieck:

$76{,}9° + 76{,}9° + \gamma = 180°$

$153{,}8° + \gamma = 180°$

$\gamma = 26{,}2°$

Die Innenwinkel des Dreiecks sind 76,9°, 76,9° und 26,2° groß.

2 a) Die Grundfläche berechnet man mit der Trapezformel.

$G = \frac{(a + c) \cdot h}{2} \longrightarrow G = \frac{(4\text{ cm} + 8\text{ cm}) \cdot 5\text{ cm}}{2}$

$G = 30\text{ cm}^2$

$V = G \cdot h$ (Prisma-Formel)

$V = 30\text{ cm}^2 \cdot 14\text{ cm}$

$V = 420\text{ cm}^3$

Das Werkstück hat ein Volumen von 420 cm³.

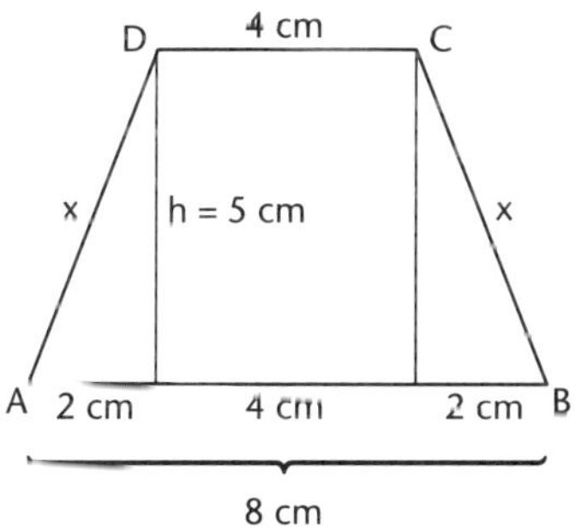

61

b) $O = 2G + M$ (Formel Oberflächeninhalt eines Prismas)
Der Mantel M ist ein Rechteck, dessen Länge der Umfang der Grundfläche und dessen Breite 14 cm ist.
Für den Umfang der Grundfläche benötigt man die Länge x (siehe Zeichnung), die man mit dem Satz des Pythagoras berechnen kann.
$x^2 = 5^2 + 2^2$
$x^2 = 25 + 4$
$x^2 = 29$
$x \approx 5{,}385$
Der Umfang u der Grundfläche berechnet sich so: $u = 2 \cdot x + 8\text{ cm} + 4\text{ cm}$
$u = 10{,}77\text{ cm} + 12\text{ cm}$
$u = 22{,}77\text{ cm}$
$M = u \cdot h$
$M = 22{,}77\text{ cm} \cdot 14\text{ cm}$
$M = 318{,}78\text{ cm}^2$ Aus a) ist bekannt: $G = 30\text{ cm}^2$.
$O = 2 \cdot G + M$
$O = 2 \cdot 30\text{ cm}^2 + 318{,}78\text{ cm}^2$
$O = 378{,}78\text{ cm}^2$
Die Oberfläche des Werkstücks beträgt knapp 379 cm².

c) Bei einem gleichschenkligem Trapez gilt $\alpha = \beta$ und $\gamma = \delta$, außerdem $\alpha + \delta = 180°$

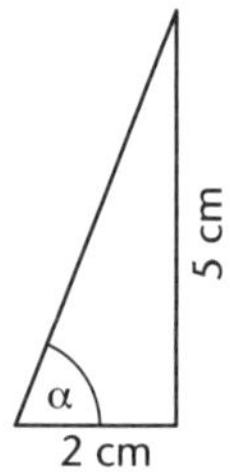

$\tan \alpha = \frac{5}{2}$
$\tan \alpha = 2{,}5$
$\alpha \approx 68{,}2°$
$\delta \approx 180° - 68{,}2°$
$\delta \approx 111{,}8°$
Die Innenwinkel der Trapezfläche sind 68,2°, 68,2°, 111,8° und 111,8° groß.

3 a) Der Strafraum mit Torraum ist ein Rechteck mit einer Breite von 16,5 m und einer Länge von 16,5 m + 7,32 m + 16,5 m, also 40,32 m.
$A_1 = 16{,}5\text{ m} \cdot 40{,}32\text{ m}$
$A_1 = 665{,}28\text{ m}^2$
Der Torraum ist 5,5 m breit und 18,32 m lang.
$A_2 = 5{,}5\text{ m} \cdot 18{,}32\text{ m}$
$A_2 = 100{,}76\text{ m}^2$
$A_1 - A_2 = 665{,}28\text{ m}^2 - 100{,}76\text{ m}^2$
$= 564{,}52\text{ m}^2$
Der Strafraum außerhalb des Torraums ist ungefähr 564,5 m² groß.

b) Zunächst wird die Entfernung y vom 11-m-Punkt bis zum Fußpunkt des Tores berechnet (siehe Zeichnung). 3,66 m ist die Hälfte von 7,32 m.

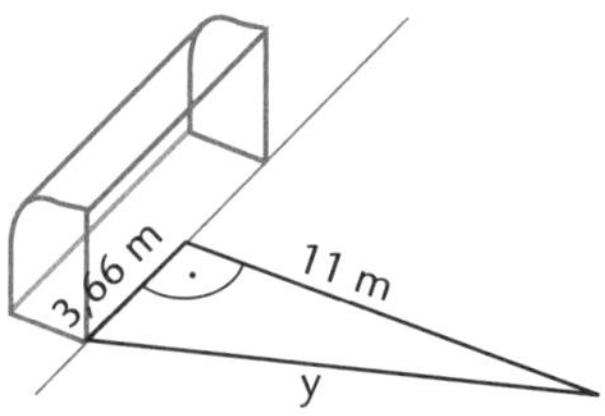

$y^2 = 11^2 + 3{,}66^2$
$y^2 = 134{,}3956$ $(y \approx 11{,}59)$
Für die eigentlich gesuchte Strecke x gilt die zweite Zeichnung.
2,44 m ist die Höhe des Tores.

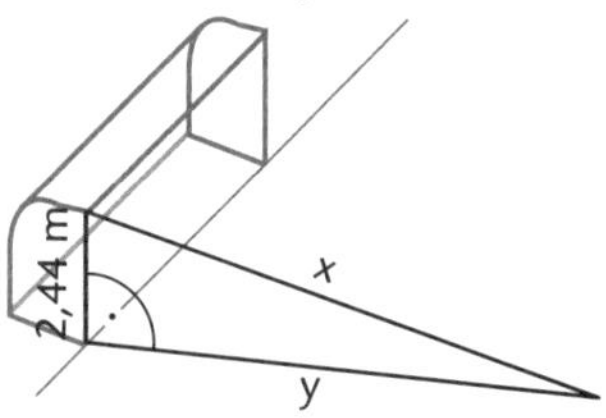

$x^2 = y^2 + 2{,}44^2$
$x^2 = 134{,}3956 + 5{,}9536$
$x^2 = 140{,}3492$
$x \approx 11{,}85$
Der Ball legt rund 11,85 m zurück.

c) $\tan \alpha = \frac{2{,}44}{11{,}59}$
$\tan \alpha = 0{,}210526\ ...$
$\alpha \approx 11{,}9°$
Der Ball hebt unter einem Winkel von knapp 12° vom Boden ab.

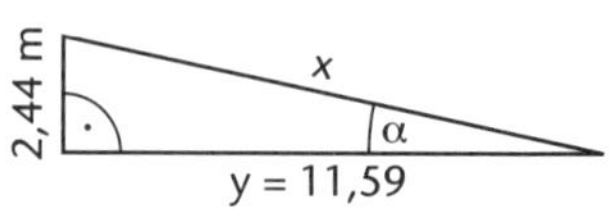

61 **4** $A = g \cdot h$ (Parallelogramm-Formel)

$A = 8{,}5\text{ cm} \cdot 4{,}2\text{ cm}$

$A = 35{,}7\text{ cm}^2$

Der Flächeninhalt des Parallelogramms beträgt 35,7 cm².

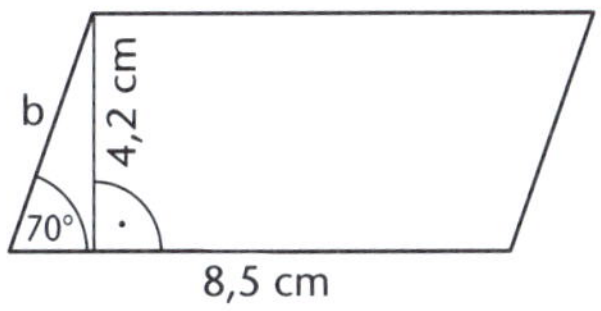

Für den Umfang benötigt man die Länge b.

$$\sin 70° = \frac{4{,}2}{b}$$

$$b \cdot \sin 70° = 4{,}2$$

$$b = \frac{4{,}2}{\sin 70°}$$

$b \approx 4{,}47\text{ cm}$ $\quad u = 2a + 2b \longrightarrow u = 2 \cdot 8{,}5\text{ cm} + 2 \cdot 4{,}47\text{ cm}$

$u = 25{,}94\text{ cm}$

Der Umfang des Parallelogramms beträgt rund 25,9 cm.

62 **1** Mit dem abgebildeten Baumdiagramm ist die Aufgabe zu lösen.
Abkürzungen: A (ausländischer Herkunft), M (Mädchen); J (Jungen)

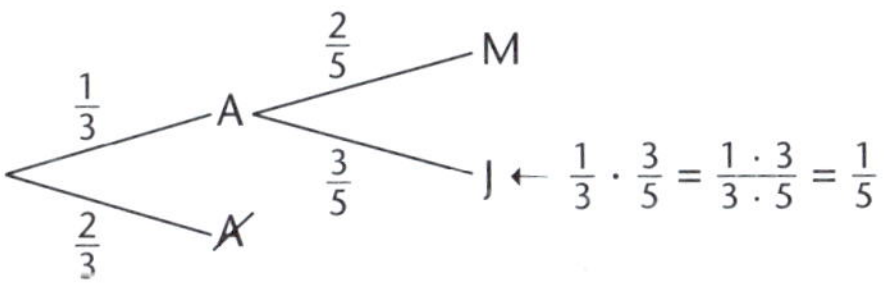

$\frac{1}{5}$ der gesamten Schülerschaft sind ausländische Jungen.

2 Für das Baumdiagramm wurden folgende Abkürzungen gewählt:
F (Mitglied Fußballabteilung), $\bar{F}$ (Mitglied der Jugendabteilung, aber nicht beim Fußball), M (Mädchen), J (Jungen).

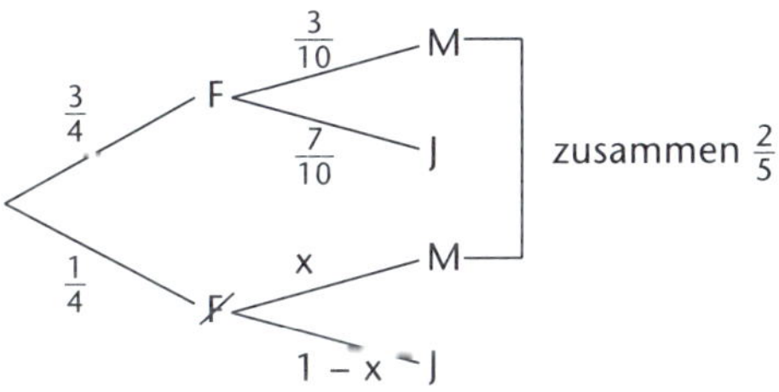

Gleichung:

$$\frac{3}{4} \cdot \frac{3}{10} + \frac{1}{4} \cdot x = \frac{2}{5}$$

$$\frac{9}{40} + \frac{1}{4}x = \frac{2}{5} \quad \Big| -\frac{9}{40}$$

$$\frac{1}{4}x = \frac{16}{40} - \frac{9}{40}$$

$$\frac{1}{4}x = \frac{7}{40} \quad | \cdot 4$$

$$x = \frac{7 \cdot 4}{40} = \frac{7}{10}$$

Die Mädchen sind in den anderen Sportarten mit einem Anteil von $\frac{7}{10}$ vertreten.

3 Abkürzungen: S_1, S_2, S_3 (Streckenanteil am 1., 2. bzw. 3. Tag)
B_1, B_2, B_3 (Anteil Bergauffahrt am 1., 2. bzw. 3. Tag)

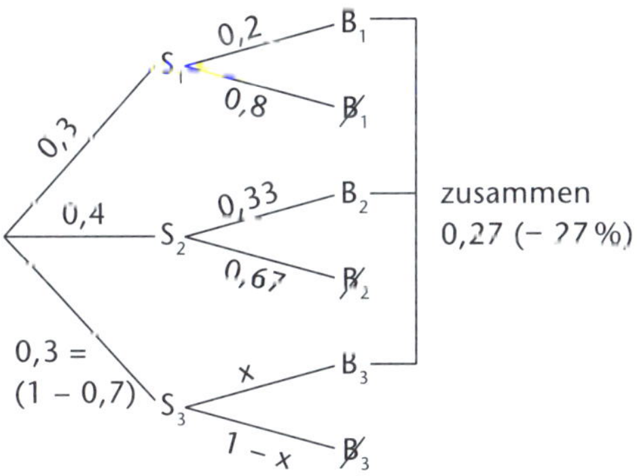

Gleichung:

$$0{,}3 \cdot 0{,}2 + 0{,}4 \cdot 0{,}33 + 0{,}3x = 0{,}27$$

$$0{,}06 + 0{,}132 + 0{,}3x = 0{,}27$$

$$0{,}192 + 0{,}3x = 0{,}27 \quad | -0{,}192$$

$$0{,}3x = 0{,}078 \quad | :0{,}3$$

$$x = 0{,}26$$

Die letzte Etappe ging zu 26 % bergauf.

62 **4** R (Regen), R̸ (kein Regen), S (Sturm), S̸ (kein Sturm)

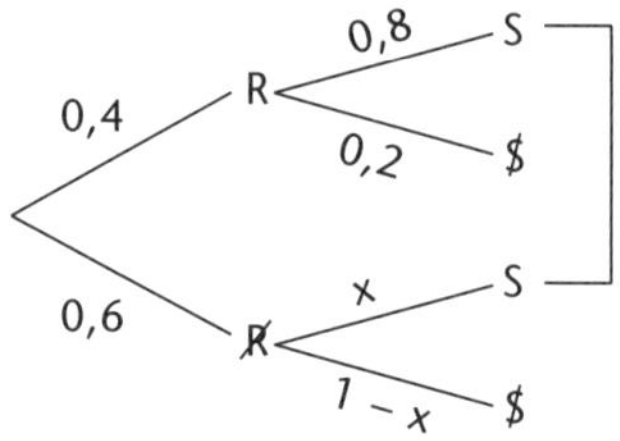

0,5 (denn an der Hälfte der Urlaubstage stürmte es)

Gleichung:

$0{,}4 \cdot 0{,}8 + 0{,}6 \cdot x = 0{,}5$

$0{,}32 + 0{,}6x = 0{,}5 \quad | -0{,}32$

$0{,}6x = 0{,}18 \quad | :0{,}6$

$x = 0{,}3$

An 30 % der Urlaubstage war es stürmisch, aber trocken.

63 **1** a) Laut Grafik verunglückten in NRW 412 von je 100 000 Einwohnern. Von insgesamt 18 000 000 Einwohnern Nordrhein-Westfalens verunglückten dann 180 · 412, also 74 160 Personen.

b) In Berlin verunglückten laut Grafik 430 Personen je 100 000 Einwohner. Das entspricht bei einer Einwohnerzahl von 3,4 Millionen einer Anzahl von 34 · 430, also 14 620 Verunglückten. Dies sind deutlich weniger als in Nordrhein-Westfalen.
Tobias hat unrecht, da er sich auf die absolute Zahl von Verunglückten bezieht. Berlin hat je 100 000 Einwohner nur mehr Verletzte, nicht aber insgesamt.

2 Die Reise mit Bus und Bahn dauert 4 h und 9 min. Ein Pkw benötigt laut Werbetext fast 1,5 h länger, also etwa 5 h und 30 min. Bei einer durchschnittlichen Geschwindigkeit von 100 $\frac{km}{h}$ legt der Pkw in dieser Zeit 550 km zurück. Die Entfernung Essen – Berlin beträgt ungefähr 550 km.

3 Für 215 km benötigt der Regionalexpress etwa 3 h. Die Jahresleistung von 3 400 000 km bedeutet, dass diese Strecke im Jahr etwa 3 400 000 km : 215 km = 15 814-mal befahren wird.
Ein einziger Zug würde hierfür 15 814 · 3 h = 47 442 h benötigen. Das entspricht ca. 1 977 Tagen, d. h. fast 66 Monaten bzw. $5\frac{1}{2}$ Jahren.

64 **1**

$u_1 = 2a + 2b$

$\cdot 2$: $u_2 = 2 \cdot (2a) + 2 \cdot (2b)$

$u_2 = 2\,(2a + 2b)$

Der Umfang verdoppelt sich.

2 $A_1 = \pi\, r^2 \xrightarrow{\cdot 16}$

$A_2 = \pi \cdot (4r)^2 \rightarrow A_2 = \pi \cdot 16r^2 \rightarrow A_2 = 16 \cdot (\pi r^2)$

Der Flächeninhalt versechzehnfacht sich.

3 $V_1 = a^3 \xrightarrow{\cdot \frac{1}{8}}$

$V_2 = (\frac{1}{2}a)^3 \rightarrow V_2 = \left(\frac{1}{2}\right)^3 \cdot a^3 \rightarrow V_2 = \frac{1}{8}a^3$

Das Volumen verringert sich auf ein Achtel.

4 Nennt man den Radius der kleinen Kugeln r, so hat die große Kugel den Radius 2r.
$4 \cdot V_1$ ist das gesamte Volumen aller kleinen Kugeln, V_2 das Volumen der großen Kugel.

$4V_1 = 4 \cdot \frac{4}{3}\pi \cdot r^3 \qquad V_2 = \frac{4}{3}\pi\,(2r)^3$

$4V_1 = \frac{16}{3}\pi r^3 \qquad V_2 = \frac{4}{3}\pi \cdot 8r^3$

$V_2 = \frac{32}{3}\pi r^3$ (Pfeile: $\cdot 2$, $:2$)

Die vier kleinen Kugeln haben zusammen das halbe Volumen der großen Kugel, wiegen also zusammen 3,5 kg.

5 a) $O_1 = 2\,ab + 2\,ac + 2\,bc \qquad O_2 = 2 \cdot (2a)(2b) + 2\,(2a)(2c) + 2\,(2b)(2c)$

$O_2 = 8ab + 8ac + 8bc$

$O_2 = 4\,(2ab + 2ac + 2bc)$ (Pfeile: $\cdot 4$, $:4$) Die Oberfläche vervierfacht sich.

b) $V_1 = a \cdot b \cdot c \qquad V_2 = (2a) \cdot (2b) \cdot (2c)$

$V_2 = 8\,(a \cdot b \cdot c)$ (Pfeile: $\cdot 8$, $:8$) Das Volumen verachtfacht sich.

64

6 Generell gilt: Werden die Kantenlängen im Körper um den Faktor k vergrößert oder verkleinert, vergrößert oder verkleinert sich die Oberfläche um den Faktor k^2 und das Volumen um den Faktor k^3.
Im Bild wird deutlich, dass die gesamte Pyramide aus der Pyramidenspitze entsteht, wenn man die Kanten um den Faktor 4 vergrößert (Ähnlichkeit).

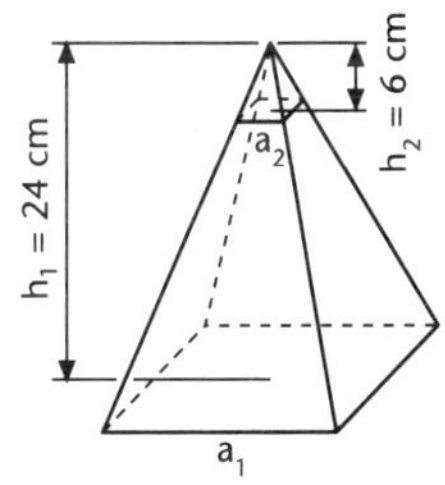

a) Die gesamte Pyramide hat das 4^3-fache, also das 64-fache Volumen der Spitze. Deshalb wiegt die abgeschnittene Spitze 31,25 g (2000 g : 64).
b) Die gesamte Pyramide hat die 4^2-fache, also die 16-fache Oberfläche der Spitze. Deshalb ist der Wert $\frac{1}{16}$ anzukreuzen.

65

1 a)

Euro	US-Dollar
6 360 000	7 850 000
636	785
1	$\frac{785}{636} \approx 1{,}2343$

b) Silber 90 %:
$1\ cm^3 \cdot 0{,}9 \cdot 10{,}5\ \frac{g}{cm^3} = 9{,}45\ g$
Kupfer 10 %:
$1\ cm^3 \cdot 0{,}1 \cdot 8{,}9\ \frac{g}{cm^3} = 0{,}89\ g$

$1\ cm^3$ der Silberlegierung hat eine Masse von 10,34 g.

Dichte der Silberlegierung: $10{,}34\ \frac{g}{cm^3}$

c) Angaben aus der Tabelle:
Masse: 27 g Dichte: $10{,}34\ \frac{g}{cm^3}$

Durchmesser der Münze: d = 4 cm
Radius der Münze: r = 2 cm
1. Schritt: Bestimmung des Volumens:

Masse (g) = Dichte $(\frac{g}{cm^3}) \cdot V\ (cm^3)$, also $V = \frac{27}{10{,}34}\ cm^3 \approx 2{,}8\ cm^3$

2. Schritt: Bestimmung der Dicke der Münze:
Da der Dollar die Form eines Zylinders hat, nutzt man die Volumenformel
$V = \pi \cdot r^2 \cdot h$ und formt sie nach h um:

$h = \frac{V}{\pi \cdot r^2} \approx 0{,}2\ cm = 2\ mm$

Der Silberdollar ist etwa 2 mm dick.

d) Materialwert: 0,80 · 27 = 21,60 €
Rekordsumme: 7 850 000 €
G = 21,60 €
W = 7 850 000 €

$p\,\% = \frac{W}{G} \approx 36\,342\,593\,\%$

Der Verkaufspreis entspricht fast 36 Mio. % des Materialwerts.

2 a) Folgende Maße sind gegeben:
d = 12 cm, also r = 6 cm
$\tan 45° = \frac{h}{r}$, also h = r = 6 cm
Aufgrund seiner Form eignet sich die Volumenformel des Kegels zur weiteren Berechnung.

$V = \frac{\pi \cdot r^2 \cdot h}{3}$, $V = \frac{\pi \cdot (6)^2 \cdot 6}{3}\ cm^3 \approx 226\ cm^3$

Aus m = 250 g und $V = 226\ cm^3$ folgt:
$1\ cm^3$ Mehl wiegt ungefähr 1,1 g.

b) *1. Schritt:* Berechnung des Volumens
Gegeben ist: m = 500 g
Um das Volumen berechnen zu können, benötigen wir aus a) die Dichte δ von Mehl, nämlich $1{,}1\ \frac{g}{cm^3}$.

Das Volumen ergibt sich dann aus $V = \frac{m}{\delta}$, also $V = \frac{500}{1{,}1}\ cm^3 \approx 455\ cm^3$.
2. Schritt: Berechnung der Höhe h
Aus $\tan 45° = \frac{h}{r}$ folgt: h = r

Dann gilt für alle Mehlkegel: $V = \frac{\pi \cdot r^2 \cdot r}{3} = \frac{\pi \cdot r^3}{3}$

Daraus folgt $r = \sqrt[3]{\frac{3 \cdot V}{\pi}}$

Also: $r \approx \sqrt[3]{\frac{3 \cdot 455}{\pi}}\ cm \approx 7{,}6\ cm$
Der Schüttkegel aus 500 g Mehl hätte eine Höhe von 7,6 cm.

66

1 a) $K_4 = 2000\,€ \cdot \left(1 + \frac{6{,}5}{100}\right)^4 \approx 2572{,}93\,€$

b) $K_0 = \frac{773{,}30\,€}{\left(1 + \frac{4{,}5}{100}\right)^1} = \frac{773{,}30\,€}{1{,}045} = 740\,€$

c) Die Laufzeit n ergibt sich aus der Gleichung

$$1560\,€ \cdot 1{,}05^n = 2090{,}55\,€ \quad |:1560\,€$$
$$1{,}05^n \approx 1{,}34 \quad |\text{ Logarithmieren}$$
$$n \cdot \log 1{,}05 = \log 1{,}34 \quad |:\log 1{,}05$$
$$n = \frac{\log 1{,}34}{\log 1{,}05} \approx 5{,}998 \approx 6$$

Die Laufzeit beträgt 6 Jahre.

2 Da die Verdopplungszeit des Kapitals 14 Jahre beträgt, wird es weder 56 noch 35 Jahre dauern, bis sich das Kapital vervierfacht hat. Diese Zeiträume sind zu lang. Schauen wir uns nochmals die zugehörige Zinseszinsformel an:

$K_n = 2000\,€ \cdot \left(1 + \frac{5}{100}\right)^n$

Eine Vervierfachung tritt dann ein, wenn der Ausdruck $q = \left(1 + \frac{5}{100}\right)^n = 1{,}05^n$ den Wert 4 annimmt.

Für $n = 21$ ist $q \approx 2{,}79$, für $n = 28$ ist $q \approx 3{,}9$.
Alternativlösung: Verdopplung nach 14 Jahren auf 4000 €; Vervierfachung (Doppeltes vom Doppelten) nach 28 Jahren auf 8000 €.
Anzukreuzen ist also: etwa 28 Jahre.

3 a) Aus dem Diagramm ist abzulesen: 1 000 € sind etwa nach 8 Jahren erreicht.

b) Folgende Daten sind bekannt: $K_0 = 500\,€$; $K_n = 1\,000\,€$, $n = 8$ Jahre.
Gesucht ist der Zinssatz p %.
Eingesetzt in die Formel ergibt sich:

$$K_n = K_0 \cdot \left(1 + \frac{p}{100}\right)^n$$
$$1\,000\,€ = 500\,€ \cdot \left(1 + \frac{p}{100}\right)^8 \quad |:500\,€$$
$$2 = \left(1 + \frac{p}{100}\right)^8 \quad |\sqrt[8]{}$$
$$\sqrt[8]{2} = 1 + \frac{p}{100}$$
$$1{,}0905077 = 1 + \frac{p}{100} \quad |-1$$
$$\frac{p}{100} \approx 0{,}09051$$

Der Zinssatz beträgt damit 9,05 %.

c) Da die Höhe des Betrages keinen Einfluss auf die Verdopplungszeit hat, dauert es bei einem Zinssatz von 9 % ebenfalls etwa 8 Jahre, bis sich ein Kapital von 50 000 € verdoppelt hat.

67

1 Es gibt 36 mögliche Ergebnisse.

a) günstige Ergebnisse:

(1|2) (2|1) (3|1) (4|1) (5|1) (6|1)
(1|3) (2|3) (3|2) (4|2) (5|2) (6|2) $P = \frac{30}{36}$
(1|4) (2|4) (3|4) (4|3) (5|3) (6|3)
(1|5) (2|5) (3|5) (4|5) (5|4) (6|4) $P = \frac{5}{6}$
(1|6) (2|6) (3|6) (4|6) (5|6) (6|5)

b) günstige Ergebnisse:

(4|6)
(5|5) $P = \frac{6}{36}$
(5|6)
(6|4) $P = \frac{1}{6}$
(6|5)
(6|6)

c) günstige Ergebnisse:

(1|1) (3|1) (5|1) $P = \frac{9}{36}$
(1|3) (3|3) (5|3)
(1|5) (3|5) (5|5) $P = \frac{1}{4}$

67

2 Das Baumdiagramm zeigt:

P_1(Augensumme 12) = $\frac{1}{36}$

P_2(Augensumme 7) = $\frac{6}{36} = \frac{1}{6}$ [günstig: (1|6), (2|5), (3|4), (4|3), (5|2), (6|1)]

Herr Schmidt muss 5-mal so oft die Augensumme 7 erzielen wie Frau Schäfer die Augensumme 12. Tatsächlich tritt die Augensumme 7 aber bei einer großen Zahl von Versuchen 6-mal so oft wie die Augensumme 12 auf $\left(\frac{1}{36} \cdot 6 = \frac{6}{36}\right)$.
Herr Schmidt hat also die besseren Gewinnchancen.

3 a) Augensumme 2:
2 günstige Ereignisse (die beiden Einsen von (1) mit der Eins von (2) kombiniert)
Augensumme 4: 6 günstige Ereignisse ((1|3) 2x; (3|1) 2x; (2|2) 2x)
Augensumme 6: 8 günstige Ereignisse ((3|3) 2x; (2|4) 6x)

$P = \frac{16}{36}$; $P = \frac{4}{9}$

b) Paar (1|1): 2 günstige Ergebnisse
Paar (2|2): 2 günstige Ergebnisse
Paar (3|3): 2 günstige Ergebnisse
} $P = \frac{6}{36}$; $P = \frac{1}{6}$

c) siehe a): $P = \frac{8}{36}$; $P = \frac{2}{9}$

4

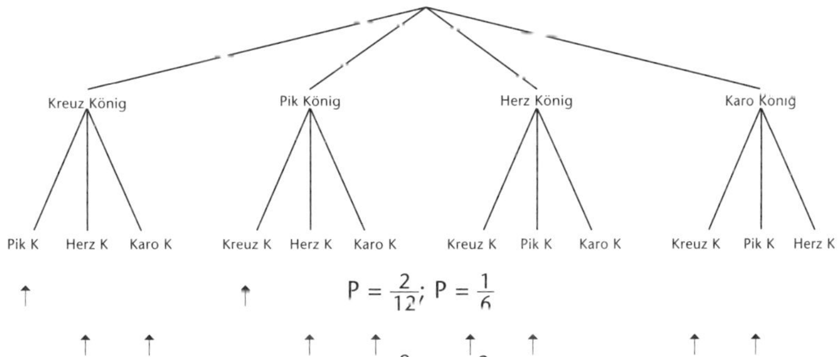

a) $P = \frac{2}{12}$; $P = \frac{1}{6}$

b) $P = \frac{8}{12}$; $P = \frac{2}{3}$

68

1 a) Gemäß Uwes Plan nimmt die Seitenzahl des noch zu lesenden Textes täglich um 40 Seiten ab. Die zugehörige Funktion ist damit linear und der Graph eine Gerade, also: Graph A passt am besten zu dem geplanten Leseverhalten von Uwe.

b)

(A)	Paul hatte den gesamten Text bereits nach 10 Tagen gelesen.	Nein. Nach 10 Tagen hat Paul noch $800 \cdot 0{,}9^{10} \approx 800 \cdot 0{,}35 = 280$ Seiten zu lesen.
(B)	Uwe hat die Hälfte des Textes in 10 Tagen gelesen.	Ja. In 10 Tagen liest Uwe $10 \cdot 40 = 400$ Seiten, das entspricht der Hälfte von 800 Seiten.
(C)	Nach seinem Plan wird es Paul nie gelingen, den gesamten Text zu lesen.	Ja. Pauls Plan beinhaltet, dass er jeden Tag 10 % der restlichen Seiten liest, also liest er nie die jeweils verbleibenden Seiten vollständig.

2 a)

Wassertiefe (x in cm)	0	1	2	3	4	5
Lichtstärke (L)	1	0,9	0,81	0,729	0,6561	0,59049

· 0,9 · 0,9 · 0,9 · 0,9 · 0,9

b) 50 % der Lichtstärke 1 bedeutet eine Lichtstärke von 0,5. Die Wassertiefe, in der mit dieser Lichtstärke zu rechnen ist, lässt sich auf verschiedene Weisen ermitteln.
① Fortsetzen der Wertetabelle:

Wassertiefe (x in m)	5	6	7
Lichtstärke (L)	0,59049	0,531441	0,4782969

· 0,9 · 0,9

68 ② Lösen der Gleichung:

$1 \cdot 0{,}9^x = 0{,}5$

$0{,}9^x = 0{,}5$

$x \cdot \log 0{,}9 = \log 0{,}5 \mid : \log 0{,}9$

$x = \frac{\log 0{,}5}{\log 0{,}9} \approx 6{,}6$

Ina sollte ab einer Tauchtiefe von etwa 6,6 m auf Unterwasserfotos verzichten.

c) Richtig ist: $L(x) = L_0 \cdot 0{,}9^x$

69 **1**

Zahlenrätsel		Gleichung	Lösung
①	$a + 3a = 8$ $4a = 8$ $a = 2$	(E)	2
②	$\frac{3a}{8} = \frac{1}{2}a$ $6a = 8a$ $2a = 0$ $a = 0$	(C)	0
③	$3a \cdot 8 = 3$ $24a = 3$ $a = \frac{1}{8}$	(A)	$\frac{1}{8}$
④	$3 - \frac{a}{3} = 8$ $-\frac{a}{3} = 5$ $a = -15$	(B)	−15

2

Für n = 4 sehen die Muster so aus:	
a) 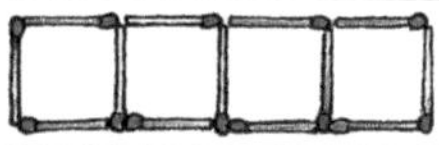	b) 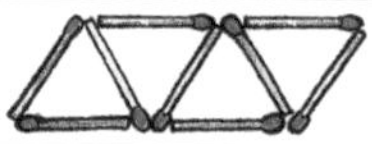
Anzahl der Hölzer: $13 = 1 + 4 \cdot 3$	$9 = 3 + 3 \cdot 2$
Term: $1 + n \cdot 3$	$3 + (n - 1) \cdot 2$

3 a) Um das Zahlenrätsel als Gleichung aufschreiben zu können, muss der Text in die mathematische Sprache „übersetzt" werden:

- Für die gesuchte Zahl schreibt man x.
- „Subtrahieren" steht für die Rechenoperation „−" ;
- „die Hälfte einer Zahl x" bedeutet „$\frac{1}{2}x$ oder $0{,}5x$";
- „ein Drittel der Zahl x" schreibt man als „$\frac{1}{3}x$";
- „erhältst du" steht für das Gleichheitszeichen „=".

Die Gleichung lautet also: $\frac{1}{2}x - \frac{1}{3}x = 4 \quad | \cdot 6$

$3x - 2x = 24$

$x = 24$ Die Probe am Text bestätigt die Lösung.

b) Um von der Gleichung zu einem passenden Zahlenrätsel zu kommen, ersetzt man die Terme und Rechenzeichen durch sprachliche Ausdrücke:

- aus „7x" wird „das 7-fache einer Zahl x"
- „−" entspricht „Subtrahieren" oder „Vermindern"
- „2x" meint „das Doppelte einer Zahl x" oder „das Produkt aus einer Zahl x und 2"
- „7x − 48" ist die Differenz aus „dem 7-fachen einer Zahl x und 48".

Ein zur Gleichung passendes Zahlenrätsel ist z. B.: „Subtrahiere vom 7-fachen einer Zahl 48, so erhältst du das Doppelte der Zahl."

Die Lösung der Gleichung erhält man so: $7x - 48 = 2x \quad | -2x + 48$

$5x = 48 \quad | : 5$

$x = 9{,}6$

69

4 Alter von Frau Krause: x — Alter von Frau Krause in 15 Jahren: x + 15
linke Gleichungsseite: 3x − 5 (Dreifaches Alter minus 5)
rechte Gleichungsseite: 2 (x + 15) (Doppeltes Alter in 15 Jahren)

$3x - 5 = 2(x + 15)$
$3x - 5 = 2x + 30$
$x = 35$ Frau Krause ist heute 35 Jahre alt.

70

1 Es gibt insgesamt 25 Noten. Der Median aller Noten steht also an der 13. Stelle, das ist die Note 3. Der Median der unteren Hälfte ist die Note 2 (unteres Quartil) und der Median der oberen Hälfte ist die Note 4 (oberer Quartil).

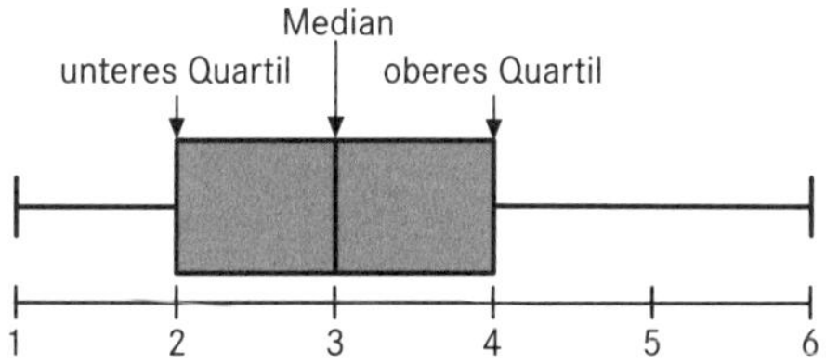

2 Es gibt viele Möglichkeiten, die allerdings folgende Bedingungen berücksichtigen müssen:

1. Ordnet man die Schülerinnen/Schüler aufsteigend nach der angegebenen Stundenzahl, ist der Median das arithmetische Mittel aus 15. und 16. Position. Das arithmetische Mittell der beiden Werte muss 8 sein.
2. Von den 15 Platzierten der unteren Hälfte muss der/die 8. die Stundenzahl 6 angegeben haben, 7 andere nicht mehr als 6 und 7 weitere zwischen 6 und 8.
3. Von den 15 Platzierten der oberen Hälfte muss der/die 8. (also insgesamt der/die 23.) die Stundenzahl 12 angegeben haben und jeweils 7 nicht mehr bzw. nicht weniger als 12 h.
4. Die Randwerte 3 h und 18 h müssen jeweils mindestens einmal genannt sein.

Folgende Lösung wäre z. B. möglich: 3 h: 1, 4 h: 1, 5 h: 3, 6 h: 3, 7 h: 6, 8 h: 3, 10 h: 2, 11 h: 3, 12 h: 1, 13 h: 3, 15 h: 2, 16 h: 1, 18 h: 1

3 Insgesamt wurden 267 jugendliche Zigarettenraucher befragt.

- Median ist der Konsum des 134. Befragten in der Rangliste
  $3 + 5 + 5 + 6 + 8 + 4 + 5 + 7 + 9 + 12 + 11 + 15 + 14 + 12 = 116$
  $116 + 35 = 151$
  Der 134. Befragte in der Rangliste befindet sich unter den 35 Personen, die einen täglichen Konsum von 19 Zigaretten (genau eine Packung) angegeben haben.
  Median: 19
- Unteres Quartil ist der Konsum des 67. Befragten in der Rangliste. Dieser befindet sich in der Gruppe der 11 Personen, die den Konsum 15 angegeben haben.
  unteres Quartil: 15
- Oberes Quartil ist Konsum des 201. Befragten in der Rangliste, der sich unter den 6 Befragten befindet, die den Konsum 23 angegeben haben.
  oberes Quartil: 23
  kleinster Testwert: 5, größter Testwert: 35, Spannweite: 30

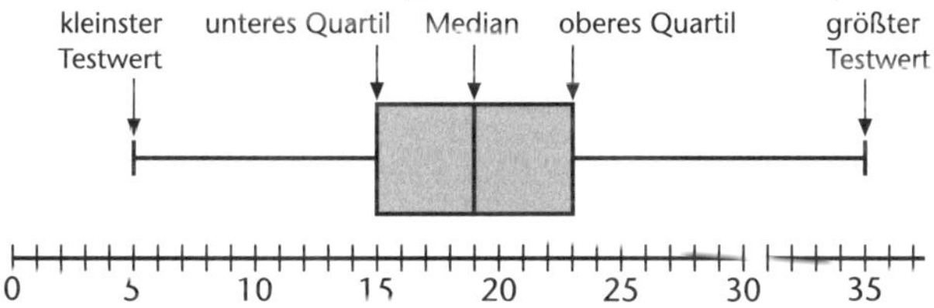

a) Spannweite: 30
b) Median: 19
c) unteres Quartil: 15
d) oberes Quartil: 23
e) Die beiden mittleren Bereiche haben jeweils die geringste Streuung, der oberste Bereich hat die größte Streuung.

4 A: Die Spannweite beträgt 71 €.
B: Der Median ist der Betrag von 24 €.
C: unteres Quartil 21 €, oberes Quartil 31 €.
D: Die höchste Streuung tritt im obersten Viertel auf, die geringste Streuung im zweiten Viertel.

71

1

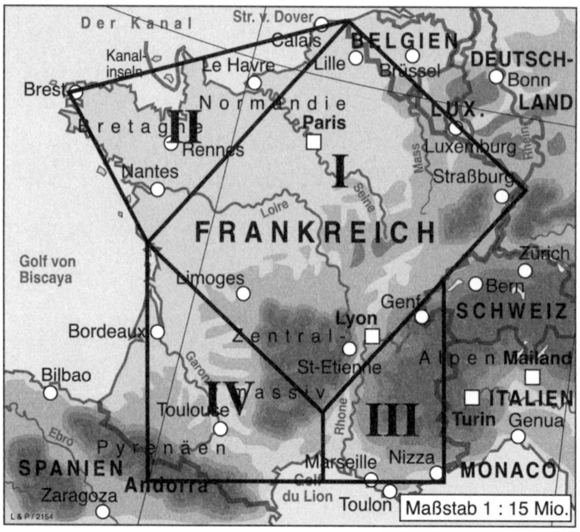

Die Unterteilung Frankreichs in berechenbare Teilflächen kann auf unterschiedliche Art erfolgen; hier ist eine Möglichkeit dargestellt.
Der Maßstab bedeutet: Jeder gemessene Millimeter ist in Wirklichkeit 15 km.

$A_I = 570\text{ km} \cdot 450\text{ km} = 256\,500\text{ km}^2$

$A_{II} = \frac{570\text{ km} \cdot 300\text{ km}}{2} = 85\,500\text{ km}^2$

$A_{III} = \frac{150\text{ km} + 390\text{ km}}{2} \cdot 285\text{ km} = 76\,950\text{ km}^2$

$A_{IV} = \frac{150\text{ km} + 480\text{ km}}{2} \cdot 330\text{ km}^2 = 103\,950\text{ km}^2$

$A_{Gesamt} = 522\,900\text{ km}^2$

Frankreich ohne Korsika ist ca. 523 000 km² groß. (Im Lexikon sind 535 000 km² genannt.)

2

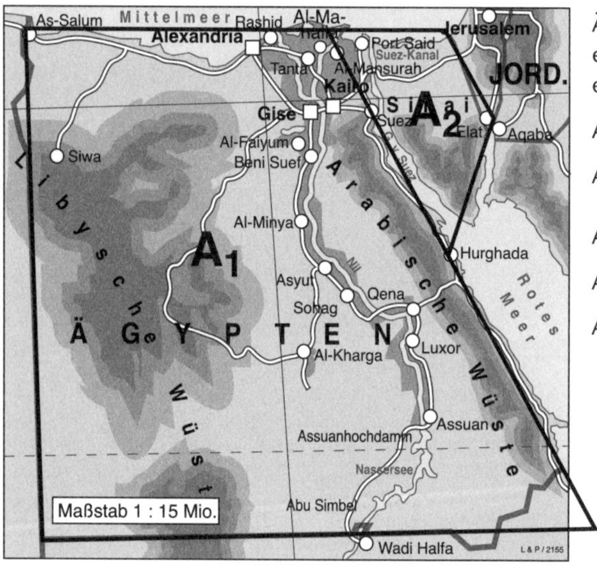

Ägypten kann mit zwei Trapezen gut erfasst werden. Es ist nach Augenschein erheblich größer als Frankreich.

$A_1 = \frac{1\,080 + 615\text{ km}}{2} \cdot 975\text{ km}$

$A_1 \approx 826\,000\text{ km}^2$

$A_2 = \frac{540\text{ km} + 225\text{ km}}{2} \cdot 210\text{ km}$

$A_2 \approx 80\,300\text{ km}^2$

$A_{Gesamt} = 906\,600\text{ km}^2$

Ägypten ist über 900 000 km² groß. (Im Lexikon sind knapp 1 000 000 km² genannt.)

72

1

a) $2x - 14 = 0$ oder $15 - 3x = 0$
$x_1 = 7$ $\quad x_2 = 5$

b) $4x^2 - 17 - 3x^2 - 8 = 0$
$x^2 - 25 = 0$
$x_1 = 5$
$x_2 = -5$

c) $7x^2 - 6x - 5 - 5x^2 + 18x + 5 = 0$
$7x^2 - 5x^2 - 6x + 18x - 5 + 5 = 0$
$2x^2 + 12x = 0$
$2x\,(x + 6) = 0$
$x_1 = 0$
$x_2 = -6$

d) $3y^2 - 9y - 37 = 3y - 1$
$3y^2 - 9y - 3y - 37 + 1 = 0$
$3y^2 - 12y - 36 = 0$
$y^2 - 4y - 12 = 0$
$y_{1/2} = 2 \pm \sqrt{4 + 12}$
$y_1 = 2 + 4 = 6$
$y_2 = 2 - 4 = -2$

e) $(5 + a)^2 + a^2 = 3a + 29$
$25 + 10a + a^2 + a^2 = 3a + 29$
$2a^2 + 7a - 4 = 0$
$a^2 + 3{,}5a - 2 = 0$
$a_{1/2} = -1{,}75 \pm \sqrt{3{,}0625 + 2}$
$a_{1/2} = -1{,}75 \pm 2{,}25$
$a_1 = 0{,}5$
$a_2 = -4$

72

2 a) $x^2 + 3x = 11x - 7$

$x^2 + 3x - 11x + 7 = 0$

$x^2 - 8x + 7 = 0$

$x_{1/2} = 4 \pm \sqrt{16 - 7}$

$x_1 = 4 + 3 = 7$

$x_2 = 4 - 3 = 1$

Die Zahl ist 7 oder 1.

b) $(2x - 16)(15 - x) = 0$

$2x - 16 = 0$ oder $15 - x = 0$

$2x = 16$ $\quad$ $15 = x$

$x_1 = 8$ $\quad$ $x_2 = 15$

Maik und Fatima können 8 oder 15 gewählt haben.

3 $x^2 + 55 = 2x(x - 3) \rightarrow x^2 + 55 = 2x^2 - 6x \rightarrow 0 = x^2 - 6x - 55$

$x_{1/2} = 3 \pm \sqrt{9 + 55}$

$x_1 = 3 + 8 = 11$; x_2 ist negativ

Das Quadrat hatte eine Kantenlänge von 11 cm.

4 a) $2\pi r^2 + 2\pi rh = O \rightarrow 2\pi r^2 + 2\pi r \cdot 6 = 54\pi \quad |:2\pi$

$r^2 + 6r = 27$

$r^2 + 6r - 27 = 0$

$r_{1/2} = -3 \pm \sqrt{9 + 27}$

$r_{1/2} = -3 \pm 6$

$r_1 = 3$, $r_2 = -q$ (entfällt als Lösung)

Der Radius ist 3 cm groß.

b) $V = \pi r^2 h \rightarrow V = \pi \cdot 3^2 \cdot 6 \approx 54\pi$

$V \approx 169{,}646\ \text{cm}^3$

5 a) $O = \pi r^2 + \pi rs \rightarrow \pi r^2 + \pi rs = O$

$s = 6\ \text{cm} \rightarrow \pi r^2 + 6\pi r = 172{,}788 \quad |-172{,}788 \quad |:\pi$

$r^2 + 6r - \frac{172{,}788}{\pi} = 0$, dabei gilt $\frac{172{,}788}{\pi} = 55{,}0001286\ldots \approx 55$

$r^2 + 6r - 55 = 0$

$r_{1/2} = -3 \pm \sqrt{9 + 55}$

$r_{1/2} = -3 \pm \sqrt{64}$

$r_1 = -3 + 8 = 5$, r_2 entfällt als negativer Wert.

Der Radius ist 5 cm lang.

b) $h^2 = s^2 - r^2$

$h^2 = 36 - 25 = 11$

$h = \sqrt{11} \approx 3{,}32 \rightarrow h \approx 3{,}32\ \text{cm}$

$V = \frac{1}{3}\pi r^2 h \rightarrow V \approx \frac{1}{3}\pi \cdot (5\ \text{cm})^2 \cdot 3{,}32\ \text{cm}$

$V \approx 86{,}917\ \text{cm}^3$

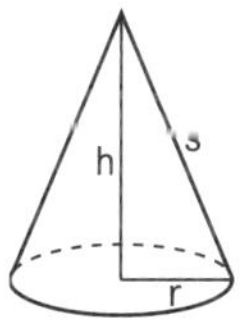

73

1 a) Baumdiagramm mit Zurücklegen:

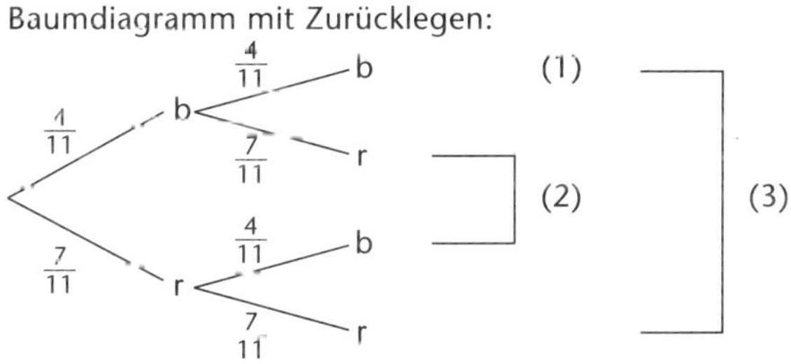

$P(1) = \frac{4}{11} \cdot \frac{4}{11} \approx 13\,\%$ $\quad$ $P(2) = \frac{4}{11} \cdot \frac{7}{11} + \frac{7}{11} \cdot \frac{4}{11} \approx 46\,\%$

$P(3) = \frac{4}{11} \cdot \frac{4}{11} + \frac{7}{11} \cdot \frac{7}{11} \approx 54\,\%$ $\quad$ Probe: $P(2) + P(3) = 1$

73

b) Baumdiagramm ohne Zurücklegen:

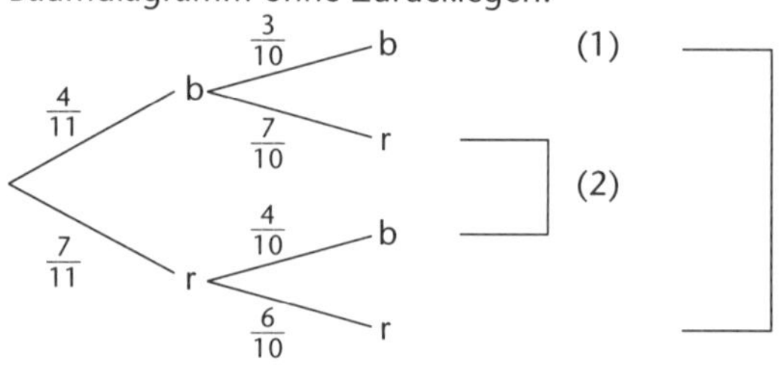

$P(1) = \frac{4}{11} \cdot \frac{3}{10} \approx 11\,\%$ $P(2) = \frac{4}{11} \cdot \frac{7}{10} + \frac{7}{11} \cdot \frac{4}{10} \approx 51\,\%$

$P(3) = \frac{4}{11} \cdot \frac{3}{10} + \frac{7}{11} \cdot \frac{6}{10} \approx 49\,\%$ Probe: P (2) + P (3) = 1

2 Die Wahrscheinlichkeit für „blau" und „weiß" ist jeweils $\frac{1}{2}$.

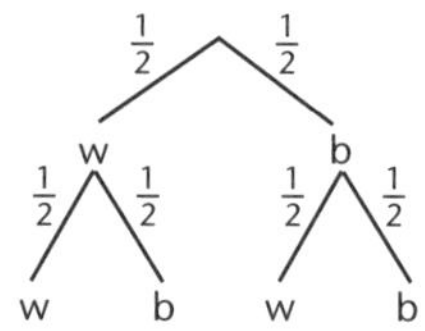

a) zweimal „blau": $P = \frac{1}{2} \cdot \frac{1}{2}$

$P = \frac{1}{4}$

b) letzte Drehung „blau": $P = \frac{1}{2}$

c) keine Farbe zweimal: $P = \frac{1}{2} \cdot \frac{1}{2} + \frac{1}{2} \cdot \frac{1}{2}$

$P = \frac{1}{2}$

d) „weiß" nicht öfter als einmal: $P = \frac{1}{2} \cdot \frac{1}{2} + \frac{1}{2} \cdot \frac{1}{2} + \frac{1}{2} \cdot \frac{1}{2}$

$P = \frac{3}{4}$

3 $P(12) = \frac{1}{36}$ $P(11 \text{ oder } 10) = \frac{5}{36}$ [(4|6); (5|5); (5|6); (6|4); (6|5)]

Durchschnittlich nimmt die Klasse bei 36 Spielen 36 € ein, weil der Einsatz 1 € beträgt.
Gleichzeitig gibt sie für einen Hauptgewinn 10 € und 5 kleine Preise ebenfalls 10 € (5 · 2 €) aus; es ergibt sich ein durchschnittlicher Überschuss von 16 € (36 € – 20 €) bei jeweils 36 Spielen.
392 € : 16 € = 24,5 (etwa so oft hat es 36 Spiele gegeben)
24,5 · 36 = 882
Natürlich erreicht im Laufe eines Schulfestes die relative Häufigkeit nicht exakt die Wahrscheinlichkeit für ein bestimmtes Ergebnis, kommt ihr aber recht nah.
Deshalb kann man davon ausgehen, dass 893-mal am Würfelspiel teilgenommen wurde.

74

1

	a)	b)	c)
Kapital (K)	1800 €	750 €	3000 €
Zinssatz (p %)	6,5 %	8 %	6,5 %
Zinsen (Z)	117 €	60 €	195 €

2 Am einfachsten löst man eine Aufgabe, indem man:

① sich zunächst ein konkretes Beispiel überlegt und die Höhe der Zinsen mithilfe der Zinsformel bestimmt. Wir nehmen z. B. als Ausgangssituation an:
Tom legt 1 000 € zu 10 % an, am Jahresende erhält er 100 € Zinsen.

② die jeweiligen Angaben zur Veränderung von K oder p in die allgemeine Zinsformel überträgt.

a) Veränderte Situation: Tom legt doppelt so hohe Ersparnisse bei doppelt so hohem Zinssatz an.
Zu ①: Das bedeutet in unserem Beispiel:
Tom legt 2 000 € zu 20 % an, am Jahresende erhält er dann 400 € Zinsen.
Zu ②: Allgemein gilt: $Z = \frac{1}{100}(K \cdot p)$
Setzt man in diese Gleichung statt K für die Verdopplung von Toms Kapital 2 · K ein und entsprechend für den doppelten Zinssatz 2p, sähe die Gleichung so aus:

$Z = \frac{1}{100}(2K \cdot 2p)$

$Z = \frac{1}{100}(4K \cdot p)$

Tom würde also nach einem Jahr Zinsen in 4-facher Höhe erhalten, also 400 €.

74 b) Veränderte Situation:
Tom legt doppelt so hohe Ersparnisse bei halb so großem Zinssatz an.
Zu ①: Das bedeutet in unserem Beispiel:
Tom legt 2 000 € zu 5 % an, am Jahresende erhält er dann 100 € Zinsen.
Zu ②: Setzt man in diese Gleichung statt K für die Verdopplung von Toms Kapital 2 · K ein und entsprechend für den halbierten Zinssatz 0,5p, sähe die Gleichung so aus:

$$Z = \frac{1}{100}(2K \cdot 0{,}5p)$$
$$Z = \frac{1}{100}(K \cdot p)$$

Die Verdopplung des Kapitals hat zusammen mit der Halbierung des Zinssatzes keine Auswirkungen auf die Höhe der Zinsen.
Tom würde also nach einem Jahr Zinsen in derselben Höhe erhalten, also 100 €.

c) Veränderte Situation:
Tom legt nur die Hälfte seiner Ersparnisse bei doppelt so hohem Zinssatz an.
Zu ①: Das bedeutet in unserem Beispiel:
Tom legt 500 € zu 20 % an, am Jahresende erhält er dann 100 € Zinsen.
Zu ②: Setzt man diese Gleichung statt K für die Halbierung von Toms Kapital 0,5 · K ein und entsprechend für den doppelten Zinssatz 2p, sähe diese Gleichung so aus:

$$Z = \frac{1}{100}(0{,}5\,K \cdot 2p)$$
$$Z = \frac{1}{100} \cdot (K \cdot p)$$

Die Halbierung des Kapitals hat zusammen mit der Verdopplung des Zinssatzes keine Auswirkungen auf die Höhe der Zinsen.
Tom würde also nach einem Jahr Zinsen in derselben Höhe erhalten, also 100 €.

3 Geht man davon aus, dass alle vier Personen ihr Kapital für denselben Zeitraum fest anlegten und vergleicht dann das jeweilige Anfangs- und Endkapital, dann zeigt sich, dass nur Pia ihr Kapitel fast verdoppeln konnte. Pia hat also den höchsten Zinssatz für ihr Kapital erzielt.

4 a) Wir betrachten die auftretenden Faktoren, mit denen der anfängliche Mietpreis entsprechend der Zinsformel multipliziert wird. Es ergibt sich:
Angebot A: 1,035 · 1,045 = 1,081575 Angebot B: 1,045 · 1,035 = 1,081575
Beide Angebote führen im 2. Jahr zur gleichen Miete. Was aber zahlt Frau Winter konkret in diesen 2 Jahren? Nehmen wir an, Frau Winters Miete beträgt 900 €.

		Angebot A	Angebot B		
Erhöhung der Miete		900,00 €	900,00 €	Erhöhung der Miete	
1. Jahr	3,50 %	931,50 €	940,50 €	1. Jahr	4,50 %
2. Jahr	4,50 %	**973,42 €**	**973,42 €**	2. Jahr	3,50 %

Beide Angebote führen nach 2 Jahren zur gleichen Miete. Aber im 1. Jahr der Erhöhung muss Frau Winter beim Angebot B monatlich 940,50 € – 931,50 € = 9 € mehr bezahlen.

b) Gesucht ist die positive Zahl a, die folgende Gleichung erfüllt:
$a^2 = 1{,}035 \cdot 1{,}045 \quad | \sqrt{\ }$
$a \approx 1{,}03999$
Durch eine prozentuale Mieterhöhung von etwa 4 % pro Jahr könnte dieselbe Miete erzielt werden.

75

1 x ist der Höhenunterschied der Anlaufbahn und y ihre Länge.

Es gilt: $\tan 39° = \frac{x}{113\text{ m}}$

$113\text{ m} \cdot \tan 39° = x$

$x \approx 91{,}506\text{ m}$

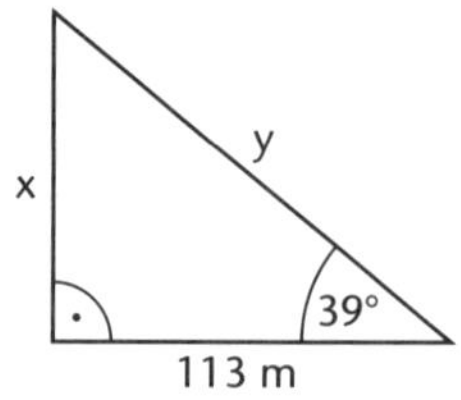

Die Länge y kann mit dem Satz des Pythagoras oder mit der Kosinusfunktion bestimmt werden. Die zweite Möglichkeit hat den Vorteil, dass ein Fehler bei der Berechnung von x nicht zu einem Folgefehler bei y führt.

① $y^2 = x^2 + (113\text{ m})^2$

$y^2 = (91{,}506\text{ m})^2 + (113\text{ m})^2$

$y \approx 145{,}404\text{ m}$

② $\cos 39° = \frac{113\text{ m}}{y}$ $\quad | \cdot y$

$y \cdot \cos 39° = 113\text{ m}$ $\quad | : \cos$

$y = \frac{113\text{ m}}{\cos 39°}$

$y \approx 145{,}404\text{ m}$

Die Anlaufbahn hat einen Höhenunterschied von ca. 92 m und ist ungefähr 145 m lang.

2 $\alpha = 180° - 45{,}7° = 134{,}3°$ $\qquad \gamma = 180° - 134{,}3° - 31{,}6° = 14{,}1°$

Um zwei rechtwinklige Dreiecke zu erhalten, zeichnen wir die Höhe h auf $\overline{SL_2}$ ein. Nun gilt:

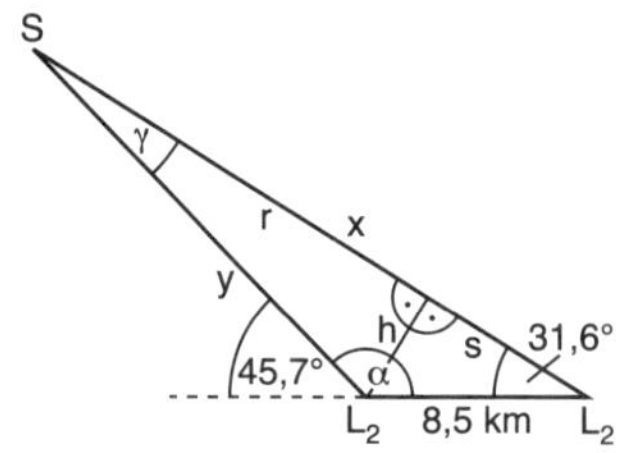

$\sin 31{,}6° = \frac{h}{8{,}5}\text{ km}$ $\qquad h = 8{,}5\text{ km} \cdot \sin 31{,}6° \approx 4{,}45\text{ km}$

$\cos 31{,}6° = \frac{s}{8{,}5}\text{ km}$ $\qquad s = 8{,}5\text{ km} \cdot \cos 31{,}6° \approx 7{,}24\text{ km}$

$\tan \gamma = \frac{h}{r}$ $\qquad r = \frac{h}{\tan\gamma} \approx \frac{4{,}45\text{ km}}{\tan 14{,}1°} \approx 17{,}72\text{ km}$

$x = r + s \approx 24{,}96\text{ km}$

$y^2 = r^2 + h^2$ $\qquad y = \sqrt{r^2 + h^2} \approx \sqrt{(17{,}72\text{ km})^2 + (4{,}45\text{ km})^2} \approx 18{,}27\text{ km}$

Wenn der Sinussatz behandelt wurde, geht es einfacher:

(1) $\frac{x}{\sin 134{,}3°} = \frac{8{,}5\text{ km}}{\sin 14{,}1°}$ $\qquad$ (2) $\frac{y}{\sin 31{,}6°} = \frac{8{,}5\text{ km}}{\sin 14{,}1°}$

$x = \frac{8{,}5\text{ km} \cdot \sin 134{,}3°}{\sin 14{,}1°}$ $\qquad y = \frac{8{,}5\text{ km} \cdot \sin 31{,}6°}{\sin 14{,}1°}$

$x \approx 24{,}97\text{ km}$ $\qquad y \approx 18{,}28\text{ km}$

Das Segelschiff ist ca. 18,3 km vom linken und ca. 25 km vom rechten Leuchtturm entfernt.

3 In der Zeichnung besteht die Pass-Straße von oben betrachtet, also die Strecke $L = \overline{AC}$ in der schematischen Zeichnung, aus 5 geraden Abschnitten der Länge 4 cm und 4 Halbkreisen (also 2 Kreisen) mit dem Radius 1 cm.

$2u = 2 \cdot \pi \cdot d$ $\qquad$ Gesamtlänge der Strecke $\overline{AC}$ in der Zeichnung:

$2u = 2 \cdot \pi \cdot 2\text{ cm}$ $\qquad l = 5 \cdot 4\text{ cm} + 12{,}57\text{ cm}$

$2u = 12{,}57\text{ cm}$ $\qquad l = 32{,}57\text{ cm}$

Da der Maßstab 1 : 5 000 ist, beträgt die wirkliche Strecke $L = \overline{AC}$:

$L = 32{,}57\text{ cm} \cdot 5\,000$

$L = 162\,850\text{ cm}$

$L = 1628{,}5\text{ m}$

Die Steigung 14 % bedeutet für den Steigungswinkel α:

$\tan\alpha = 0{,}14$

$\alpha \approx 7{,}97°$

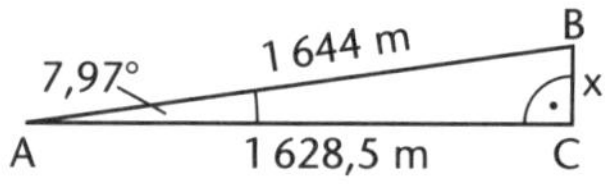

Die schematische Zeichnung des Dreiecks hilft jetzt weiter; x ist der Höhenunterschied $\overline{BC}$.

Es gilt: $\tan 7{,}97° = \frac{x}{1628{,}5\text{ m}}$ $\quad | \cdot 1628{,}5\text{ m}$

$1628{,}5\text{ m} \cdot \tan 7{,}97° = x$

$x \approx 228\text{ m}$

Da A in einer Höhe von 620 m liegt, befindet sich B ungefähr auf der Höhe 620 m + 228 m, also in 848 m Höhe.

Die Länge $\overline{AB}$ entspricht der tatsächlichen Länge der Fahrstrecke von A nach B.

Diese Fahrstrecke kann man mit dem Satz des Pythagoras ausrechnen:

$(\overline{AB})^2 = 1628{,}5^2 + 228^2$; $\overline{AB} \approx 1644\text{ m}$

Der Punkt B liegt ca. 848 m hoch. Die Pass-Straße von A nach B ist rund 1644 m lang.

76

1 a) "= D1*D1*D1" oder "=D1^3"
In D1 steht die Kantenlänge a des Würfels, und sein Volumen berechnet sich mit der Formel $V = a^3$.

b) Man könnte die Wertepaare bzw. Zelleinträge in (B1|B2) und (D1|D2) sowie (C1|C2) und (F1|F2) vergleichen. Dann zeigt sich, dass bei Verdoppelung der Kantenlänge das Volumen auf das 8-fache anwächst.

2 a) In Zelle D7 wird das Volumen berechnet. Für den Sonderfall eines Quaders mit quadratischer Grundfläche gilt die Formel $V = a^2 \cdot h$. In diesem Fall ist h doppelt so groß wie a, es gilt also $h = 2a$. Deshalb ist auch die Formel $V = a^2 \cdot 2a$ richtig. Das korrekte Ergebnis in Zelle D7 liefern zwei der angebotenen Formeln: "=A7^2*2*A7" und "=A7*A7*B7".

b) Für die Oberfläche gilt im vorliegendem Fall die Formel $O = 2a^2 + 4ah$; wegen $h = 2a$ gilt auch
$O = 2a^2 + 4a \cdot 2a$ $(= 10a^2)$
Deshalb sind für Zelle C6 viele Formeln denkbar, z. B.:
"=2*A6^2+4*A6*B6" oder
"=2*A6*A6+4*A6*2*A6" oder
"=10*A6^2"

3 a) Die Formel steht für die Rechnung $80 \cdot 1{,}2$. Um einen Grundwert um 20 % zu erhöhen, multipliziert man ihn mit $(1 + \frac{20}{100})$, also mit 1,2.

b) $0{,}8 = 1 - \frac{20}{100}$. Wenn man einen Grundwert um 20 % herabsetzt, multipliziert man ihn mit 0,8.

c) Formel in Zelle B5: "=B4*A3" oder "=B4*A5"
Formel in Zelle B6: "=B5*A2" oder "=B5*A6"

d) Der Preis für das Paar Schuhe wird generell immer niedriger. Das hängt damit zusammen, dass $1{,}2 \cdot 0{,}8 = 0{,}96$ und damit kleiner als 1 ist.
B3: 76,8 – B5: 73,73 – B7: 70,78 – B9: 67,95 ...
$\cdot$ 0,96 $\cdot$ 0,96 $\cdot$ 0,96

77

1 In einem ersten Schritt muss die Größe der Daumenskulptur ermittelt werden. Auf dem Foto ist die Person 34 mm groß, der Daumen ist 46 mm groß. In Wirklichkeit ist die Person 1,79 m, also 1 790 mm groß. Die Größe x des Daumens ist unbekannt. Da das Verhältnis der Größen von Daumen und Person auf dem Foto dem Verhältnis ihrer Größen in Wirklichkeit entspricht, muss gelten:

$$\frac{\text{Größe des Daumens auf dem Foto}}{\text{Größe der Person auf dem Foto}} = \frac{\text{Größe x des Daumens in Wirklichkeit}}{\text{Größe der Person in Wirklichkeit}}$$

$$\frac{46}{34} = \frac{x}{1790} \quad (k \approx 1{,}35)$$

$$34x = 46 \cdot 1\,790$$

$$x = \frac{46 \cdot 1\,790}{34} \approx 2\,421{,}76$$

Die Daumenskulptur ist in Wirklichkeit ungefähr 2,42 m groß.
In einem zweiten Schritt muss das Verhältnis von Daumen- und Körpergröße ermittelt werden.
Beispiel: Ich bin 170 cm groß und mein Daumen misst 6 cm. Meine Körpergröße ist damit um den Faktor $k = 28\frac{1}{3}$ größer als mein Daumen.
Ein Mensch, zu dem der abgebildete 2,42 m Daumen passt, müsste also etwa 69 m groß sein, denn $2{,}42\text{ m} \cdot 28\frac{1}{3} \approx 68{,}75\text{ m}$.

77

2 In einem ersten Schritt muss die Höhe des Fußballschuhs ermittelt werden.
Auf dem Foto ist die Person 11 mm, der Fußballschuh 30 mm hoch.
In Wirklichkeit ist die Person 1,60 m, also 1600 mm groß. Die wirkliche Höhe x des Fußballschuhs ist unbekannt.
Da das Verhältnis der Größen von Schuh und Person auf dem Foto dem Verhältnis ihrer Größen in Wirklichkeit entspricht, muss gelten:

$$\frac{\text{Höhe des Schuhs auf dem Foto}}{\text{Größe der Person auf dem Foto}} = \frac{\text{Höhe x des Schuhs in Wirklichkeit}}{\text{Größe der Person in Wirklichkeit}}, \text{ also}$$

$$\frac{30}{11} = \frac{x}{1600} \qquad (k = 2{,}73)$$

$$11x = 30 \cdot 1600$$

$$x = \frac{30 \cdot 1600}{11} \approx 4\,363{,}64$$

Der Fußballschuh ist in Wirklichkeit ungefähr 4,36 m hoch.
In einem zweiten Schritt muss das Verhältnis von der entsprechenden Schuhhöhe und Körpergröße ermittelt werden.
Beispiel: Ich bin 170 cm groß. Die Höhe meines Sportschuhs misst 9,5 cm. Der Faktor k, um den mein Körper größer als meine entsprechende Schuhhöhe ist, beträgt auf eine Nachkommastelle gerundet 17,9.
Eine Fußballspielerin, zu der dieser abgebildete 4,36 m hohe Schuh passt, müsste also etwa 78 m groß sein, denn 4,36 m · 17,9 = 78,044 m.

3 Zur Schätzung der Rucksackgröße ist eine Person als Vergleichsgröße danebengestellt.
Die Größe dieser Person muss geschätzt werden, dann kann die Aufgabe gelöst werden.

Für die Person wird eine Größe von 1,70 m angenommen.
Im Bild sind das 7,5 cm.
Für die Höhe des Rucksackes (im Bild 7 cm) ergibt sich dann:

In Wirklichkeit: $\frac{1{,}70}{7{,}5} = \frac{x}{7}$

$$x = \frac{1{,}70 \cdot 7}{7{,}5} \approx 1{,}60$$

Der Rucksack ist ungefähr 1,60 m hoch.
Ein Rucksack bedeckt den Rücken der Person.
Der Oberkörper der Person im Bild ist 2 cm hoch.
Als Verhältnis Körperhöhe : Höhe Oberkörper ergibt sich: 7,5 : 2 = 3,75.
Also muss der Mensch, zu dem der Rucksack passt, ungefähr 1,60 m · 3,75 = 6 m groß sein.

78

1 Neue Preise

a) 1. Lösungsweg: 100 % entsprechen 639; 115 % entsprechen $639 \cdot \frac{115}{100} = 734{,}85$

2. Lösungsweg: $639 \cdot 1{,}15 = 734{,}85 \approx 735$; Neuer Preis: 735,– €

b) 1. Lösungsweg: $49 : 59 = 0{,}8305\ldots \approx 0{,}83 = 83\,\%$. Die Preissenkung betrug ca. 17 %.

2. Lösungsweg: Die Preissenkung um 10 € entspricht $10 : 59 = 0{,}169\ldots \approx 0{,}17 = 17\,\%$

c) 1. Lösungsweg: 14,80 € sind 95 % vom alten Preis. Der alte Preis betrug $(14{,}80\text{ €} \cdot 100) : 95 \approx 15{,}58$ €

2. Lösungsweg: $14{,}80 : 0{,}95 \approx 15{,}58$ € Alter Preis: 15,58 €

2 Autofarben

a) Sonstige Farben: $228 - 76 - 57 = 95$

Anteile:

silbergrau: $\frac{76}{228} = \frac{1}{3} \approx 33{,}3\,\%$

schwarz: $\frac{57}{228} = \frac{1}{4} = 25\,\%$

Sonstige: $\frac{95}{228} = \frac{5}{12} \approx 41{,}7\,\%$

Farbe	Anzahl	Anteil als Bruch	Anteil in %
silbergrau	76	$\frac{1}{3}$	33,3 %
schwarz	57	$\frac{1}{4}$	25 %
Sonstige	95	$\frac{5}{12}$	41,7 %

b) Wenn sich der Anteil der schwarzen Autos nicht ändern wird, kann er mit ungefähr 75 schwarzen Autos rechnen, das sind $\frac{1}{4}$ von 300.

c) Zunächst ergänzen wir das Baumdiagramm.
Die Wahrscheinlichkeit für sonstige Farben beträgt $1 - \frac{1}{3} - \frac{1}{4} = \frac{5}{12}$

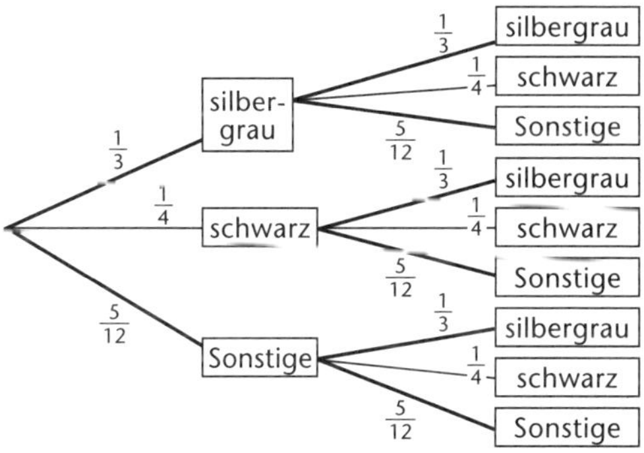

Die Wahrscheinlichkeiten berechnet man mit den Pfadregeln.

(1) Hierzu gehört der Pfad „silbergrau–silbergrau". $P(\text{beide silbergrau}) = \frac{1}{3} \cdot \frac{1}{3} = \frac{1}{9}$

(2) Hierzu gehören zwei Pfade. Es sind die Pfade „silbergrau–schwarz" und „schwarz–silbergrau".
$P(\text{silbergrau und schwarz}) = \frac{1}{3} \cdot \frac{1}{4} + \frac{1}{4} \cdot \frac{1}{3} = \frac{2}{12} = \frac{1}{6}$

79

3 Busfahrt

a) Während der Fahrt wird Benzin verbraucht, der Tankinhalt nimmt also ab. Ein Tankvorgang ist dagegen daran zu erkennen, dass die Benzinmenge im Tank sprunghaft ansteigt. Dies ist nach einer gefahrenen Strecke von 100 km und von 500 km der Fall.
Die richtige Antwort ist also: Es wurde 2-mal angehalten, um zu tanken.

b) Die Entfernung von Köln nach Paris lässt sich auf der x-Achse ablesen; ungefähr 800 km.

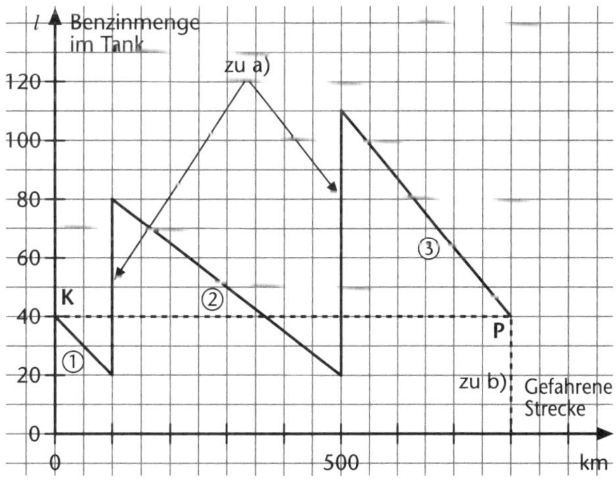

c) Je größer der Benzinverbrauch ist, desto rascher nimmt der Tankinhalt ab. Auf der Teilstrecke mit dem höchsten Benzinverbrauch fällt der Graph daher am steilsten ab. Dies trifft auf die Teilstrecke ③ zu.

d) Beim Start in Köln sind 40 *l* Benzin im Tank, bis zum ersten Tanken sind 20 *l* davon verbraucht. Die Teilstrecke ② beginnt der Bus mit einem Tankinhalt von 80 *l*, davon sind bis zum zweiten Tanken 60 *l* verbraucht. Die Teilstrecke ③ beginnt der Bus mit einem Tankinhalt von 110 *l*, bei seiner Ankunft in Paris sind noch 40 *l* im Tank. Der Bus hat also auf der letzten Etappe 70 *l* verbraucht.
Auf der gesamten Fahrt verbrauchte der Bus also 20 *l* + 60 *l* + 70 *l* = 150 *l*.

79 **4 Lotterie**

a) Bei 80 % Nieten beträgt der Anteil der Gewinne 20 %.

Es gilt: $20\,\% = \frac{20}{100} = \frac{1}{5}$.

Die Aussage „Jedes fünfte Los ist ein Gewinn" ist richtig.

b) Ein Los kostet 1,00 €. Insgesamt werden also 2 000 € eingenommen.

Folgende Gewinne werden ausgezahlt:

– 15 Hauptgewinne von je 50,00 €:	$15 \cdot 50\text{ €} = 750\text{ €}$
– 4 % Preise von je 6,00 €:	4 % von $2\,000 = 2\,000 \cdot 0{,}04 = 80$
	$80 \cdot 6\text{ €} = 480\text{ €}$
– Trostpreise von je 0,50 €:	80 % von $2\,000 = 1\,600$ (Nieten)
	$2\,000 - 1\,600 - 15 - 80 = 305$ (Trostpreise)
	$305 \cdot 0{,}50\text{ €} = 152{,}50\text{ €}$

Gewinn: $2\,000\text{ €} - 750\text{ €} - 480\text{ €} - 152{,}50\text{ €} = 617{,}50\text{ €}$

Mit der Lotterie wurde ein Gewinn von 617,50 € erzielt.

80 **5 Flugzeug**

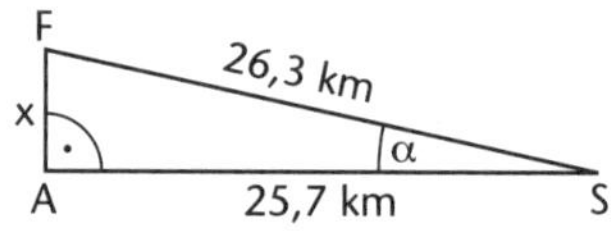

Zunächst sind x und α gesucht.

(1) $x^2 + (25{,}7\text{ km})^2 = (26{,}3\text{ km})^2$ (Satz des Pythagoras)

$x^2 = (26{,}3\text{ km}^2) - (25{,}7\text{ km})^2$

$x \approx 5{,}5857\text{ km}$

(2) $\cos\alpha = \frac{25{,}7\text{ km}}{26{,}3\text{ km}}$

$\alpha \approx 12{,}262°$

Gesucht ist die Steigung in Prozent, also ist $\tan\alpha$ zu bestimmen.

$\tan 12{,}262° \approx 0{,}2173 \approx 21{,}7\,\%$

Das Flugzeug überfliegt A - Dorf in ca. 5,6 km Höhe und ist durchschnittlich mit 21,7 % aufgestiegen.

6 Kreisförmige Tischdecke

a) Die Tischdecke hat die Form eines Kreises. Für Kreise mit dem Radius r gilt:

$A = \pi r^2$

$A = \pi \cdot (80\text{ cm} + 25\text{ cm})^2$

$A \approx 3{,}46\text{ m}^2$

b) Wie bei Teilaufgabe a) ermittelt man die Größe des Tisches:

$A = \pi \cdot (80\text{ cm})^2 \approx 2{,}01\text{ m}^2$

Den Anteil der Tischdecke auf der Tischplatte berechnet man, indem man den Flächeninhalt des Tisches durch den Flächeninhalt der Tischdecke dividiert:

$\frac{2{,}01\text{ m}^2}{3{,}46\text{ m}^2} \approx 0{,}58 = 58\,\%$

7 Chormitglieder

Zunächst formen wir die Prozentangaben in Dezimalzahlen um.

30 % = 0,3 65 % = 0,65 45 % = 0,45

Da die Summe der relativen Häufigkeiten jeweils 100 % bzw. 1 ergeben muss, erhalten wir folgendes Baumdiagramm:

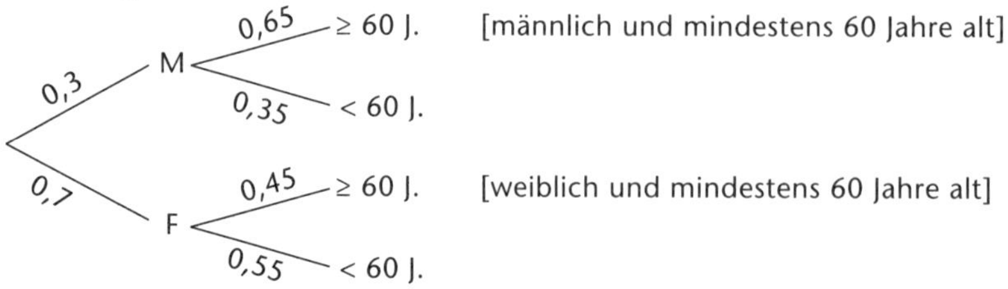

Mit den Pfadregeln erhalten wir die folgenden Anteile:

– Anteil aller Chormitglieder, die männlich und mindestens 60 Jahre alt sind:
  $0{,}3 \cdot 0{,}65 = 0{,}195 = 19{,}5\,\%$
– Anteil aller Chormitglieder, die weiblich und mindestens 60 Jahre alt sind:
  $0{,}7 \cdot 0{,}45 = 0{,}315 = 31{,}5\,\%$

Die Summe ist: 19,5 % + 31,5 % = 51 %. 51 % der Chormitglieder sind mindestens 60 Jahre alt.

81

8 Musik aus dem Netz

a) Da es keine „halben oder dreiviertel Lieder" zu kaufen gibt, bestehen die zu den Angeboten passenden Graphen aus einzelnen Punkten im Koordinatensystem.
Die Punkte liegen auf Geraden, da es sich bei den Angeboten um lineare Zuordnungen *Anzahl der Lieder → Preis (in €)* handelt.

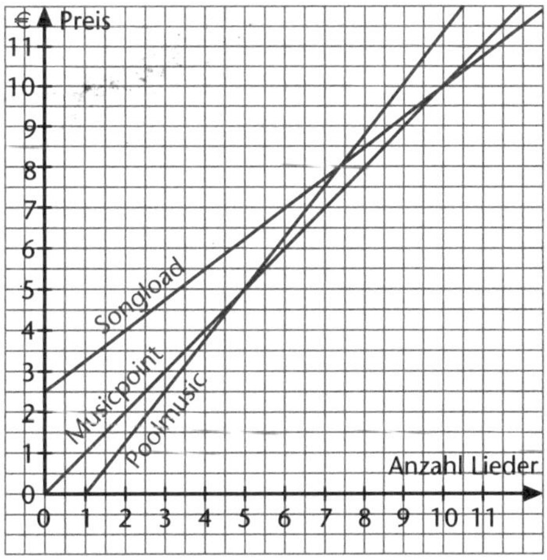

MUSICPOINT	
Anzahl Lieder	Preis (in €)
1	1
2	2
3	3
4	4
5	5

POOLMUSIC (Mindestbestellmenge 2 Lieder):	
Anzahl Lieder	Preis (in €)
2	1,25
3	2,50
4	3,75
5	5,00
6	6,25

SONGLOAD	
Anzahl Lieder	Preis (in €)
1	3,25
2	4,00
3	4,75
4	5,50
5	6,25

b) Da bei SONGLOAD eine Gebühr von 2,50 € pro Bestellung gezahlt werden muss, muss die gesuchte Funktionsgleichung diesen Grundbetrag berücksichtigen. Für x Lieder kommen $x \cdot 0{,}75$ € hinzu. Die zum Angebot von SONGLOAD passende Funktionsgleichung lautet also:
$y = 2{,}5 + 0{,}75\,x$

c) 8 Lieder kosten bei
- MUSICPOINT: $8 \cdot 1$ € = 8 €
- POOLMUSIC: $7 \cdot 1{,}25$ € = 8,75 €
- SONGLOAD: 2,50 € + $8 \cdot 0{,}75$ € = 8,50 €

Mira kauft am günstigsten bei MUSICPOINT ein.

9 Tagesschaumeldung

7 % eines Jahreseinkommens von 70 000 € sind 4900 €, denn 70 000 € $\cdot \frac{7}{100}$ = 4900 €.
Die Angabe im Text lautet 7000 € und ist also falsch.

10 Unfälle auf dem Schulweg

a) Insgesamt verunglücken 140 + 60 = 200 Jungen und Mädchen; 140 davon waren Jungen, also beträgt ihr Anteil: $\frac{140}{200} = 0{,}7 = 70\,\%$.
Diese Zeitungsmeldung stimmt.

b) Diese Zeitungsmeldung ist falsch, da viel mehr Jungen als Mädchen in dieser Statistik mit dem Fahrrad zur Schule fahren.
Anteil der verunglückten Jungen: 140 von 1 000 = $\frac{140}{1000} = 14\,\%$
Anteil der verunglückten Mädchen: 60 von 300 = $\frac{60}{300} = 20\,\%$

82

11 Zahlenrätsel

(1) A, (2) (F); (3) (H)

Lösungen der Gleichungen:

(A)

$$\begin{aligned} 2(5x + 7) &= -3x + 53 \\ 10x + 14 &= -3x + 53 \quad &|+3x \\ 13x + 14 &= 53 \quad &|-14 \\ 13x &= 39 \quad &|:13 \\ x &= 3 \end{aligned}$$

(F)

$$\begin{aligned} x - (-8) &= 5x + 64 \\ x + 8 &= 5x + 64 \quad &|-5x \\ -4x + 8 &= 64 \quad &|-8 \\ -4x &= 56 \quad &|:(-4) \\ x &= -14 \end{aligned}$$

(H)

$$\begin{aligned} 4x - 17 &= 3(x - 2) \\ 4x - 17 &= 3x - 6 \quad &|-3x \\ x - 17 &= -6 \quad &|+17 \\ x &= 11 \end{aligned}$$

82

12 Haus mit Pultdach

a) Der umbaute Raum entspricht dem Volumen des Baukörpers.
Berechnung des Volumens:
Das Haus kann als Prisma mit einem Trapez als Grundfläche betrachtet werden.
$V = G \cdot h$
$V = \frac{9{,}6\text{ m} + 6{,}2\text{ m}}{2} \cdot 8{,}4\text{ m} \cdot 12{,}6\text{ m}$ Beachte: Höhe des Trapezes: 8,4 m; Höhe des Prismas: 12,6 m
$V = 836{,}136\text{ m}^3$ $V \approx 836\text{ m}^3$

b) Berechnung des Flächeninhalts der Seitenflächen:
Die Seitenflächen bestehen aus zwei gleichen Trapezen und zwei Rechtecken.
$A = 2\left(\frac{9{,}6\text{ m} + 6{,}2\text{ m}}{2} \cdot 8{,}4\text{ m}\right) + 12{,}6\text{ m} \cdot 9{,}6\text{ m} + 12{,}6\text{ m} \cdot 6{,}2\text{ m}$
$A = 331{,}8\text{ m}^2$ $A \approx 332\text{ m}^2$

c) Berechnung des Neigungswinkels: $\tan\alpha = \frac{3{,}4}{8{,}4}$ $\alpha \approx 22°$

13 Taschengeld

Das geringste monatliche Taschengeld beträgt 10 €, das höchste 80 €. Daraus ergibt sich die Spannweite 80 € – 10 € = 70 €.
Der mittlere Betrag (Median) liegt bei 30 €. 50 % der Befragten erhalten Taschengeld zwischen 20 € (unteres Quartil) und 50 € (oberes Quartil). Es fällt auf, dass die Streuung oberhalb des Medians erheblich größer ist als darunter. Am größten ist sie im letzten Viertel. 25 % der befragten Jugendlichen erhalten monatlich 50 € bis 80 € Taschengeld.

83

14 Sektglas

Das Sektglas hat die Form eines Kegels. Für Kegel mit dem Radius r und der Höhe h gilt: $V = \frac{\pi}{3}r^2 \cdot h$.
Verdoppelt man die Höhe und den Radius des Sektglases, dann verachtfacht sich das Volumen, da der Radius quadratisch wächst.

Es gilt: $V = \frac{\pi}{3} \cdot (2r)^2 \cdot 2h = \frac{\pi}{3} \cdot 4r^2 \cdot 2h = \mathbf{8} \cdot \left(\frac{\pi}{3} \cdot r^2 \cdot h\right)$

15 Elefantenfüße

a) Maße auf dem Foto: Durchmesser der Säule 6,2 cm; Höhe des abgebildeten Teils der Säule 6,2 cm; Körpergröße der Person: 2,6 cm.
Die wahre Größe der gesuchten Längen kann über den Maßstab mithilfe der angegebenen wahren Körpergröße der Person ermittelt werden.
1 700 mm : 26 mm ≈ 65; d. h., 1 mm auf dem Foto stellt ca. 65 mm in Wirklichkeit dar. Dann misst der Durchmesser der Säule in Wirklichkeit: 62 mm · 65 = 4 030 mm ≈ 4 m. Denselben Wert erhält man nach dieser Schätzung für die Höhe des abgebildeten Teils der Säule. Da laut Text ein Viertel der Gesamthöhe zu sehen ist, ist eine Säule in Wirklichkeit also etwa 4 · 4 m = 16 m hoch.

b) Mit den Schätzwerten aus a) ergibt sich
für das Volumen eines Elefantenfußes: $V = \pi \cdot (2\text{ m})^2 \cdot 16\text{ m} \approx 201\text{ m}^3$,
für die Masse eines Elefantenfußes: ca. 201 · 2 t = 402 t,
für die Masse der vier Elefantenfüße: ca. 402 t · 4 = 1 608 t.

16 Strom

a) Es handelt sich nahezu um eine lineare Entwicklung. Entsprechend reichen die zwei Punkte (2010|45) und (2000|75), um die Steigung (durchschnittliche Entwicklung) zu bestimmen:
$\frac{45 - 75}{2010 - 2000} = -4$
D. h. im Schnitt nehmen die Kosten um 4 Cent pro Jahr ab.

b) Das „Doppelte" ist genau dann der Fall, wenn der Abstand des Graphen für Solarstrom genau doppelt so weit von der x-Achse ist wie der Abstand des Graphen für „normalen" Strom. Dies war im Jahr 2008 der Fall.

c) Da der Strompreis zwischen 2012 und 2020 im Schnitt um jeweils 1,5 Cent (2012: 25 Cent/2020: 13 Cent) fällt, würde eine gleichbleibende Verringerung bedeuten, dass die Erzeugung von Solarstrom ab dem Jahr 2029 kostenlos wäre.

d) Den gewünschten Effekt erzeugt man, indem man die y-Achse entsprechend skaliert.

84 **17 Gleichungen**

(1) $(x + 3) \cdot (8 - 2x)$ ist ein Produkt, das genau dann null ist, wenn ein Faktor null ist.

$(x + 3) \cdot (8 - 2x) = 0$

$x + 3 = 0 \quad | -3 \quad$ oder $\quad 8 - 2x = 0 \quad | -8$

$x = -3 \quad$ oder $\quad -2x = -8 \quad | :2$

$x = -3 \quad$ oder $\quad x = 4$

(2) $x^2 + 5x = 0 \quad |$ x ausklammern

$x \cdot (x + 5) = 0$

$x = 0 \quad$ oder $\quad x + 5 = 0 \quad | -5$

$x = 0 \quad$ oder $\quad x = -5$

(3) $3x^2 - 8 = 4 \quad | +8$

$3x^2 = 12 \quad | :3$

$x^2 = 4 \quad | \sqrt{\ }$

$x = 2 \quad$ oder $\quad x = -2$

(4) Hier können wir die Lösungsformel anwenden.

$2x^2 - 12x + 4 = 18 \quad | -18$

$2x^2 - 12x - 14 = 0 \quad | :2$

$x^2 - 6x - 7 = 0 \quad | \; p = -6; \; q = -7$

$x = \frac{6}{2} + \sqrt{\left(\frac{6}{2}\right)^2 + 7} \quad$ oder $\quad x = \frac{6}{2} - \sqrt{\left(\frac{6}{2}\right)^2 + 7}$

$x = 3 + \sqrt{16} \quad$ oder $\quad x = 3 - \sqrt{16}$

$x = 7 \quad$ oder $\quad x = -1$

18 Bogenbrücke

a) Der Parameter c gibt bei quadratischen Funktionen der Form $y = ax^2 + c$ die Verschiebung der Parabel in Richtung der y-Achse an. Bei $c = 1$ wird der Graph um eine Einheit nach oben verschoben und schneidet die y-Achse im Punkt $(0|1)$.
Im vorliegenden Beispiel ist der Schnittpunkt bei $(0|3{,}6)$, also ist $c = 3{,}6$.

b) Setzt man den für c ermittelten Wert in die Funktionsgleichung ein, so ergibt sich:
$y = ax^2 + 3{,}6$
Zur Bestimmung von a muss man einen Punkt auf der Parabel finden, für den die x- und y-Koordinaten abgelesen werden können. Ein Nullpunkt hat die Koordinaten $(10|0)$. Setzt man diese Koordinaten in die Gleichung ein, so ergibt sich:

$0 = a \cdot 10^2 + 3{,}6 \quad | -3{,}6$

$-3{,}6 = a \cdot 100 \quad | :100$

$-0{,}036 = a$

Die Funktionsgleichung lautet $y = -0{,}036x^2 + 3{,}6$.

85 **19 Nerobergbahn**

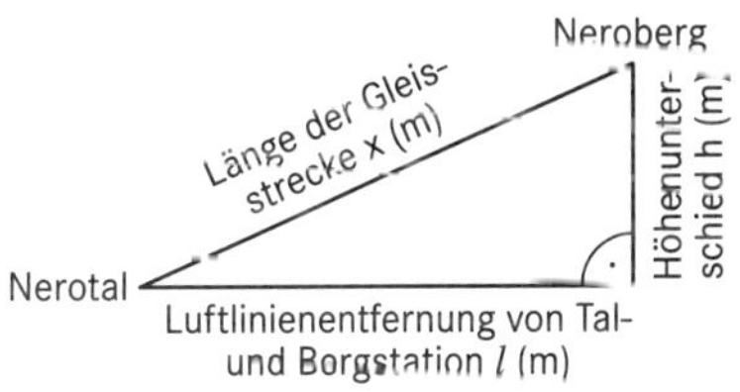

Die Länge der gesuchten Strecke ermittelt man mithilfe des Satzes des Pythagoras.
Der Höhenunterschied zwischen Tal- und Bergstation beträgt 83 m. Die Luftlinienentfernung *l* zwischen Tal- und Bergstation können wir mithilfe der Entfernungen der beiden Orte in der abgebildeten Karte und dem angegebenen Kartenmaßstab bestimmen.
Der Abstand zwischen Tal- und Bergstation in der Karte beträgt ca. 4,3 cm.
Zu berechnen ist die Länge in der Wirklichkeit.
Der Maßstab 1 : 10 000 bedeutet: 1 cm auf einer Karte entsprechen 10 000 cm in der Wirklichkeit.
Man muss die gemessene Strecke also mit 10 000 multiplizieren: $4{,}3 \text{ cm} \cdot 10\,000 = 43\,000 \text{ cm}$.
Die Luftlinienentfernung *l* zwischen den beiden Orten beträgt in der Realität also etwa 430 m.
Jetzt lässt sich die gesuchte Strecke x mit dem Satz des Pythagoras ermitteln:

$x^2 = h^2 + l^2$

$= (83 \text{ m})^2 + (430 \text{ m})^2 = 191\,789 \text{ m}^2 \qquad x \approx 437{,}9 \text{ m}$

Die Länge der Gleisstrecke zwischen Nerotal und Neroberg beträgt also ungefähr 438 m.

85

20 Weltbevölkerung

a) Von 1927 bis 1974 sind es 47 Jahre. Eine Rechnung durch Probieren zeigt:
$1{,}0145^{47} = 1{,}967...$ und $1{,}0149^{47} = 2{,}003...$
Also passt für eine Verdopplung der Wachstumsrate am besten 1,49 %.
Alternativer Lösungsweg: $2 \cdot x^{47} = 4 \rightarrow x = \sqrt[47]{2} = 1{,}01485...$ → Wachstumsrate ca. 1,49 %.

b) 7 Mrd. $\cdot\, 1{,}01^{39} = 10{,}318...$ Mrd. $\approx 10{,}3$ Mrd.
Es leben dann höchstens ca. 10,3 Mrd. Menschen auf der Erde.

21 Änderung des Kreisradius

Falsche Aussagen sind b) und d). Begründungen:

b) 1. mit Zahlenbeispiel: für $r = 1$ cm ist $A \approx 3{,}14\ cm^2$, für $r = 2$ ist $A \approx 4 \cdot 3{,}14\ cm^2$
2. mit Formel: $A = r^2 \cdot \pi$; für doppelten Radius gilt $A = (2r)^2 \cdot \pi = 4r^2 \cdot \pi$; der Flächeninhalt wird 4-mal so groß.

d) 1. mit Zahlenbeispiel: für $r = 1$ cm ist $A \approx 3{,}14\ cm^2$, für $r = 3$ ist $A \approx 9 \cdot 3{,}14\ cm^2$
2. mit Formel: $A = r^2 \cdot \pi$; für dreifachen Radius gilt $A = (3r)^2 \cdot \pi = 9r^2 \cdot \pi$; der Flächeninhalt wird 9-mal so groß.

86

22 Liebesschlösser

a) Auf dem vorderen Detail-Foto sind etwa 400 Schlösser zu erkennen. Zwischen den 50 senkrechten Stahlträgern gibt es insgesamt $49 \cdot 6$ Gitter. Dann ergibt sich ein Schätzwert von ca. 100 000 Schlössern auf dieser Brückenseite.

b) Bei mehr als 40 000 Schlössern sind es $40\,000 : (49 \cdot 6) = 136{,}05...$
Also sind es durchschnittlich ca. 140 Schlösser an jedem Gitter.

23 Pausenhof der da-Vinci-Schule

a) $640 \cdot 5\ m^2 = 3\,200\ m^2$ Diese Größe müsste der Pausenhof laut Vorschrift haben.
$40\ m \cdot 73\ m = 2\,920\ m^2$ Diese Größe hat der Pausenhof.
Der Pausenhof genügt den Vorschriften nicht.

b) Alternative 1: Der Pausenhof ist $280\ m^2$ zu klein ($3\,200\ m^2 - 2\,920\ m^2$).
Bei 40 m Breite fehlen in der Länge 7 m: $40\ m \cdot 7\ m = 280\ m^2$.
Alternative 2: $3\,200\ m^2 : 40\ m = 80\ m$
Der Pausenhof müsste bei 40 m Breite insgesamt 80 m lang sein.
Er ist aber nur 73 m lang.
Der Pausenhof müsste um 7 m verlängert werden.

24 Wohnmobil

Die Angebote beinhalten eine tägliche Mietgebühr und eine Gebühr pro gefahrenen Kilometer. Die Reise dauert 21 Tage und die Route umfasst etwa 2 500 km, so ergibt sich für die drei Firmen:

Firma A: $21 \cdot 20\ € + 2\,500 \cdot 0{,}20\ € = 920\ €$
Firma B: $21 \cdot 30\ € + 2\,500 \cdot 0{,}10\ € = 880\ €$
Firma C: $21 \cdot 32\ € + 2\,500 \cdot 0{,}05\ € = 797\ €$ Zu empfehlen ist Firma C.

87

25 Riesen-Kürbis

a) Der Kürbis hat einen Umfang von 4,7 m.
Da $u = 2 \cdot \pi \cdot r$ gilt, ergibt sich für $r \approx 0{,}75$ m.
Nimmt man zudem für die Körperhöhe vom Fuß bis zur Hüfte 1,10 m an, dann ergeben sich folgende Schätzungen:
Volumen eines Quaders mit $a = 1{,}10$ m, $b = 1{,}10$ m und $c = 1{,}80$ m:
$V = a \cdot b \cdot c \approx 2{,}2\ m^3$
Volumen eines Zylinders mit $h = 1{,}10$ m und $r = 0{,}75$ m
$V = \pi \cdot r^2 \cdot h = \pi \cdot 0{,}75^2 \cdot 1{,}1\ m^3 \approx 1{,}94\ m^3$
Volumen einer Kugel:
$V = \frac{4 \cdot \pi \cdot r^3}{3} = \frac{4}{3} \cdot \pi \cdot (0{,}75)^3\ m^3 \approx 1{,}8\ m^3$

b) Da die Hüfthöhe deutlich niedriger ist als der Durchmesser des Kürbisses, ist die beste Abschätzung durch den Zylinder zu erreichen.

87 **26 Sonderpreis**

a) Methode (1) berücksichtigt nicht den Rabatt von 3 %. Die Methode ist falsch.
Methode (2) berechnet zuerst 85 % (100 % – 15 %) vom bisherigen Preis. Dann werden 3 % subtrahiert. Die Methode ist richtig.
Methode (3) ist auch richtig.
Es gilt: 100 % – 15 % = 85 % = 0,85 und
100 % – 3 % = 97 % = 0,97
Deshalb kann der gesenkte Barzahlungspreis so berechnet werden:
(1 500 € · 0,85) · 0,97 = 1 236,75 €

b) Die Rechnung z. B. mit Methode (3) ergibt 1 236,75 €.

27 Behälter mit Kugeln

Insgesamt sind zunächst 7 Kugeln (3 blaue, 4 weiße) im Behälter. Also beträgt die Wahrscheinlichkeit, im ersten Zug eine blaue Kugel zu ziehen, $\frac{3}{7}$ und für eine weiße Kugel $\frac{4}{7}$.
Beim zweiten Zug sind nur noch 6 Kugeln im Behälter. Die Wahrscheinlichkeiten hängen vom Ergebnis des ersten Zuges ab.

Baumdiagramm:

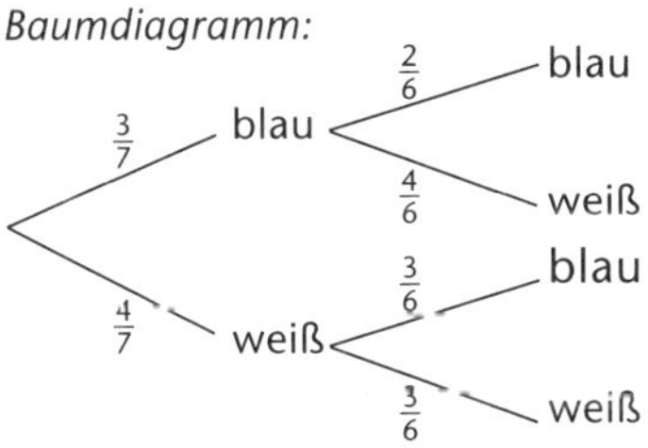

Björn gewinnt bei den Ergebnissen (blau/blau) und (weiß/weiß).
Mit den Pfadregeln berechnen wir die Wahrscheinlichkeiten.

$$
\begin{aligned}
P(\text{Marc gewinnt}) &= P(\text{blau/weiß}) + P(\text{weiß/blau})\\
&= \tfrac{3}{7} \cdot \tfrac{4}{6} + \tfrac{4}{7} \cdot \tfrac{3}{6}\\
&= \tfrac{12}{42} + \tfrac{12}{42}\\
&= \tfrac{24}{42} = \tfrac{4}{7} \approx 57\,\%
\end{aligned}
$$

$$
\begin{aligned}
P(\text{Björn gewinnt}) &= P(\text{blau/blau}) + P(\text{weiß/weiß})\\
&= \tfrac{3}{7} \cdot \tfrac{2}{6} + \tfrac{4}{7} \cdot \tfrac{3}{6}\\
&= \tfrac{6}{42} + \tfrac{12}{42}\\
&= \tfrac{18}{42} = \tfrac{3}{7} \approx 43\,\%
\end{aligned}
$$

Alternativer Lösungsweg:

$$
\begin{aligned}
P(\text{Marc gewinnt}) &= 1 - P(\text{Björn gewinnt})\\
&= 1 - \tfrac{3}{7} = \tfrac{4}{7} \approx 57\,\%
\end{aligned}
$$

Gewinnchance für Marc: $\frac{4}{7}$ Gewinnchance für Björn: $\frac{3}{7}$

Prüfungsteil 1: Aufgabe 1

88 a) Anteil der Jungen: $\frac{1}{3}$ Anteil der Mädchen: $\frac{2}{3}$

b) 1) Zunächst berechnen wir mit dem Satz des Pythagoras die Höhe h.

$s^2 = r^2 + h^2 \quad |-r^2$

$h^2 = s^2 - r^2 \quad |\, s = 50 \text{ cm},\ r = 20 \text{ cm}$

$h = \sqrt{(50 \text{ cm})^2 - (20 \text{ cm})^2} \approx 45{,}8 \text{ cm}$

Volumen eines Kegels: $V = \frac{1}{3}\pi r^2 \cdot h$

r = 20 cm und h = 45,8 cm einsetzen: $V = \frac{1}{3}\pi \cdot (20 \text{ cm})^2 \cdot 45{,}8 \text{ cm}$

$V \approx 19\,185 \text{ cm}^3$

Das Volumen beträgt 19 185 cm^3 bzw. ca. 19,2 *l*.

2) $\cos\alpha = \frac{r}{s} = \frac{20 \text{ cm}}{50 \text{ cm}} = 0{,}4$

$\alpha = \cos^{-1} 0{,}4 \approx 66{,}4°$ Der Neigungswinkel ist 66,4° groß.

c) 1) Wir rechnen mit dem Dreisatz.

	Buntstift	Stützpfeiler	
	17,5 cm	250 cm	
: 17,5	1 cm	$\frac{250}{17{,}5}$ cm	: 17,5
· 0,7	0,7 cm	$\frac{250 \cdot 0{,}7}{17{,}5}$ cm	· 0,7

Rechnung: $\frac{250 \cdot 0{,}7}{17{,}5}$ cm = 10 cm

2) Die Stützpfeiler sind ohne Spitze ca. 230 cm lang. Sie haben die Form eines Zylinders. Die Mantelfläche beider Zylinder soll gestrichen werden.

Mantelfläche: $M = 2\pi r \cdot h$

Zu streichende Fläche: $2\,M = 2 \cdot 2\pi \cdot 5 \text{ cm} \cdot 230 \text{ cm} \approx 15\,000 \text{ cm}^2 = 1{,}5 \text{ m}^2$.

Die Farbe reicht aus, da $1{,}5 \text{ m}^2 < 2 \text{ m}^2$.

89 d) $y = 2x + 3$

$\underline{y = 2x + 0{,}4} \quad]-$

$0 = 2{,}6$ (falsche Aussage) Das Gleichungssystem hat keine Lösung.

Man erkennt dies auch daran, dass durch beide Gleichungen zwei parallele Geraden (gleiche Steigung m = 2 und verschiedene y-Achsenabschnitte 3 und 0,4) gegeben sind.

e) Wir setzen a = 5 in die Gleichung ein.

$(5 + c) \cdot c = 5^2$

$5c + c^2 = 25 \quad |-25$

$c^2 + 5c - 25 = 0 \quad |\, p = 5 \quad |\, q = -25$

$c_{1/2} = -2{,}5 \pm \sqrt{2{,}5^2 + 25}$

$c_{1/2} = -2{,}5 \pm 5{,}6$

$c_1 = -8{,}1$ (keine Länge, da negative Zahl)

$c_2 \approx 3{,}1$

Die Länge der Basis c beträgt ca. 3,1 cm.

Prüfungsteil 2: Aufgabe 2

a) Anfangswert: $a_0 = 1$ Wachstumsfaktor pro Woche: q = 5

Anzahl der Blattläuse nach n Wochen: $a_n = a_0 \cdot q^n$

$a_3 = 1 \cdot 5^3 = 125$

b) 1) x gibt die Anzahl der Wochen an. 2) $y = 5^0 = 1$

Dies bedeutet, dass am Anfang eine Blattlaus vorhanden war.

90 c)

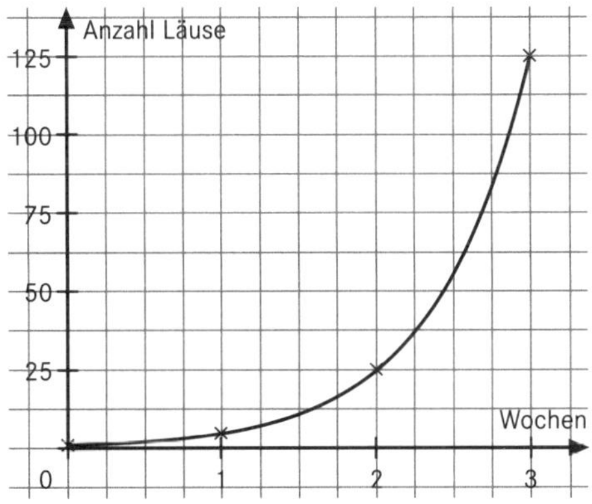

d) $f(x) = 80\,000$

$5^x = 80\,000$

Durch Probieren erhalten wir mit dem Taschenrechner: $5^{7{,}015} = 80\,034{,}01... \approx 80\,000$.

Also haben sich nach ca. 7 Wochen 80 000 Blattläuse entwickelt.

e) 1) 1 Jahr hat 52 Wochen.

$5^{52} = 2{,}22 \cdot 10^{36}$ Frau Schmidt hat richtig gerechnet.

2) Das Ergebnis ist nicht realistisch.
- Die Rosen halten nicht so lange.
- Auf den Rosen ist überhaupt nicht genug Platz.
- Wovon sollten sich die Blattläuse ernähren?
- Blattläuse leben nicht so lange. Sie sterben im Winter und vermehren sich nicht weiter.

f) Anfangswert 100, also $g(x) = 100 \cdot 5^x$ ist richtig.

Prüfungsteil 2: Aufgabe 3

91 a) 1) 2)

	1. Runde	2. Runde	3. Runde	4. Runde	5. Runde	6. Runde	7. Runde	8. Runde
Anne	Papier	Papier	Stein	Schere	Stein	Schere	Papier	Stein
Paul	Stein	Schere	Stein	Papier	Schere	Stein	Schere	Papier
Gewinner	Anne	Paul	–	Anne	Anne	Paul	Paul	Paul

1) Anne hat 3 Runden gewonnen (1., 4. und 5.).

2) Paul kann nur noch Gesamtsieger werden, wenn er die letzten drei Runden gewinnt. Eine Möglichkeit steht oben in der Tabelle.

b) 1)

		Paul			c) 1)
		Stein	Schere	Papier	Brunnen
	Stein	unentschieden	Anne gewinnt	Paul gewinnt	Paul gewinnt
Anne	Schere	Paul gewinnt	unentschieden	Anne gewinnt	Paul gewinnt
	Papier	Anne gewinnt	Paul gewinnt	unentschieden	Anne gewinnt
c) 1)	Brunnen	Anne gewinnt	Anne gewinnt	Paul gewinnt	unentschieden

2) Alle neun Ergebnisse sind gleichwahrscheinlich, also P (Anne Stein/Paul Papier) = $\frac{1}{9}$

3) P (Paul gewinnt) = $\frac{3}{9} = \frac{1}{3}$

4) Mit der Pfadregel erhalten wir: P (Paul gewinnt zweimal hintereinander) = $\frac{1}{3} \cdot \frac{1}{3} = \frac{1}{9}$

92 c) 2) ohne „Brunnen“: P (unentschieden) = $\frac{3}{9} = \frac{1}{3}$

mit „Brunnen“: P (unentschieden) = $\frac{4}{16} = \frac{1}{4}$

Die Wahrscheinlichkeit für „unentschieden“ ist kleiner geworden ($\frac{1}{4} < \frac{1}{3}$).

3) Sie sollte „Papier“ oder „Brunnen“ wählen, da beide Zeichen zweimal gewinnen und die beiden anderen nur einmal. Da „Papier“ gegen „Brunnen“ gewinnt, ist Papier strategisch noch günstiger.

Prüfungsteil 2: Aufgabe 4

93 a) 1)

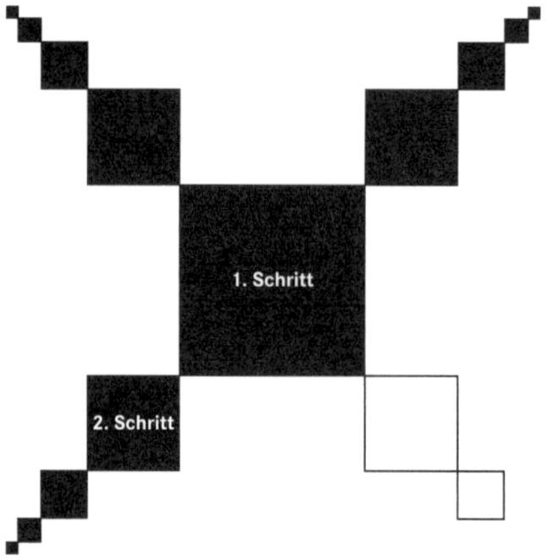

2) Im 1. Schritt ist nur 1 Quadrat vorhanden. Danach kommen in jedem Schritt 4 Quadrate dazu. Anzahl der Quadrate nach dem 4. Schritt: $1 + 3 \cdot 4 = 13$

3) Im 1. Schritt ist nur 1 Quadrat vorhanden. Nach 11 Schritten sind $(n - 1) \cdot 4$ Quadrate dazu gekommen. Also: $1 + 4 \cdot (n - 1)$.

4) nach dem 1. Schritt: $4\text{ cm} \cdot 4\text{ cm} = 16\text{ cm}^2$
nach dem 2. Schritt: $16\text{ cm}^2 + 4 \cdot (2\text{ cm} \cdot 2\text{ cm}) = 32\text{ cm}^2$
nach dem 3. Schritt: $32\text{ cm}^2 + 4 \cdot (1\text{ cm} \cdot 1\text{ cm}) = 36\text{ cm}^2$

5) Grundwert: Flächeninhalt nach dem 3. Schritt, also $G = 36\text{ cm}^2$
Prozentwert: Flächeninhalt, der im 4. Schritt dazu kommt; also $P = 4 \cdot (0{,}5\text{ cm} \cdot 0{,}5\text{ cm}) = 1\text{ cm}^2$

$p\,\% = \frac{P}{G} = \frac{1\text{ cm}^2}{36\text{ cm}^2} = 0{,}02\overline{7} \approx 2{,}78\,\%$

b) 1) $0{,}0625\text{ cm}^2$ (Zelle C4)

2)
$$\begin{array}{r} 37{,}312\,500 \\ +\ \ 0{,}015\,625 \\ \hline 37{,}328\,125 \end{array}$$

3) = D9 + C10

4) Wenn man sich die Spalte D anschaut, kann man vermuten, dass der Flächeninhalt $37{,}\overline{3}\text{ cm}^2$, also $37\frac{1}{3}\text{ cm}^2$ groß ist.

Prüfungsteil 1: Aufgabe 1

94 a) Eine 1-Cent-Münze ist 1 mm bis 2 mm dick. Bei der Schätzung gehen wir von ca. 1,5 mm aus. Der Turm wäre dann 2,4 Mrd. · 1,5 mm = 3,6 Mrd. mm hoch, was näherungsweise 4 Millionen Meter bzw. 4000 km sind.
Bei der Annahme, dass eine Münze 2 mm dick ist, ergeben sich ca. 4,8 Mrd. mm. Das sind näherungsweise 5000 km.

b) Anfangswert: 3 Mio. Bakterien
Verdopplungszeit: 20 Minuten
Dauer des Experiments: 2 Stunden = 6 · 20 Minuten
Anzahl der Bakterien nach 2 Stunden: 3 Mio. · 2^6 = 192 Mio.
Nach 2 Stunden sind ca. 192 Millionen Bakterien im Reagenzglas.

c) Pythagoras: $s^2 = h^2 + r^2$
$s^2 = (25\text{ cm})^2 + (15\text{ cm})^2$
$s^2 = 850\text{ cm}^2$
$s = \sqrt{850\text{ cm}^2} \approx 29{,}2\text{ cm}$

r = 15 cm
h = 25 cm

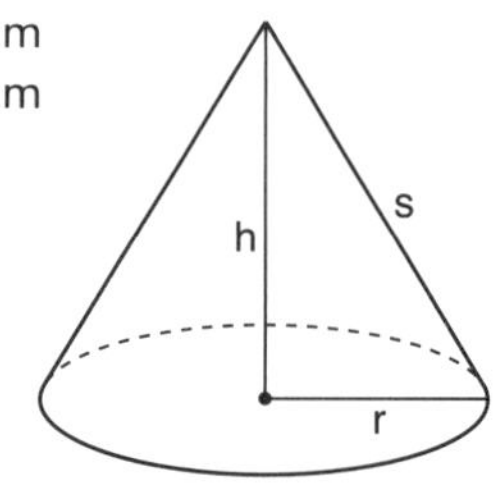

Für die Größe der Mantelfläche eines Kegels gilt:
$M = \pi \cdot r \cdot s$, also $M = \pi \cdot 15\text{ cm} \cdot 29{,}2\text{ cm}$
$M \approx 1376\text{ cm}^2$

Für den Partyhut benötigt man mindestens 1376 cm^2 Papier.

94 d) (1) In der Zelle B7 steht die Seitenlänge b des Rechtecks.
Der Tabelle entnehmen wir: a = 4,5 cm und u = 73 cm.

$b = \frac{u}{2} - a$ (Alternative: $b = \frac{A}{a}$, also b = 144 : 4,5 = 32)

b = 36,5 − 4,5 = 32
In der Zelle B7 steht 32.
In der Zelle C10 steht der Umfang u.
Der Tabelle entnehmen wir: a = 9 cm und b = 16 cm.
U = 2a + 2b
U = 2 · 9 + 2 · 16 = 50
In der Zelle C10 steht 50.

(2) B5: „=144/A5"
C5: „=2*A5+2*B5"

95 e)

	(alle Angaben in %)	alle Altersgruppen	getrennt nach Altersgruppen (Angaben in Jahren)							
			10–15	16–24	25–34	35–44	45–54	55–64	65–74	75–
1	**Insgesamt 2010**	**75**	**96**	**98**	**96**	**93**	**84**	**65**	**41**	**16**
2	Veränderung zu 2009 in Prozentpunkten	+2	±0	+1	+1	+2	+3	+4	+6	+2
3	Männlich 2010	80	95	97	97	94	86	71	51	25
4	Weiblich 2010	70	96	98	96	93	81	58	33	11

	wahr	falsch
In keiner Altersgruppe gab es 2010 im Vergleich zu 2009 einen Rückgang. (Veränderungen in Zeile 2 nie negativ)	☒	○
Die größte Steigerung im Vergleich zu 2009 erfolgte in der Altersgruppe der 16- bis 24-Jährigen. (Größte Steigerung bei den 65- bis 74-Jährigen)	○	☒
Bei Menschen bis zum Alter von 44 Jahren ist der Anteil bei den weiblichen und den männlichen Internetnutzern etwa gleich groß. (95 ≈ 96; 97 ≈ 98; 97 ≈ 96; 94 ≈ 93)	☒	○
Insgesamt gibt es prozentual mehr Frauen als Männer, die das Internet 2010 nicht genutzt haben. (Männer 20 %, Frauen 30 %)	☒	○
2009 haben 47 % der 65- bis 74-Jährigen das Internet genutzt. (2010 waren es 41 % (Zeile 1) und 2009 waren es 6 % weniger (Zeile 2), also nur 35 %.)	○	☒

Prüfungsteil 2: Aufgabe 2

a) (1) Dem Graphen entnehmen wir, dass bei 160 $\frac{km}{h}$ der Verbrauch 11 l auf 100 km beträgt.

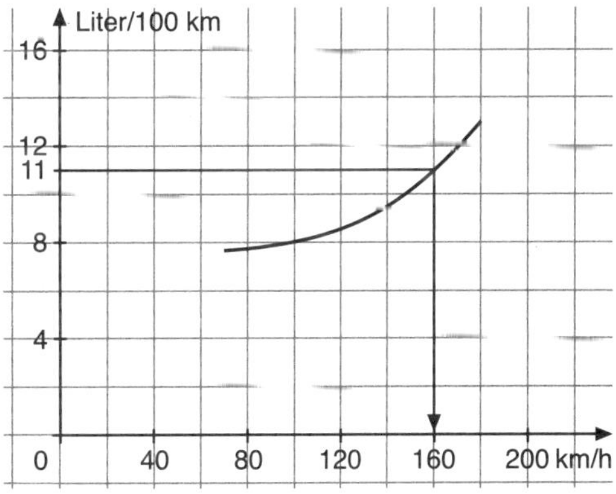

(2)

Geschwindigkeit	Verbrauch
100 $\frac{km}{h}$	8 l
180 $\frac{km}{h}$	13 l

$p\,\% = \frac{13\,l - 8\,l}{8\,l} = 0{,}625 = 62{,}5\,\%$

Der Verbrauch liegt um ca. 60 % höher.

96 b)

gefahrene Kilometer	Anzeige: Verbrauch in Litern	Anzeige: durchschnittlicher Verbrauch in l/100 km)	Anzeige: verbleibende Reichweiter (in km)
180	14,5		485

96 (1) 180 km = 1,8 · 100 km
durchschnittlicher Verbrauch auf 100 km: $\frac{14{,}6\,l}{1{,}8} \approx 8{,}1\,l$

(2) 485 km = 4,85 · 100 km
Verbrauch für 485 km: $4{,}85 \cdot 8{,}1\,l \approx 39{,}3\,l$
Tankvolumen: $14{,}6\,l + 39{,}3\,l = 53{,}9\,l$ Der Tank hat ein Volumen von ca. 54 Liter.

c) $f(x) = 0{,}0005 \cdot (x - 40)^2 + 4{,}5462$ (Verbrauch in l/100 km bei der Geschwindigkeit x in km/h)

(1) x = 150, also: $f(150) = 0{,}0005 \cdot (150 - 40)^2 + 4{,}5462$
$= 10{,}5962$

Bei 150 $\frac{\text{km}}{\text{h}}$ verbraucht das Auto ca. 10,6 l auf 100 km.

(2) f(x) = 9, also:

$$9 = 0{,}0005 \cdot (x - 40)^2 + 4{,}5462 \quad | -4{,}5462$$
$$4{,}4538 = 0{,}0005 \cdot (x - 40)^2 \quad | : 0{,}0005$$
$$8907{,}6 = (x - 40)^2 \quad | \sqrt{}$$

$$94{,}4 \approx x - 40 \text{ oder } -94{,}4 \approx x - 40 \quad | +40$$
$$134{,}4 \approx x \text{ oder } -54{,}4 \approx x$$

Da x die Geschwindigkeit angibt, fällt die negative Lösung weg.
Bei einem Verbrauch von 9 l auf 100 km fährt das Auto ca. 134 $\frac{\text{km}}{\text{h}}$.

Prüfungsteil 2: Aufgabe 3

97 a) Da Paul einen Sieg für Mannschaft A mit gleicher Wahrscheinlichkeit „vorhersagt" wie einen Sieg für Mannschaft B, kann man z. B. würfeln und festlegen, dass gerade Zahlen für Mannschaft A und ungerade Zahlen für Mannschaft B stehen.

b)

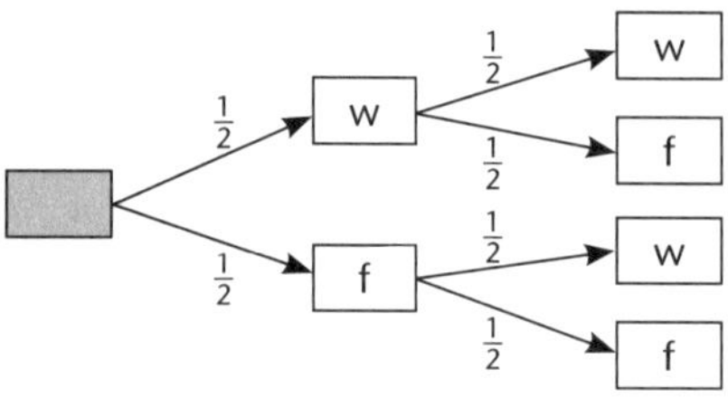

w: wahr (richtige Vorhersage)
f: falsch (falsche Vorhersage)

c) Nach der Pfadregel gilt: $P(ww) = \frac{1}{2} \cdot \frac{1}{2} = \frac{1}{4}$

d) Zu dem Ereignis E „mindestens einmal richtig getippt" gehören die Ergebnisse ww, wf und fw.

$P(E) = \frac{1}{2} \cdot \frac{1}{2} + \frac{1}{2} \cdot \frac{1}{2} + \frac{1}{2} \cdot \frac{1}{2} = \frac{3}{4}$

Die Wahrscheinlichkeit, dass Paul bei zwei Vorhersagen mindestens einmal richtig tippt, beträgt $\frac{3}{4}$ bzw. 75 %.

98 e) (1)

Anzahl der Spiele	1	2	3	4	5
Wahrscheinlichkeit für die richtiger Vorhersage aller Spiele	$\frac{1}{2}$	$\frac{1}{4}$	$\frac{1}{8}$	$\frac{1}{16}$	$\frac{1}{32}$

3 Spiele: $P(www) = \frac{1}{2} \cdot \frac{1}{2} \cdot \frac{1}{2} = \frac{1}{8}$ 4 Spiele: $P(wwww) = \left(\frac{1}{2}\right)^4 = \frac{1}{16}$ 5 Spiele: $P(wwwww) = \left(\frac{1}{2}\right)^5 = \frac{1}{32}$

(2)

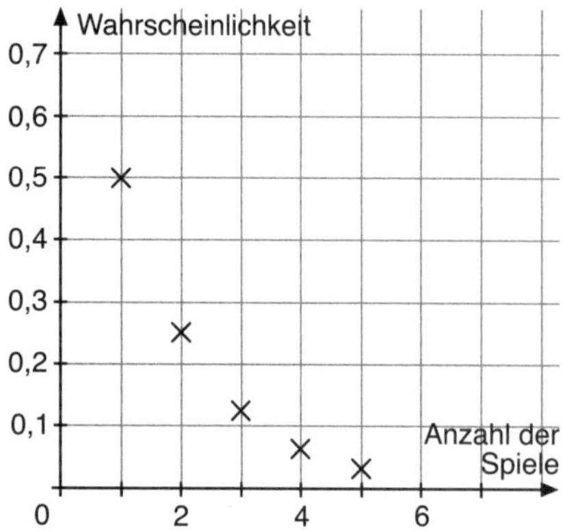

(3) Wenn man die Punkte verbinden würde, dann könnte man z. B. auch für x = 1,73 einen Funktionswert ablesen.
Inhaltlich ergibt „1,73 Spiele" aber keinen Sinn.

f) $W(n) = \underbrace{\frac{1}{2} \cdot \frac{1}{2} \cdot \ldots \cdot \frac{1}{2}}_{\text{n Faktoren}} = \left(\frac{1}{2}\right)^n$ (Vgl. auch Lösung e) (1))

Prüfungsteil 2: Aufgabe 4

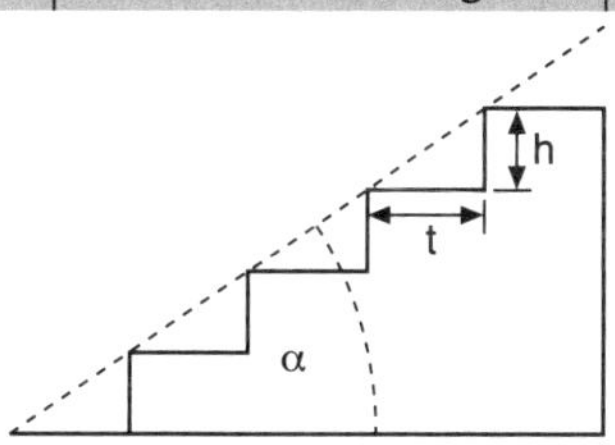

98 a) (1) Höhe einer Stufe: 260 cm : 14 ≈ 18,6 cm.
Da die maximale Stufenhöhe von 20 cm unterschritten wird, erfüllt die Stufenhöhe die gesetzliche Vorgabe. Über die Stufentiefe kann mit den gegebenen Werten keine Aussage gemacht werden.

99 (2) Steigung: $m = \frac{h}{t}$ (s. Skizze)

$m = \frac{18\text{ cm}}{27\text{ cm}} = \frac{2}{3} \approx 67\,\%$ Die Steigung beträgt ca. 67 %.

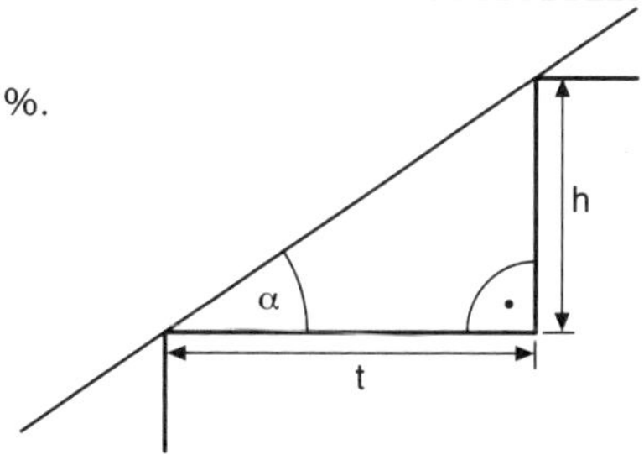

(3) $\tan\alpha = \frac{h}{t}$

$\tan\alpha = \frac{2}{3}$ $\quad | \tan^{-1}$

$\alpha = 33{,}69\ldots$ Der Steigungswinkel beträgt ca. 34°.

b) Faustformel: Stufentiefe + 2 · Stufenhöhe = 62 cm (± 3 cm)

(1) Stufentiefe: 29 cm Stufenhöhe 17 cm
Faustformel: 29 cm + 2 · 17 cm = 63 cm Die Faustformel wurde eingehalten.

(2) Stufentiefe 29 cm minimale Stufenhöhe: h_{min}
Faustformel: $29\text{ cm} + 2 \cdot h_{min} = 62\text{ cm} - 3\text{ cm}$

$29\text{ cm} + 2 \cdot h_{min} = 59\text{ cm} \quad | -29\text{ cm}$

$2 \cdot h_{min} = 30\text{ cm} \quad | :2$

$h_{min} = 15\text{ cm}$

maximale Stufenhöhe h_{max}
Faustformel: $29\text{ cm} + 2 \cdot h_{max} = 62\text{ cm} + 3\text{ cm} \quad | -29\text{ cm}$

$2 \cdot h_{max} = 36\text{ cm} \quad | :2$

$h_{max} = 18\text{ cm}$

(3) $\frac{h}{t} = \tan 20° = 0{,}36$, daraus folgt: $h = 0{,}36\,t$

Einsetzen in die Faustformel: $t + 2 \cdot 0{,}36\,t = 62\text{ cm}\ (\pm 3\text{ cm})$

$1{,}72\,t = 62\text{ cm}\ (\pm 3\text{ cm})$

Mit dieser Formel können wir nun verschiedene Stufentiefen und mit h = 0,36 t die zugehörige Stufenhöhe berechnen.

z. B. $1{,}72\,t = 62\text{ cm} \quad | :1{,}72$

$t \approx \underline{\underline{36\text{ cm}}}$

$h = 0{,}36 \cdot 34\text{ cm} \approx \underline{\underline{13\text{ cm}}}$

oder $1{,}72\,t = 60\text{ cm} \quad | :1{,}72$

$t = \underline{\underline{34{,}9\text{ cm}}}$

$h = 0{,}36 \cdot 34{,}9\text{ cm} \approx \underline{\underline{12{,}6\text{ cm}}}$

oder $1{,}72\,t = 63\text{ cm} \quad | :1{,}72$

$t = \underline{\underline{36{,}6\text{ cm}}}$

$h = 0{,}36 \cdot 36{,}6\text{ cm} \approx \underline{\underline{13{,}2\text{ cm}}}$

Prüfungsteil 1: Aufgabe 1

100 a) $\frac{2}{6}$ bzw. $\frac{1}{3}$ des Vollkreises sind grau gefärbt.

Flächeninhalt des Vollkreises: $A_K = \pi r^2$

Flächeninhalt der grauen Fläche: $A = \frac{1}{3}\pi r^2 = \frac{1}{3}\pi (3\text{ cm})^2 \approx 9{,}42\text{ cm}^2$

Der Flächeninhalt der grauen Fläche beträgt 9,42 cm².

b) (1)

	A	B	C	D	E	F	G
1	Geschwindigkeit [in km/h]	10	25	50	100	150	200
2	Bremsweg [in m]	1	6,25	25	100	225	400

(2) „ = (C1/10)^2"

c) (1) Die Aussage ist falsch. Es gibt Gleichungen, die keine Lösung haben, z. B. $x = x + 2$ oder $x^2 = -1$.

(2) Die Aussage ist richtig. a und b seien zwei natürliche Zahlen. Verdoppeln wir in dem Produkt $a \cdot b$ jeden Faktor, so erhalten wir das Produkt $2a \cdot 2b = 4ab$. 4ab ist durch 4 teilbar.

101

d) (1) Maßstab 1 : 10

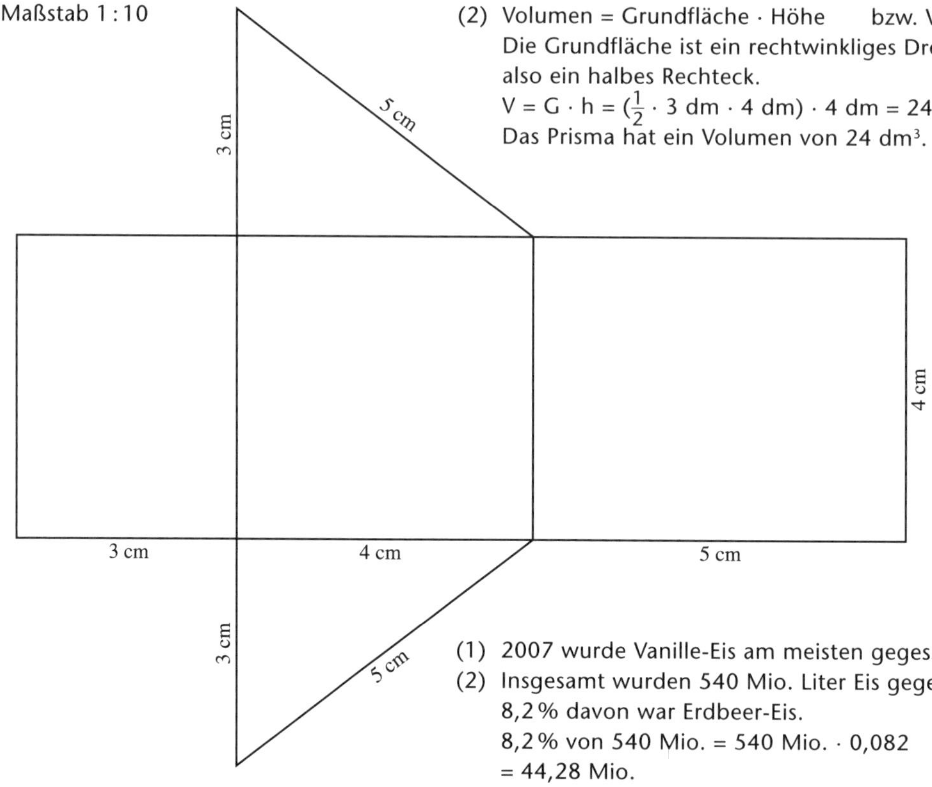

(2) Volumen = Grundfläche · Höhe bzw. $V = G \cdot h$
Die Grundfläche ist ein rechtwinkliges Dreieck, also ein halbes Rechteck.
$V = G \cdot h = (\frac{1}{2} \cdot 3\text{ dm} \cdot 4\text{ dm}) \cdot 4\text{ dm} = 24\text{ dm}^3$
Das Prisma hat ein Volumen von 24 dm^3.

e) (1) 2007 wurde Vanille-Eis am meisten gegessen.
(2) Insgesamt wurden 540 Mio. Liter Eis gegessen.
8,2 % davon war Erdbeer-Eis.
8,2 % von 540 Mio. = 540 Mio. · 0,082
= 44,28 Mio.
2007 wurden ca. 44 Mio. Liter Erdbeer-Eis gegessen.

(3) Von den 540 Mio. Liter Eis hat jeder Deutsche im Durchschnitt 8,1 Liter Eis gegessen.
$540 : 8{,}1 = 66{,}\overline{6} \approx 67$
Dem Zeitungsausschnitt zufolge gab es 2007 ca. 67 Mio. Deutsche. Das stimmt nicht. Tatsächlich waren es mit ca. 80 Mio. erheblich mehr.

Prüfungsteil 2: Aufgabe 2

102

a) In dem Preis von 22 € für 10 kg Mais sind 7 % Mehrwertsteuer enthalten. 22 € entspricht somit 107 % des Preises ohne Mehrwertsteuer. 22,00 € : 1,07 ≈ 20,56 €
Wir können auch mit dem Dreisatz rechnen:

107 %	→	22,00 €
1 %	→	22,00 € : 107
100 %	→	(22,00 € : 107) · 100 ≈ 20,56 €

10 kg Mais kosten ohne Mehrwertsteuer 20,56 €.

b) Für 100 Portionen braucht man 100 · 50 g = 5 000 g = 5 kg Mais.
5 kg Mais kosten 22 € : 2 = 11 €. Hinzu kommen 10 € Nebenkosten: 11 € + 10 € = 21 €

c) $k(x) = 280 + 0{,}21 \cdot x$ ist eine lineare Funktion.
280 ist der Abschnitt auf der y-Achse, 0,21 ist die Steigung.
$e(x) = 2{,}5 \cdot x$ ist ebenfalls eine lineare Funktion.
Der y-Achsenabschnitt ist 0, der Graph beginnt also im Ursprung.
Die Steigung ist 2,5.

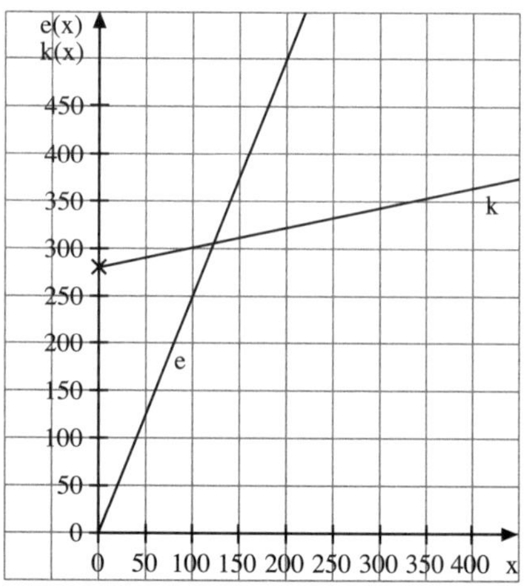

d) Durch Gleichsetzen der beiden Funktionsterme k(x) und e(x) berechnen wir die Schnittstelle. Bei dieser Anzahl der Portionen sind Kosten und Einnahmen gleich hoch.

$280 + 0{,}21 \cdot x = 2{,}5 \cdot x \quad | -0{,}21 \cdot x$
$280 = 2{,}29 \cdot x \quad | : 2{,}29$
$x \approx 122$

Ab der 123. verkauften Portion Pommes sind die Einnahme höher als die Kosten.

Prüfungsteil 2: Aufgabe 3

103 a) (1) $A = \frac{a+c}{2} \cdot h$ $a = 6\text{ cm},\ c = 3\text{ cm},\ h = 4\text{ cm}$

$A = \frac{6\text{ cm} + 3\text{ cm}}{2} \cdot 4\text{ cm} = 18\text{ cm}^2$ Das Trapez hat einen Flächeninhalt von 18 cm².

(2) In der Zeichnung wird auf beiden Seiten des Trapezes ein Dreieck abgeschnitten und oben wieder angefügt. Es entsteht ein gleich großes Rechteck. Eine Seite des Rechtecks ist so lang wie die Höhe (4 cm). Die Länge der anderen Seite ist das arithmetische Mittel der Trapezseiten a und c

$(\frac{6\text{ cm} + 3\text{ cm}}{2} = 4{,}5\text{ cm})$.

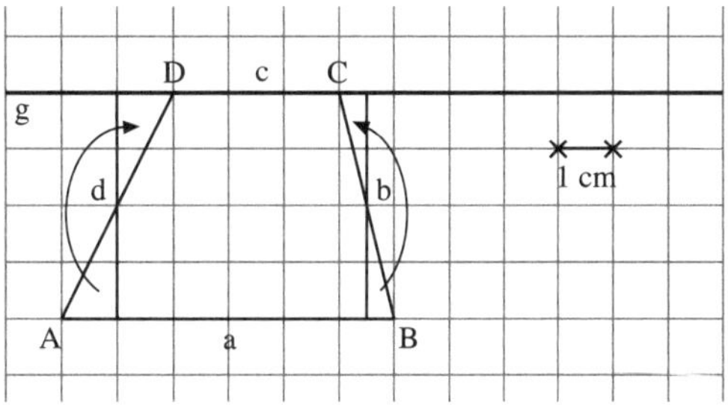

b) $A = \frac{1}{2} \cdot a \cdot h$ $a = 6\text{ cm},\ h = 4\text{ cm}$

$A = \frac{1}{2} \cdot 6\text{ cm} \cdot 4\text{ cm} = 12\text{ cm}^2$ Das Dreieck ist 12 cm² groß.

c) (1) $A = a \cdot h$ $a = 6\text{ cm},\ h = 4\text{ cm}$

$A = 6\text{ cm} \cdot 4\text{ cm} = 24\text{ cm}^2$ Das Parallelogramm hat einen Flächeninhalt von 24 cm².

(2) Da das Viereck ein Parallelogramm ist, sind die Seiten a und b gleich lang.

Die Seitenlänge d können wir mit dem Satz des Pythagoras berechnen.

$d^2 = (4\text{ cm})^2 + (2\text{ cm})^2 = 20\text{ cm}^2$

$d = \sqrt{20\text{ cm}^2} \approx 4{,}47\text{ cm}$

Die Seiten d und b sind jeweils ca. 4,47 cm lang.

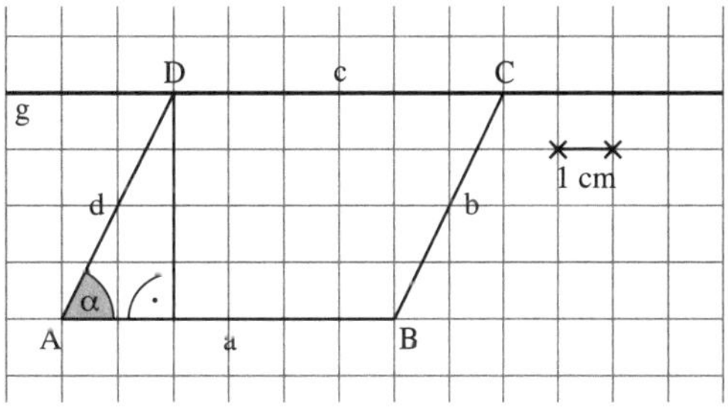

(3) Den Winkel α berechnen wir mit $\tan\alpha = \frac{\text{Gegenkathete}}{\text{Ankathete}}$

$\tan\alpha = \frac{4\text{ cm}}{2\text{ cm}} = 2$

$\alpha = \tan^{-1} 2 \approx 63{,}4°$

α ist ca. 63,4° groß.

(Man kann den Winkel auch mit $\sin\alpha = \frac{\text{Gegenkathete}}{\text{Hypotenuse}}$ oder $\cos\alpha = \frac{\text{Ankathete}}{\text{Hypotenuse}}$ berechnen.)

104 d) Beim Dreieck ist c = 0, wir erhalten somit: $A = \frac{a+0}{2} \cdot h = \frac{1}{2} \cdot a \cdot h$

Beim Parallelogramm ist c = a, somit erhalten wir: $A = \frac{a+a}{2} \cdot h = \frac{2a}{2} \cdot h = a \cdot h$

Prüfungsteil 2: Aufgabe 4

a) Spannweite = größter Wert – kleinster Wert = 74 244 – 23 000 = 51 244

Zur Bestimmung des Medians werden alle Werte der Größe nach geordnet.

23 000, 25 361, 25 597, 25 641, 27 190, 30 000, 46 297, 49 240, 74 244

Der Median ist der Wert, der in der Mitte dieser Zahlenreihe steht, also 27 190.

b) 4 · 25 597 + 74 244 + 4 · 23 000 + 4 · 27 190 + 4 · 49 240 + 4 · 30 000 + 3 · 46 297 + 4 · 25 641 + 4 · 25 361 = 1 037 251

Stadt	Zuschauerplätze	Anzahl der WM-Spiele
Augsburg	25 597	4
Berlin	74 244	1
Bochum	23 000	4
Dresden	27 190	4
Frankfurt	49 240	4
Leverkusen	30 000	4
Mönchengladbach	46 297	3
Sinsheim	25 641	4
Wolfsburg	25 361	4

c) (1) Anzahl der Spiele: 32; Anzahl der Zuschauer: 32 · 25 000 = 800 000

Preis pro Zuschauer:

27 000 000 € : 800 000 = 33,75 €

In der Pressemitteilung geht man von einem durchschnittlichen Kartenpreis von 33,75 € aus.

(2) 80 % von 1 037 251 Zuschauer

= 0,8 · 1 037 251 Zuschauer

≈ 829 800 Zuschauer

Anzahl der Zuschauer pro Spiel:

829 800 : 32 ≈ 25 930

Bei einer Auslastung von 80 % kommen fast 26 000 Zuschauer pro Spiel. Das sind ca. 1000 mehr als in der Pressemitteilung angegeben.

105 d) (1)

1. Runde	8 Spiele	
2. Runde	4 Spiele	
3. Runde	2 Spiele	
4. Runde	1 Spiel	Es müssen 15 Spiele gespielt werden. Wird der 3. Platz ausgespielt,
	15 Spiele	sind es sogar 16 Spiele.

(2) „Deutschland" können 15 andere Mannschaften zugelost werden. Somit beträgt die Wahrscheinlichkeit, dass „Brasilien" als Gegner zugelost wird, $\frac{1}{15}$.

Prüfungsteil 1: Aufgabe 1

106 a) Wir können das Fünfeck auf zwei Arten zerlegen:

(1) in ein Rechteck und ein Dreieck,

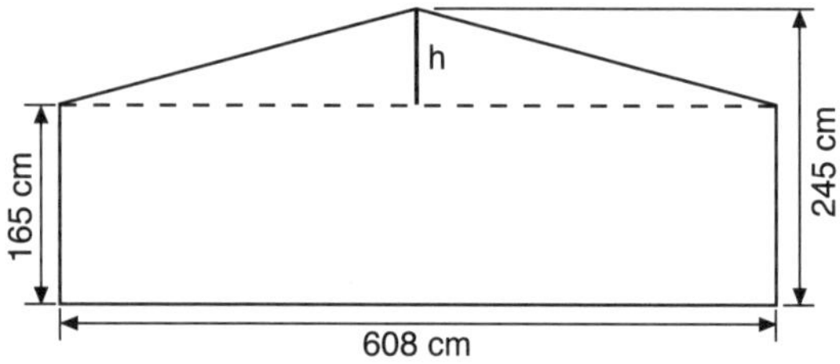

(2) in 2 kongruente Trapeze

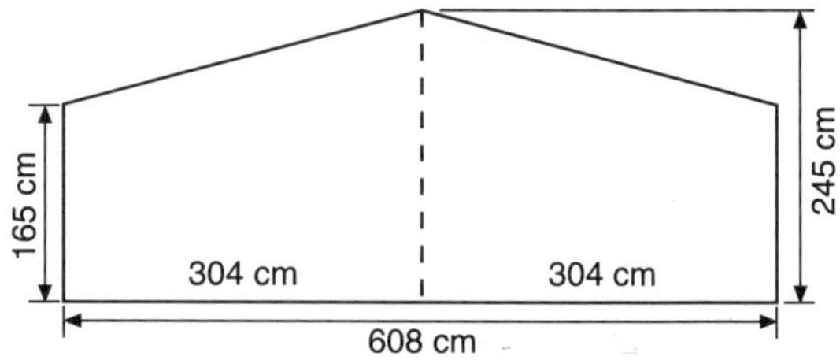

Zu (1): $h = 2{,}45\text{ m} - 1{,}65\text{ m} = 0{,}8\text{ m}$

$A = A_{Rechteck} + A_{Dreieck}$

$A_{Rechteck} = 6{,}08\text{ m} \cdot 1{,}65\text{ m} = 10{,}032\text{ m}^2$

$A_{Dreieck} = 6{,}08\text{ m} \cdot 0{,}8\text{ m} : 2 = 2{,}432\text{ m}^2$

$A = 10{,}032\text{ m}^2 + 2{,}432\text{ m}^2 = 12{,}464\text{ m}^2$

Zu (2): $A = 2 \cdot A_{Trapez}$

$A_{Trapez} = \frac{1{,}65\text{ m} + 2{,}45\text{ m}}{2} \cdot 3{,}04\text{ m} = 6{,}232\text{ m}^2$

$A = 2 \cdot 6{,}232\text{ m}^2 = 12{,}464\text{ m}^2$

Der Flächeninhalt beträgt $12{,}464\text{ m}^2$

b) Wir gehen davon aus, dass Tim mit gleichbleibender Geschwindigkeit fährt. Dann können wir die Aufgabe z. B. mit dem Dreisatz (für proportionale Zuordnungen) lösen:

35 min → 21 km

:35 ( ) :35

1 min → $\frac{21}{35}$ km

·15 ( ) ·15

15 min → $\frac{21}{35} \cdot 15$ km = 9 km

Tim ist nach 15 Minuten ungefähr 9 km gefahren.

c) **Zu A:** 3350 h = (3350 : 24) Tage ≈ 140 Tage
Die Aussage A ist wahr.

Zu B: Dazu werden im Text keine Angaben gemacht.

Zu C: $30 \cdot 0{,}3\text{ mm} = 9\text{ mm}$
$30 \cdot 0{,}5\text{ mm} = 15\text{ mm}$
Die Aussage C ist falsch, es sind nur 9 bis 15 mm.

107 d1) $6 \cdot 2 = 3 \cdot 3 + 3$ (wahr) *oder* $6 \cdot 2 - 3 = 3 \cdot 3$ (wahr)
$6 + 3 = 3 \cdot 3 - 2$ (falsch) $6 + 3 + 2 = 3 \cdot 3$ (falsch)
Die angegebenen Zahlen sind keine Lösung des Problems.

d2)

$2 \cdot x = 3 \cdot y + 3$	$x \cdot x = 3 + 2 \cdot y$	$3 \cdot y = 2 \cdot x - 3$
$x + y + 2 = 3 \cdot y$	$x + x = 3 \cdot y - 2$	$x \cdot y = 3 \cdot y - 2$
ja ⊗ nein ○	ja ○ nein ⊗	ja ⊗ nein ○

e1) **2. Spalte:** 9,5 % von 200 =19

3. Spalte: $p\% = \frac{57}{200} = 28{,}5\,\%$

6. Spalte: 100 % – 14 % – 9,5 % – 28,5 % – 26 % – 9 % = 13 %

	1	2	3	4	5	6
Absolute Häufigkeit	28	19	57	52	18	26
Relative Häufigkeit	14,0 %	9,5 %	28,5 %	26,0 %	9,0 %	13 %

e2)

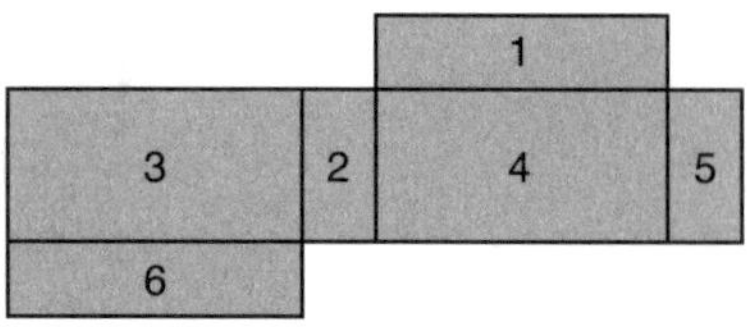

Es ist am wahrscheinlichsten, dass der Quader auf den beiden größten Flächen liegen bleibt. Deshalb müssen dies die Flächen mit den Zahlen 3 und 4 sein. Die Zahlen 3 und 4 können auch getauscht werden, ebenso die Zahlen 2 und 5.

1 Jeweils drei Kärtchen gehören zusammen. Färbe in einer Farbe.

25 % | 0,40 | $\frac{25}{100}$ | 40 % | $\frac{1}{8}$ | $\frac{33,3}{100}$ | 0,125 | $\frac{1}{3}$ | 12,5 % | 0,25 | 50 % | 0,5 | $\frac{4}{10}$ | $33,\overline{3}$ % | $\frac{1}{2}$

2 Zur Berechnung des Prozentwertes benutzt man die Formel $W = p \cdot G$.

a) Stelle die Formel nach G um.

____

b) Stelle die Formel nach p um.

____

3 Löse das Kreuzzahlrätsel. Kommas bekommen eigene Kästchen.
Schreibe zuerst hinter die Aufgabe, was gesucht ist: Grundwert (G), Prozentwert (W), Prozentsatz (p), Kapital (K), Zinsen (Z).

a		b		c				d	e	
f				g			h			
							i			
			j		k					
		l					m			n
			o							
	p				q					
r				s				t		
u			v							
		w					x			

Waagerecht

b) Familie Meier erhält 3 % Skonto auf ihren Einkauf und zahlt 14,85 € weniger. ______ G

d) Guildo hat ein Sparguthaben von 2600 €. Der Zinssatz beträgt 1,5 %. ______

f) Will erhält für sein Sparbuchguthaben von 1500 € in diesem Jahr 25,50 € Zinsen. ______

g) 100 % sind 240 €, 5 % sind ______

i) Herr Glück hat seinen Lottogewinn angelegt und erhält jährlich 200 € Zinsen. Der Zinssatz beträgt 4 %. ______

j) W = 377,70 €; p = 3 % ______

l) 25 % von 200 kg ______

m) K = 1,75 €; p = 4 % ______

o) 250 − 197,7 ______

Senkrecht

a) Frau Sorglos hat 70 000 € geerbt und möchte ihr Geld jetzt anlegen. Die Bank bietet einen Zinssatz von 4,5 % pro Jahr. ______

b) G = 23 500; p = 2 % ______

c) Z = 127,55 € im Jahr; p = 2,5 % ______

e) Die Miete wurde um 3 % erhöht, das ist eine Steigerung von 27,90 €. ______

h) W = 375; p = 5 % ______

j) 20 % sind 210 ______

k) Die Festplatte ist bereits zu 85 % belegt. Insgesamt kann man 68,8 GByte speichern. ______

l) Statt des gewünschten Umsatzes von 362,6 Mio. Dollar korrigierte das Unternehmen seine Zahlen auf 344,47 Mio. Dollar im Jahr. Der prozentuale Umsatzrückgang betrug: … ______

n) 3 % sind 238,8 m ______

s) Von den 1200 Bewerbern werden nur 10 % zu einem Test eingeladen. ______

t) 114 % sind 2280. ______

p) Rabatt von 397,80 €, der alte Preis betrug 2340,00 €. ______

r) 87 % von 2500 ______

v) Vorher kostete der Rock 98 €, jetzt nur 53,90 €. Preisminderung um … % ______

q) Lisa hat 300 € gespart. Nach einem Jahr hat sie 312 € auf dem Sparbuch. ______

r) Von den 900 Vereinsmitgliedern sind 30 % Kinder. ______

s) 30 % von 600 l : … l. ______

t) Klaus leiht sich bei der Bank für ein Jahr 2500 €. Er muss dafür 8 % Zinsen bezahlen. ______

u) Die Reise kostet normal 595 €, mit Frühbucherrabatt spart man 12 %, das sind … €. ______

w) 99,75 $ von 665 $: … % ______

x) 12 % von 900 ______

1 Berechne den Flächeninhalt und den Umfang der Figuren.

Figuren	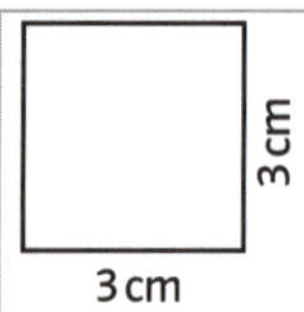	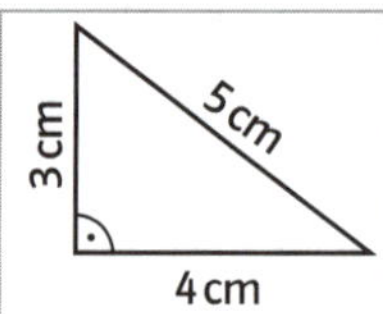	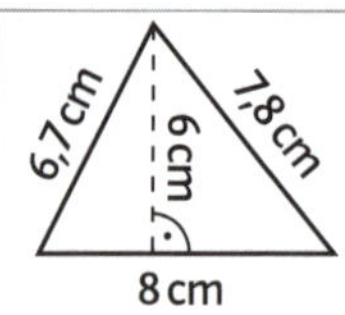	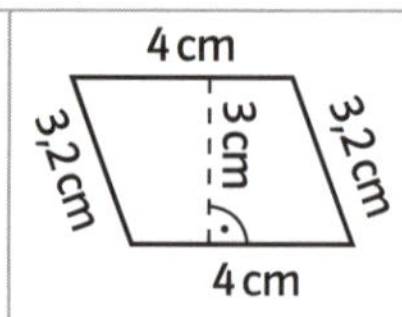	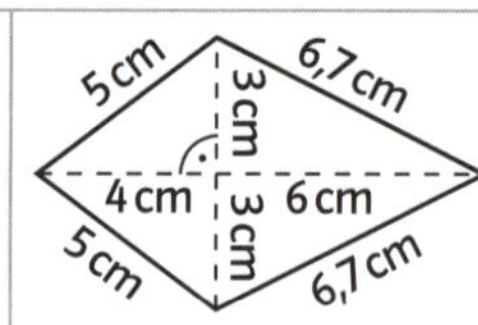	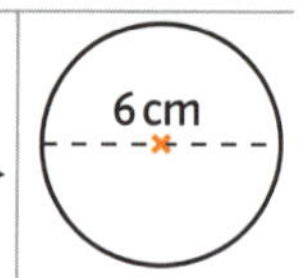
Flächeninhalt						
Umfang						

2 Berechne Flächeninhalt und Umfang der beiden Figuren.

a)

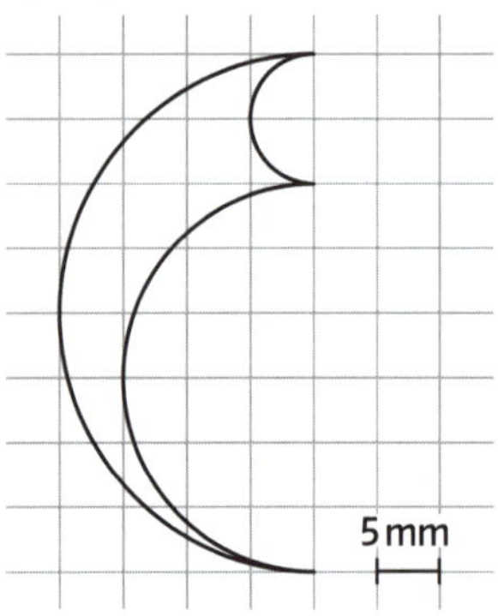

u = ____________________

____

____

A = ____________________

____

____

b)

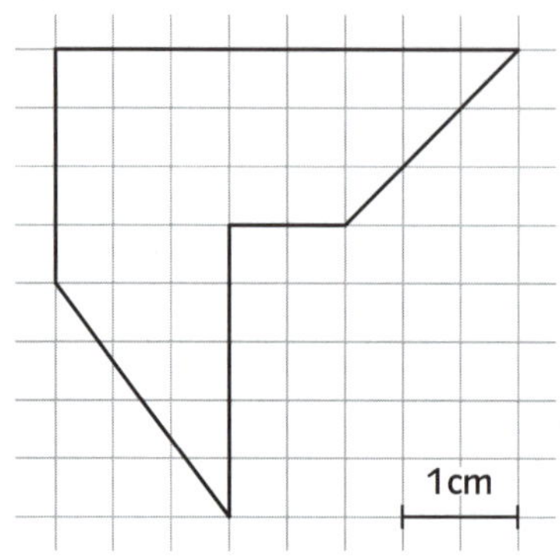

u = ____________________

____

____

A = ____________________

____

____

3 Berechne das Volumen und die Oberfläche des Quaders.

O = ____________________

____

V = ____________________

____

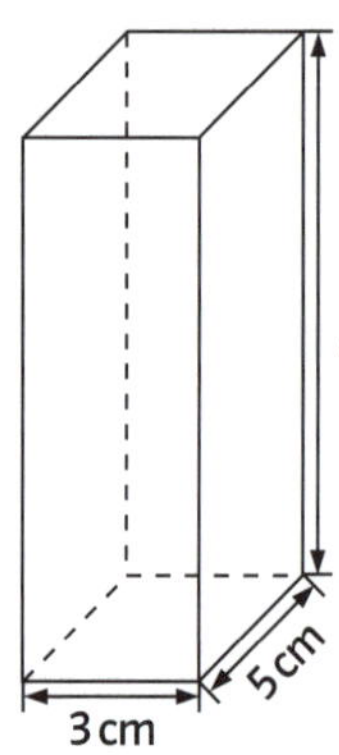

4 Berechne das Volumen der Skulptur.

____

____

____

____

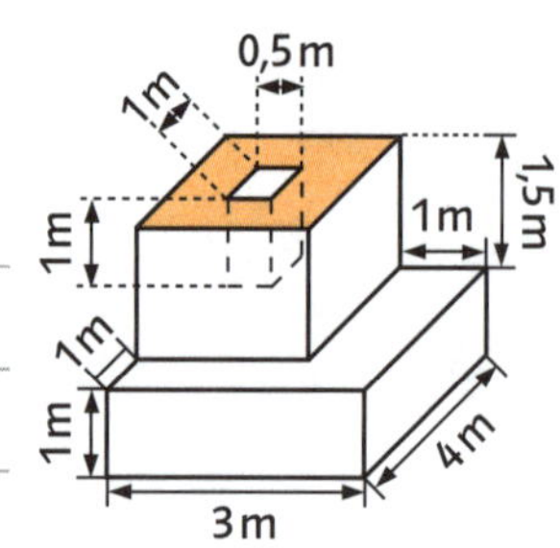

5 Berechne Oberfläche und Volumen des Prismas.

a) in Abhängigkeit von e

O = ____________ ; V = ____________

b) für e = 3,0 cm

O = ____________ cm^2; V = ____________ cm^3

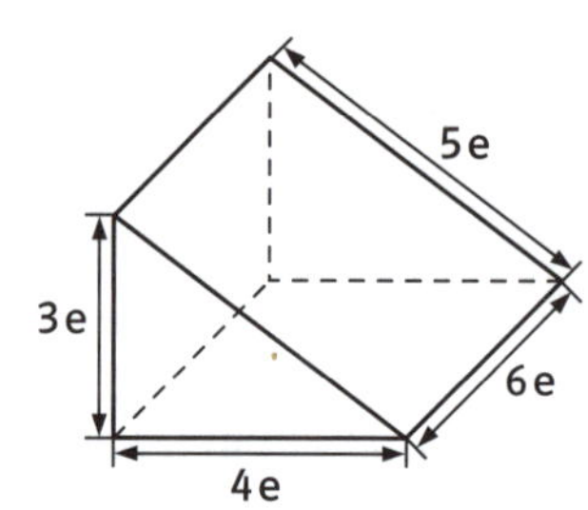

6 Von einem Kreiszylinder sind einige Werte gegeben. Berechne die fehlenden Werte.

	Radius r	Durchmesser d	Höhe h	Volumen V
a)	8 dm		9 dm	
b)		12 cm	7 cm	
c)	9 mm	18 mm		25 446,90 mm^3

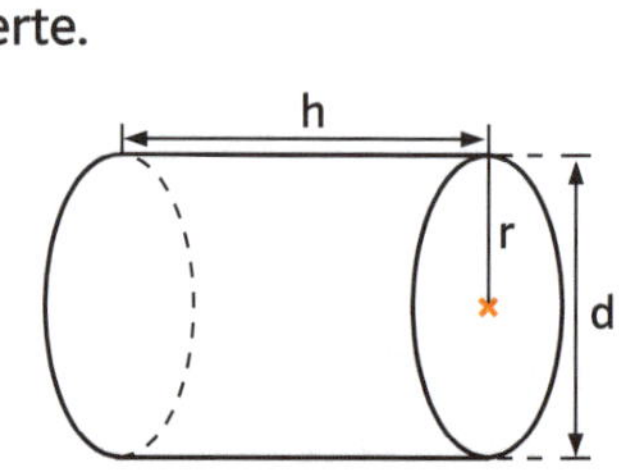

1 a) Berechne die Werte der Terme.

Term	$4(3x - y)$	$(y - 2x)^2$	$(3x - 4)(2y + 5)$
$x = 2;\ y = 7$			
$x = 3;\ y = -5$			

b) Anna hat sich bei einer Berechnung verrechnet. Korrigiere.

$(2x - 3y)(2x + 3y) = 2 \cdot x^2 - 3 \cdot y^2 = 2 \cdot 16 - 3 \cdot 49 = -115$

____

2 Benutze die binomischen Formeln.

a) $(3a - 4b)^2 = 9a^2 -$ ______________________________

b) $(2x + 4y)^2 =$ ______________________________

c) $(u - 2v)^2 =$ ______________________________

d) $(2x - 3y)(2x + 3y) =$ ______________________________

e) $(-2a - 2{,}5b)^2 =$ ______________________________

3 Ergänze zu einer binomischen Formel.

a) $16x^2 + 24yx +$ ________ = (______ + ______ $)^2$

b) ______ $- 6u +$ ______ = (u − ______ $)^2$

c) $25x^2 +$ ________ + 49 = (________ + ________ $)^2$

d) $169x^2 -$ ________ = (________)(________ + 16)

e) $144x^2 -$ ________ + 121 = ______________

4 Vereinfache den Term. Die Buchstaben auf den entsprechenden Kärtchen ergeben ein Lösungswort.

a) $7{,}5x - 4 + 5{,}3 - 10{,}8x - 2{,}4x + 6{,}7 - 0{,}3x =$ ______________________ L

b) $3(5x - 12) - 4(3x + 8) =$ ______________________ ☐

c) $(-3 - 2x)(5x - 8) + (-x - 16) =$ ______________________ ☐

d) $(-3 + 5x)(-3 - 5x) - (12 - 25x^2) =$ ______________________ ☐

e) $(3 + x)^2 - (x - 5)^2 =$ ______________________ ☐

-3 | I

$16x - 16$ | E

$-4x + 36$ | E

$50x^2 - 3$ | G

$-6x + 8$ | L

$3x - 68$ | I

$3x - 4$ | B

$-10x^2 + 8$ | L

5 Löse die Gleichung.

a) $18 + \frac{1}{2}x = -4$ | -18

b) $8x - 5 = 31 - 4x$ | $+4x$

c) $6x - 5(2x - 3) = 5$ | Klammer auflösen

d) $(x + 3)(x \quad 3) = (x - 5)(x - 3)$

e) $-2x(20 - 8x) - (15 - 5x) = (4x - 5)^2$

6 a) Stelle einen möglichst einfachen Term für die Strecke y auf.

____

b) Erstelle einen vereinfachten Term für den Umfang nur mithilfe von x.

____

c) Wie groß ist x, wenn der Umfang der Fläche 1,96 m beträgt?

____

d) Stelle einen möglichst einfachen Term für den Flächeninhalt auf.

____

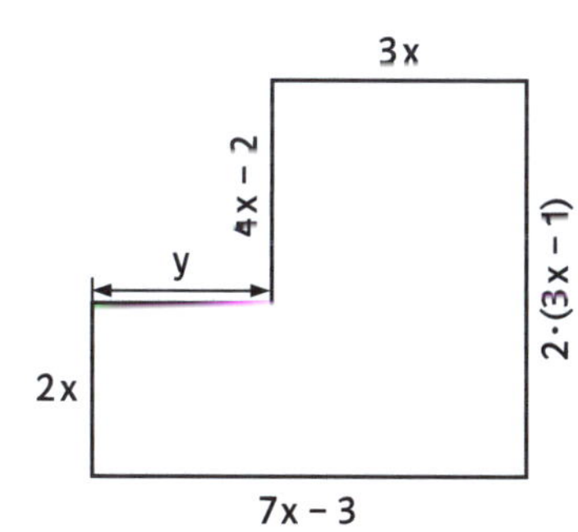

1 Markiere die Karten, die zusammengehören.

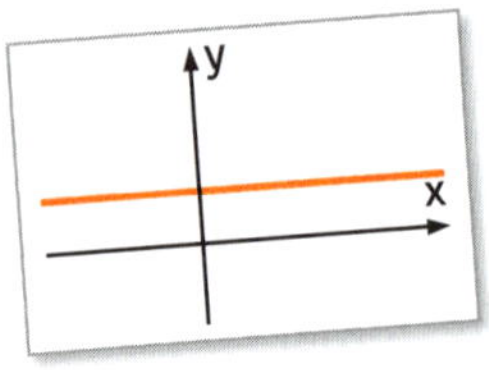

Steigung m = 0

f(x) = mx + b

f(x) = mx

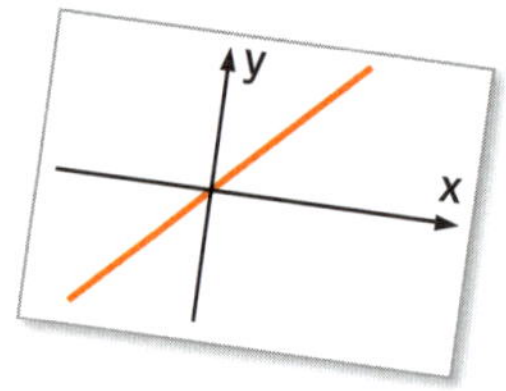

Die Gerade verläuft parallel zur x-Achse.

Die Gerade verläuft durch den Ursprung.

y-Achsenabschnitt b = 0

Die Gerade hat die Steigung m und schneidet die y-Achse im Punkt (0 | b).

f(x) = b

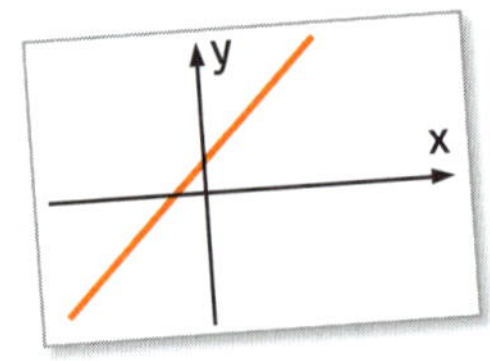

2 Bestimme die Funktionsgleichungen der Geraden.

a) f(x) = ______________ b) f(x) = ______________

c) f(x) = ______________ d) f(x) = ______________

e) f(x) = ______________ f) f(x) = ______________

g) f(x) = ______________ h) f(x) = ______________

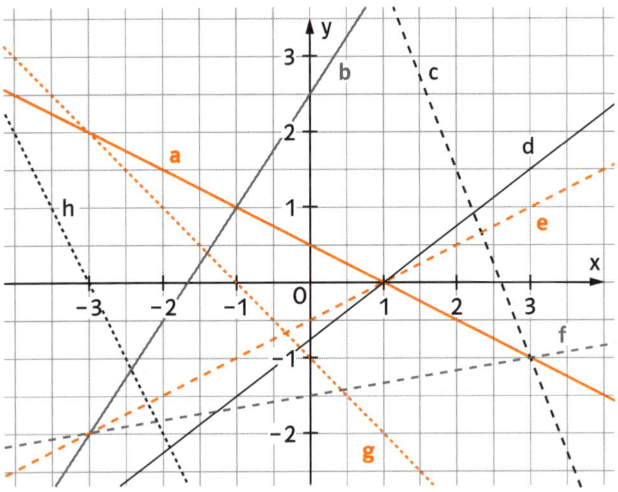

3 Zeichne die Schaubilder der linearen Funktionen.

a) $f(x) = 2x + 3$ b) $f(x) = 2x - 1$

c) $f(x) = -\frac{1}{3}x + 1$ d) $f(x) = \frac{3}{4}x - \frac{1}{2}$

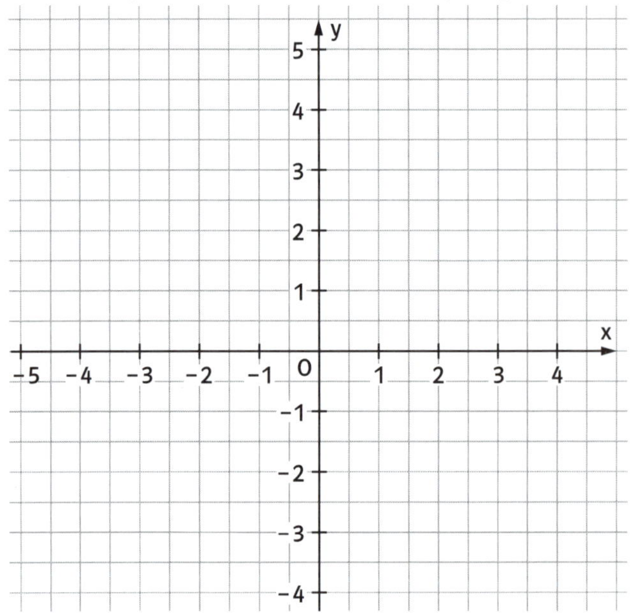

4 In die Gefäße (maximales Volumen: 50 l) 1; 2; 3 und 4 wird Wasser zugeführt oder abgelassen. Wenn man für x die Zeitdauer (in Minuten) einsetzt, erhält man für y jeweils die Wassermenge (in Litern).

A: $y = 2 \cdot x + 10$ ☐ B: $y = 5 \cdot x$ ☐ C: $y = 21 - 7 \cdot x$ ☐ D: $y = 25 + 2 \cdot x - 7 \cdot x$ ☐

a) Ordne die Abbildungen den Funktionstermen zu.

b) Wann sind die Gefäße (1) und (3) mit gleich viel Wasser gefüllt?

____

c) Welches Gefäß läuft als Erstes über und wann?

____

d) Welches Gefäß ist am schnellsten leer?

____

e) Welches Gefäß beinhaltet am Anfang das meiste Wasser, welches das wenigste?

Gib in Litern an. ____

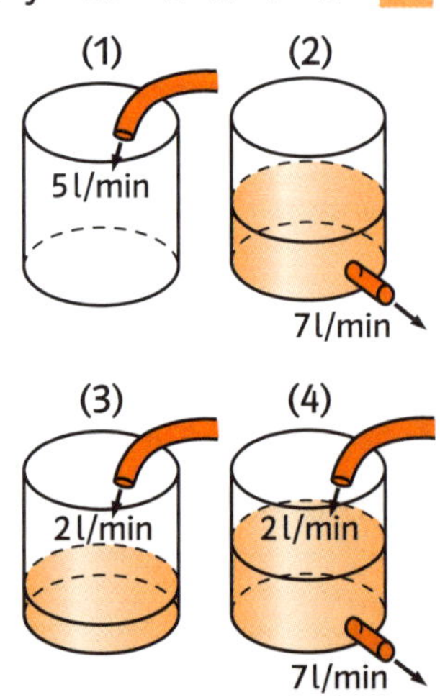

1 Berechne die fehlenden Seiten des Dreiecks und die Flächeninhalte der Quadrate. Schreibe die Werte in die Zeichnung.

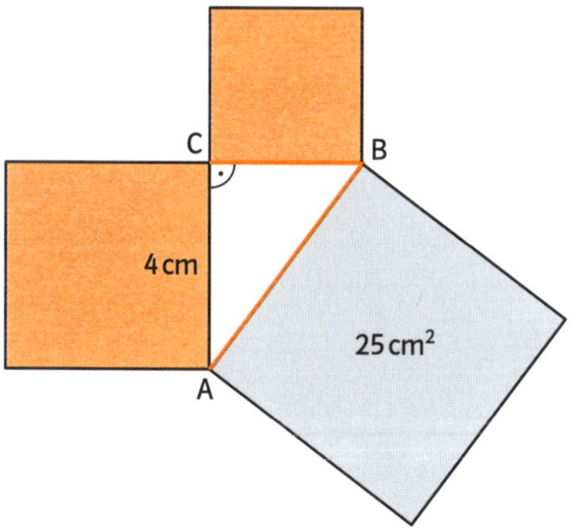

2 Berechne die Länge der orangen Strecken.

a)

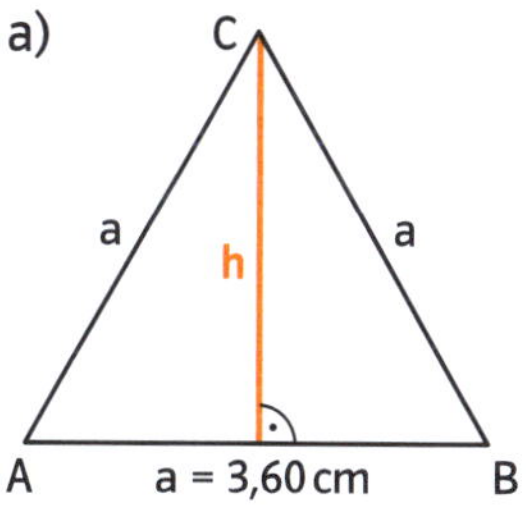

b)

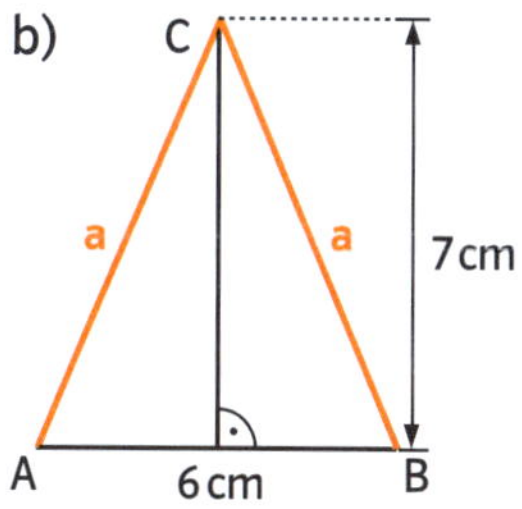

3 Berechne die Länge der Höhe und der Strecke x im gleichschenkligen Trapez. Zeichne die Höhe ein.

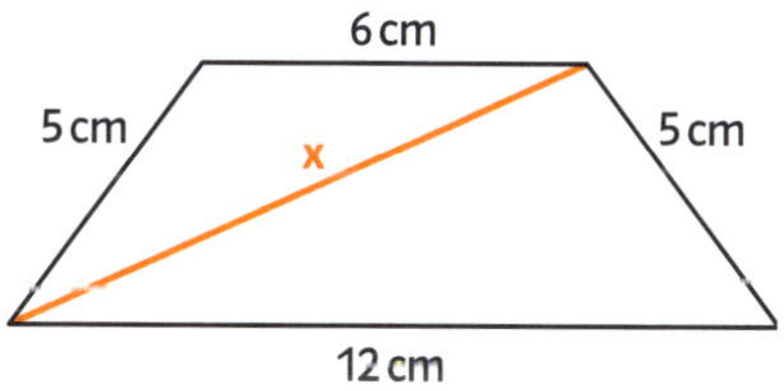

4 Zeichne die Raumdiagonale und das zur Berechnung ihrer Länge benötigte Dreieck ein. Berechne die Länge der Raumdiagonalen für die angegebenen Werte.

a)

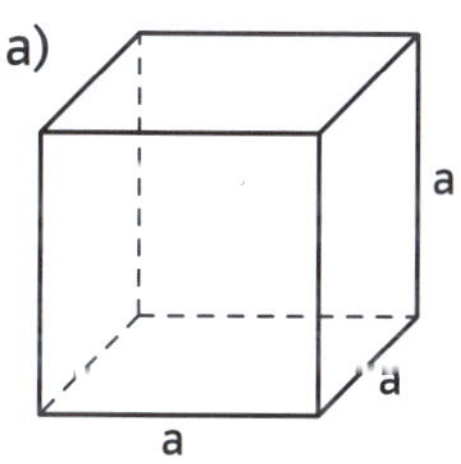

$a = 10\,cm$

b)

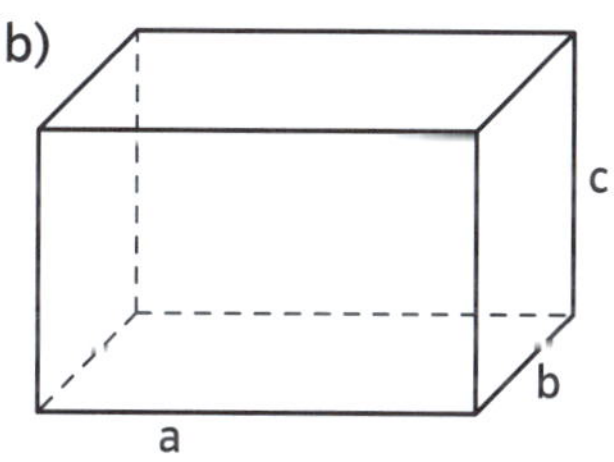

$a = 12\,cm$; $b = 3\,cm$; $c = 5\,cm$

5 Berechne die Länge der orangen Strecke in Abhängigkeit von der angegebenen Variablen.

a)

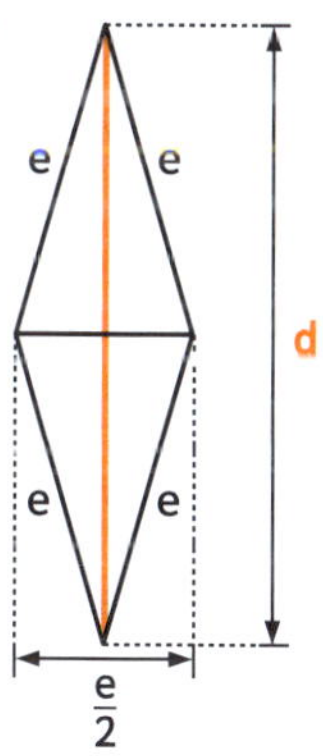

d =

b)

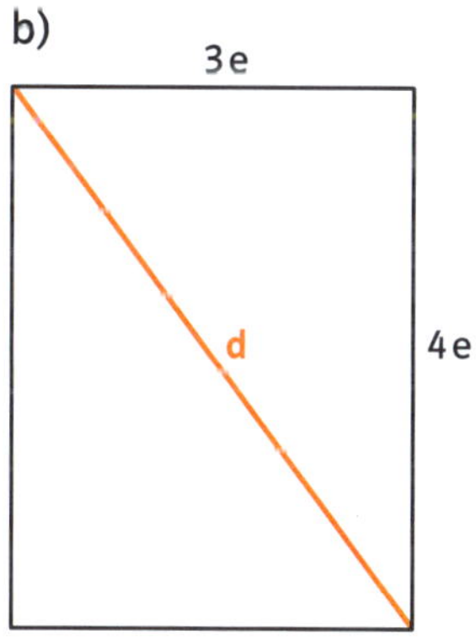

d =

6 Der Rechtsaußen vom FC Pythagoras sieht einen Stürmer in aussichtsreicher Position in der Strafraumecke. Wie weit muss er schießen?

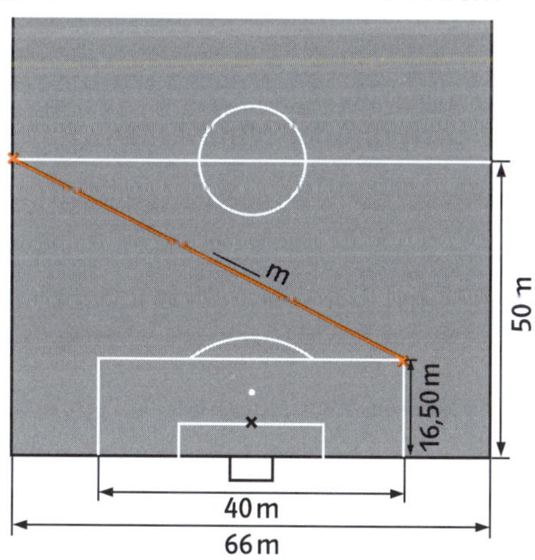

Er muss ______ m weit schießen.

1 Gib die Wahrscheinlichkeiten an.

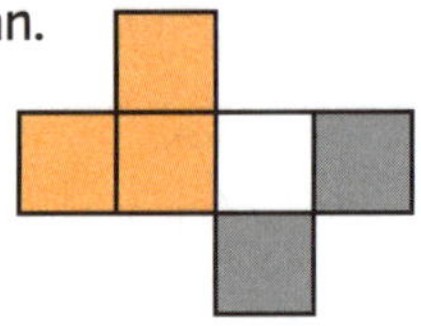

Die Wahrscheinlichkeit, die Farbe Grau zu würfeln,

beträgt ______, Weiß zu würfeln ______ und

für ____________ beträgt die Wahrscheinlichkeit $\frac{1}{2}$.

2 Eine Münze wird 50-mal geworfen. Ergänze die Tabelle.

	absolute Häufigkeit	relative Häufigkeit	geschätzte Wahrscheinlichkeit
a)	25		
b)		$\frac{1}{10}$	
c)			20 %

3 An dem Glücksrad wird gedreht. Gib jeweils die Wahrscheinlichkeit an.

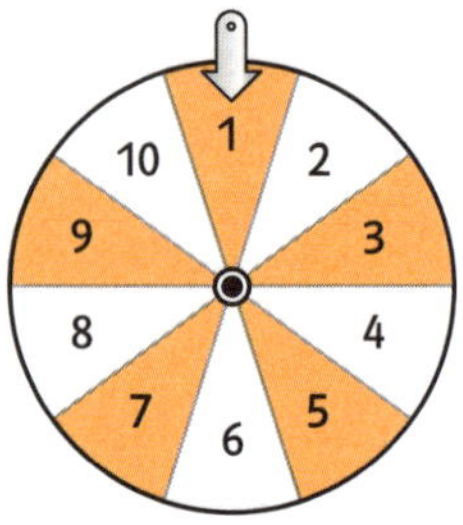

a) Die Wahrscheinlichkeit, ein orange gefärbtes Feld zu erzielen, beträgt ____________.

b) Die Wahrscheinlichkeit, eine durch drei teilbare Zahl zu drehen, beträgt ____________.

c) Nun wird das Glücksrad zweimal hintereinander gedreht.

Die Wahrscheinlichkeit, zweimal die Zehn zu drehen, beträgt ____________.

d) Die Wahrscheinlichkeit, zweimal eine ungerade Zahl zu erzielen, beträgt ____________.

4 Aus der Urne wird zweimal gezogen.

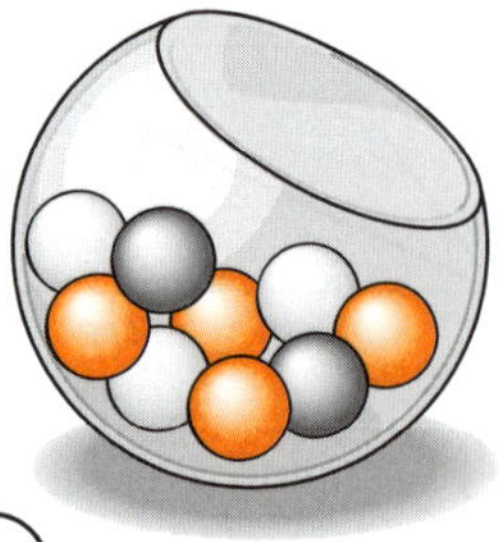

a) Fülle den Baum für zweimaliges Ziehen ohne Zurücklegen aus.
Gib jeweils die Wahrscheinlichkeit an.

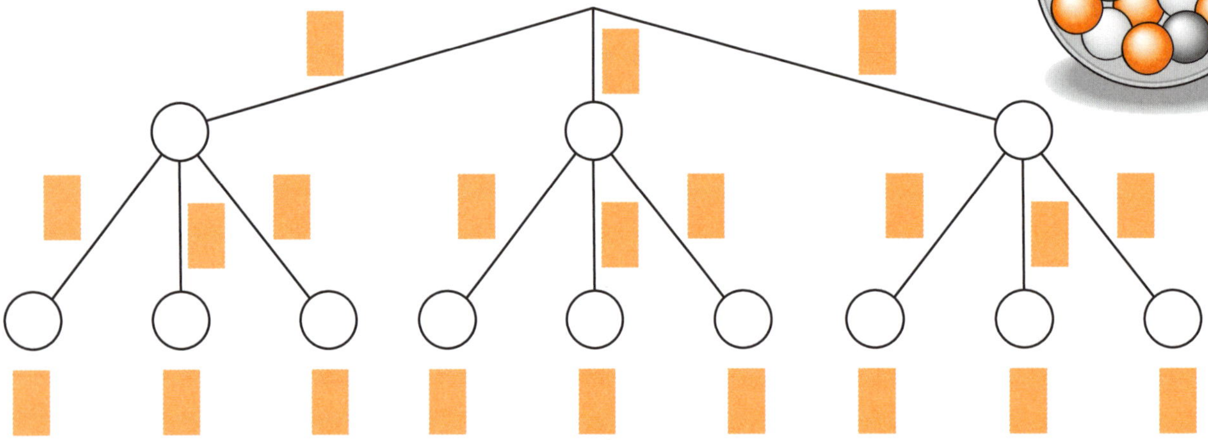

b) Wie groß ist die Wahrscheinlichkeit, beim zweimaligen Ziehen keine orange Kugel zu ziehen?

____

c) Bestimme die Wahrscheinlichkeit, zwei gleichfarbige Kugeln zu ziehen, wenn die Kugeln nach dem Ziehen zurückgelegt werden.

____

5 Bestimme den Erwartungswert der folgenden Spiele. Entscheide, ob das Spiel fair ist.

Spiel	Einsatz	Auszahlung	Erwartungswert	fair?
a) einmal Würfeln mit Standardwürfel	2,00 €	10,00 € bei einer Sechs		
b) Augensumme bei zwei Würfeln	1,00 €	12,00 € bei Elf oder Zwölf		
c) zwei Münzen werfen	2,00 €	3,00 € bei mindestens einmal Zahl		
d) einmal Karte aus Skat-Spiel ziehen	1,00 €	2,00 € bei Bube, Dame oder König		

1 Bei der Vergleichsarbeit in Mathematik wurden folgende Punkte von maximal 20 Punkten erreicht:
Klasse 10 a: 12; 15; 3; 14; 6; 8; 16; 17; 10; 15; 11; 16; 10; 5; 11; 18; 12; 20; 12; 0; 13; 9; 16; 18; 6; 20; 14
Klasse 10 b: 11; 5; 9; 13; 1; 16; 3; 5; 17; 7; 18; 7; 8; 10; 17; 11; 2; 15; 14; 15; 11; 15; 8; 16; 15; 18; 14; 13

a) Erstelle die Rangliste für die beiden Klassen.

10 a: ______________________________

10 b: ______________________________

b) Fülle die Notenübersicht aus. [T1]

%	bis 90	bis 75	bis 60	bis 45	bis 30	bis 0	/
Note	1	2	3	4	5	6	Ø
Punkte	20–18						/
Kl. 10 a	4	6					
Kl. 10 b							

Durchschnitt (Mittelwert)

$Ø = \frac{(4 \cdot 1 + 6 \cdot 2 + ...)}{\text{Schülerzahl}}$

$= ...$

c) Bestimme die Rangplätze für die Quartile.

	Rechenvorschrift	Klasse 10 a	Klasse 10 b
Anzahl der Daten			
Rangplatz für das untere Quartil (q_u)	$\frac{1}{4}$ · ____	7	7; 8
Rangplatz für den Zentralwert (z)			
Rangplatz für das obere Quartil (q_o)			

Bestimmung der Quartile
Multipliziere die Anzahl der Daten mit $\frac{1}{4}$, $\frac{1}{2}$ und $\frac{3}{4}$. Ist das Ergebnis ganzzahlig, nimm den Mittelwert aus dem errechneten Wert und dem Wert auf dem nächsthöheren Rangplatz, andernfalls nimm den Wert auf dem nächsthöheren Rangplatz.

d) Trage die Kennwerte in die Tabelle ein.

	Minimum (kleinster Wert)	q_u	z	q_o	Maximum (größter Wert)	Spannweite (Max. – Min.)	Quartilabstand ($q_o - q_u$)
Kl. 10 a							
Kl. 10 b							

e) Erstelle für beide Klassen einen Boxplot und verbinde die Kärtchen mit der richtigen Stelle.

Kl. 10 a Antenne Box Antenne

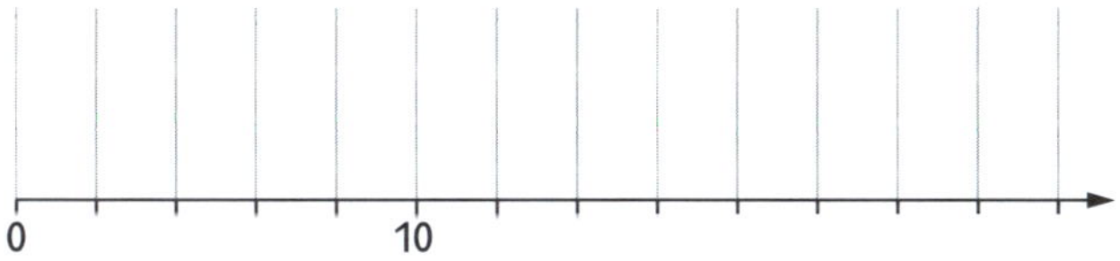

Kl. 10 b z Min. q_u Max. q_o

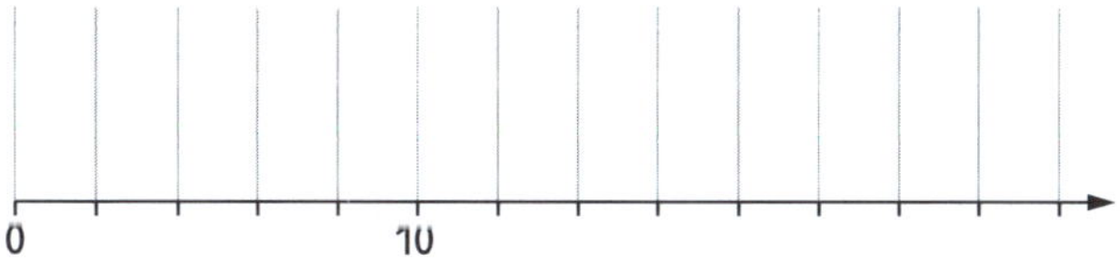

f) Markiere „wahr" oder „falsch". Für das Lösungswort setze die Buchstaben richtig zusammen: ____________

Aussage	wahr	falsch
(a) In der Urliste liegen die Daten noch ungeordnet vor.	L	A
(b) Der Mittelwert ist der Wert in der Mitte der Rangliste.	N	T
(c) Unteres und oberes Quartil liegen gleich weit vom Zentralwert entfernt.	U	X
(d) Die Quartile sind immer real vorkommende Werte der Liste.	R	P
(e) Bei vielen Daten ist die Spannweite immer größer als der Quartilabstand.	O	L
(f) Der Zentralwert ist immer größer oder gleich dem Mittelwert.	I	B
(g) Eine Stichprobe sagt ungefähr das Gleiche aus, wie die gesamte Erhebung aussagen würde.	O	V

[T1] Berechne die Punkteverteilung anhand der Prozentsätze.

1 Löse die Gleichung möglichst im Kopf.

a) $x^2 = 169$
$x_1 =$ ______ $x_2 =$ ______

b) $x^2 - 35 = 109$
______
$x_1 =$ ______ $x_2 =$ ______

c) $x^2 - \frac{36}{49} = 0$
______
$x_1 =$ ______ $x_2 =$ ______

d) $x^2 - 0{,}09 = 0$
______
$x_1 =$ ______ $x_2 =$ ______

e) $x^2 = 1600$
$x_1 =$ ______ $x_2 =$ ______

f) $x^2 - 61 = -12$
______
$x_1 =$ ______ $x_2 =$ ______

g) $x^2 - \frac{12}{3} = 0$
______
$x_1 =$ ______ $x_2 =$ ______

h) $x^2 - 3{,}24 = 0$
______
$x_1 =$ ______ $x_2 =$ ______

2 Gib die Lösung als Bruch an.

a) $8x^2 - 45 = 99 - x^2$
______
$x_1 =$ ______ $x_2 =$ ______

b) $13x^2 - 32 = 4x^2 + 32$
______
$x_1 =$ ______ $x_2 =$ ______

c) $x^2 + 32 = 113 - 3x^2$
______
$x_1 =$ ______ $x_2 =$ ______

d) $x^2 + 5 = -1{,}25x^2 + 21$
______
$x_1 =$ ______ $x_2 =$ ______

e) $x^2 - 47 = 0{,}75x^2 - 11$
______
$x_1 =$ ______ $x_2 =$ ______

f) $244x^2 - 2 = 48x^2 - 1$
______
$x_1 =$ ______ $x_2 =$ ______

3 Verbinde die Gleichungen, die dieselben Lösungen haben. Gib diese Lösungen zuerst an.

$x^2 - 16 = 0$	$x_1 =$ ______ ; $x_2 =$ ______	$3x^2 = 0$
$-12 + 5x^2 = x^2$	$x_1 =$ ______ ; $x_2 =$ ______	$x^2 - 3x = 0$
$\frac{3}{5}x^2 + \frac{2}{5}x = 0$	$x_1 =$ ______ ; $x_2 =$ ______	$0{,}5x^2 - 8 = 0$
$\frac{1}{3}x^2 - x = 0$	$x_1 =$ ______ ; $x_2 =$ ______	$3x^2 + 2x = 0$

4 Welche der Gleichungen haben eine oder keine Lösung? Gib die Lösung an, falls dies möglich ist.

a) $-4x^2 = 48$
______
L = { ______ }

b) $5x^2 = 125x$
______
L = { ______ }

c) $8x^2 + 32 = 0$
______
L = { ______ }

d) $x^2 + 0{,}5x = 0$
______
______
L = { ______ }

e) $3x^2 = 2x\left(9 + \frac{3}{2}x\right) + 36$
______
______
L = { ______ }

f) $4x^2 - 16x + 5 = 3x(x - 12) + 20x$
______
______
L = { ______ }

5 Gib eine entsprechende quadratische Gleichung an, welche die gegebenen Lösungen besitzt.

a) $x_1 = -5;\quad x_2 = 5$
______

b) $x_1 = -2;\quad x_2 = 2$
______

c) $x_1 = -\sqrt{4};\quad x_2 = \sqrt{4}$
______

1 Löse die Gleichung ohne Taschenrechner.

a) $x^2 = 121$

$x_1 =$ ____ ; $x_2 =$ ____

b) $x^2 + 28 = 109$

$x^2 =$ ____

$x_1 =$ ____ ; $x_2 =$ ____

c) $x^2 - \frac{25}{36} = 0$

____

$x_1 =$ ____ ; $x_2 =$ ____

d) $x^2 - 0{,}04 = 0$

____

$x_1 =$ ____ ; $x_2 =$ ____

2 Gib die Lösungsmenge an. Runde gegebenenfalls auf zwei Nachkommaziffern.

a) $3x^2 - 19 = 29$ | $+ 19$

$3x^2 =$ ____ | ____

$x_1 =$ ____ ; $x_2 =$ ____

L = ____

b) $0{,}4x^2 - 2{,}2 = 1$

$x_1 =$ ____ ; $x_2 =$ ____

L = ____

c) $\frac{1}{4}x^2 - 5 = 0$

$x_1 =$ ____ ; $x_2 =$ ____

L = ____

3 Löse die Gleichung.

a) $(x + 3)^2 = 1$ | $\sqrt{}$

$x + 3 = \pm 1$ | $- 3$

$x = \pm 1 - 3$

$x_1 =$ ____ ; $x_2 =$ ____

L = ____

b) $(x - 5)^2 - 64 = 0$

$x_1 =$ ____ ; $x_2 =$ ____

L = ____

c) $0{,}5(x - 9)^2 = 40{,}5$

$x_1 =$ ____ ; $x_2 =$ ____

L = ____

4 Fülle die Lücken.

a) $x^2 + 14x +$ ____ $= (x + 7)^2$

b) $y^2 - 18y + 81 = (y -$ ____ $)^2$

c) $z^2 +$ ____ $+ 9 = (z + 3)^2$

d) ____ $26u +$ ____ $= (u$ ____ $)^2$

e) $a^2 + 7a +$ ____ $= ($ ____ $)^2$

f) ____ $-$ ____ $v +$ ____ $= ($ ____ $- 4)^2$

1. binomische Formel:
$(a + b)^2 = a^2 + 2ab + b^2$
2. binomische Formel:
$(a - b)^2 = a^2 - 2ab + b^2$

5 Löse die Gleichung mithilfe der quadratischen Ergänzung.

a) $x^2 + 6x + 5 = 0$ | -5

$x^2 + 6x = -5$

quadr. Ergänzung

$x^2 + 6x + \left(\frac{6}{2}\right)^2 = -5 + \left(\frac{6}{2}\right)^2$

$x^2 + 6x + 9 = -5 + 9$

$(x + 3)^2 = 4$ | ____

$x + 3 =$ ____ | ____

$x_1 =$ ____ ; $x_2 =$ ____

L = ____

b) $x^2 - 4x - 12 = 0$

$x_1 =$ ____ ; $x_2 =$ ____

L = ____

c) $x^2 + 9x + 2\frac{1}{2} = 12\frac{1}{2}$

L = ____

1 Bestimme die Lösungen rechnerisch mithilfe der pq-Formel.

a) $x^2 - 8x + 7 = 0$

$p = \_\_$, $q = \_\_$

$x_{1,2} = -\frac{\_\_}{2} \pm \sqrt{\left(\frac{\_\_}{2}\right)^2 - \_\_}$

$x_{1,2} =$ ________

$x_{1,2} =$ ________

$x_{1,2} =$ ________

$x_1 =$ ____ und $x_2 =$ ____

b) $x^2 + 3x - 10 = 0$

$p = \_\_$, $q = \_\_$

$x_{1,2} =$ ________

$x_{1,2} =$ ________

$x_{1,2} =$ ________

$x_{1,2} =$ ________

$x_1 =$ ____ und $x_2 =$ ____

c) $x^2 - 7x - 30 = 0$

____

$x_{1,2} =$ ________

$x_{1,2} =$ ________

$x_{1,2} =$ ________

$x_{1,2} =$ ________

$x_1 =$ ____ und $x_2 =$ ____

2 Ergänze die Tabelle.

Quadratische Gleichung	Einsetzen in pq-Formel	Wert der Diskriminante	Anzahl der Lösungen	Lösungen, falls vorhanden
a) $x^2 + 4x - 21 = 0$	$x_{1,2} = -2 \pm \sqrt{2^2 + 21}$	$2^2 + 21 = 25 > 0$		
b) $x^2 - 6x + 9 = 0$				
c) $x^2 - 3x + 8 = 0$				
d) $x^2 + 14x + 24 = 0$				
e) $x^2 + 3x + 2{,}25 = 0$				
f) $x^2 - 10x + 30 = 0$				

3 Bringe die Gleichung erst auf Normalform und löse dann.

a) $3x^2 + 15x + 18 = 0$ | ____

____

$x_{1,2} =$ ________

$x_{1,2} =$ ________

$x_{1,2} =$ ________

$x_1 =$ ____ ; $x_2 =$ ____

b) $\frac{1}{2}x^2 - 8x + 27\frac{1}{2} = 0$

____

____

____

____

$x_1 =$ ____ ; $x_2 =$ ____

c) $4(2x^2 - \frac{1}{2}x) = 1$

____

____

____

____

$x_1 =$ ____ ; $x_2 =$ ____

4 Markiere zusammengehörige Kärtchen farbig. Tipp: Es gehören jeweils vier Kärtchen zusammen.

$L = \{-1 - \sqrt{2}; -1 + \sqrt{2}\}$

$0{,}5x^2 + x - 0{,}5 = 0$

$3x^2 - 6x + 3 = 0$

$x_{1,2} = -1 \pm \sqrt{1 - 1}$

$x_{1,2} = 1 \pm \sqrt{1 + 1}$

$L = \{1 - \sqrt{2}; 1 + \sqrt{2}\}$

$x_{1,2} = 1 \pm \sqrt{1 - 1}$

$x^2 - 2x - 1 = 0$

$x^2 - 2x + 1 = 0$

$x_{1,2} = -1 \pm \sqrt{1 + 1}$

$x^2 + 2x - 1 = 0$

$L = \{-1\}$

$5x^2 + 10x + 5 = 0$

$2{,}5x^2 - 5x - 2{,}5 = 0$

$x^2 + 2x + 1 = 0$

$L = \{1\}$

1 Verbinde die Bruchgleichung mit ihrer Definitionsmenge.

a) $\frac{7}{x} + x = 1$

b) $12x = \frac{2}{x-6}$

c) $\frac{5}{x+2} - x = \frac{11}{x}$

$D = \mathbb{R}\setminus\{-2; 0\}$

$D = \mathbb{R}\setminus\{-2; \frac{1}{4}\}$

$D = \mathbb{R}\setminus\{6\}$

$D = \mathbb{R}\setminus\{-3; 3\}$

$D = \mathbb{R}\setminus\{0; 3\}$

$D = \mathbb{R}\setminus\{0\}$

d) $\frac{x+1}{3-x} = \frac{6}{x}$

e) $\frac{8}{2x-6} = \frac{2x+1}{x+3}$

f) $\frac{4x+4}{4x-1} = 4 - \frac{4}{x+2}$

2 Gib die Definitionsmenge und einen vorteilhaften gemeinsamen Nenner an.

Bruchgleichung	$\frac{8}{x} + 5 = \frac{x}{2x}$	$5 - \frac{1}{x} = \frac{2}{3x}$	$\frac{1}{x+1} = 2 - \frac{5}{x}$	$\frac{2}{x-4} = \frac{x}{x+1}$	$\frac{5}{x} - \frac{1}{x+2} = \frac{3x}{x(x+2)}$
Definitionsmenge D	$\mathbb{R}\setminus\{0\}$				
gemeinsamer Nenner	$2x$				

3 Gib zuerst die Definitionsmenge an. Zum Lösen der Gleichung muss mit einem geeigneten gemeinsamen Nenner multipliziert werden.

a) $\frac{x}{x+4} = \frac{8}{2x-4}$ D = ______

$\frac{x}{x+4} = \frac{8}{2x-4}$ $\quad | \cdot (x+4)(2x-4)$

$\frac{x \cdot (x+4)(2x-4)}{x+4} = \frac{8 \cdot (x+4)(2x-4)}{2x-4}$

______ = ______

______ = ______

______ = ______

______ = 0

$x_{1,2}$ = ______

$x_{1,2}$ = ______

x_1 = ______ ; x_2 = ______ L = ______

Probe:

x_1 einsetzen: ______ = ______

______ = ______

x_2 einsetzen: ______ = ______

______ = ______

b) $\frac{15}{x} + 3 = \frac{24}{6-x}$ D = ______

$\frac{15}{x} + 3 = \frac{24}{6-x}$ | ______

$x_{1,2}$ = ______

$x_{1,2}$ = ______

x_1 = ______ ; x_2 = ______ L = ______

Probe:

x_1 einsetzen: ______ = ______

______ = ______

x_2 einsetzen: ______ = ______

______ = ______

1 Ein Rechteck hat die Seitenlängen 4 cm und 6 cm. Verlängert man alle Seiten um denselben Wert, so entsteht ein Rechteck mit dem 26-fachen Flächeninhalt. Welche Seitenlängen hat dieses vergrößerte Rechteck?

1. Variable benennen	1. Seitenlänge: 4 + ___	2. Seitenlänge: 6 + ___
2. Gleichung aufstellen		
linker Term	Flächeninhalt des vergrößerten Rechtecks: (4 + ___)(______)	
rechter Term	ursprünglicher Flächeninhalt: ______	
	26-Faches des ursprünglichen Flächeninhalts: ______	
Gleichung	______ (Löse rechts!)	
3. Gleichung lösen	x_1 = ______ ; x_2 = ______	
4. Ergebnis prüfen	______	
	______	
5. Antwort formulieren	______	
	______	

2 Übertrage den Text der Kärtchen an die richtige Stelle in der Tabelle und vervollständige gegebenenfalls.

Die gesuchte negative Zahl heißt ______ .

$2x \cdot (x - 2) =$ ______
$2x^2$ ______ = ______ |− ______
…
x_1 = ______ ; x_2 = ______

$2x \cdot (x - 2) =$ ______

Da ___ keine natürliche Zahl ist, muss nur ___ überprüft werden:
______

Da ___ keine negative Zahl ist, muss nur ___ überprüft werden: ______ = 224

$x \cdot (x + 2) =$ ______
$x^2 + 2x =$ ______ |− ___
…
x_1 = ______ ; x_2 = ______

Die gesuchte natürliche Zahl heißt ______ .

Zahl: x
Doppeltes der Zahl: 2x
um 2 verminderte Zahl: x − 2

Zahl: x
um 2 vergrößerte Zahl: x + 2

$x \cdot (x + 2) =$ ______

Aufgabenstellung	Gesucht ist die negative Zahl, die mit der um 2 vergrößerten Zahl das Produkt 224 ergibt.	Das Produkt aus dem Doppelten einer natürlichen Zahl und der um 2 verminderten Zahl ist 448.
1. Variable benennen		
2. Gleichung aufstellen		
3. Gleichung lösen		
4. Ergebnis prüfen		
5. Antwort formulieren		

1 Die Oberflächen zweier Würfel unterscheiden sich um 768 m², die Kantenlängen um 4 m. Unter diesen Umständen muss die Kantenlänge

des ersten Würfels ______ m betragen und die des zweiten ______ m.

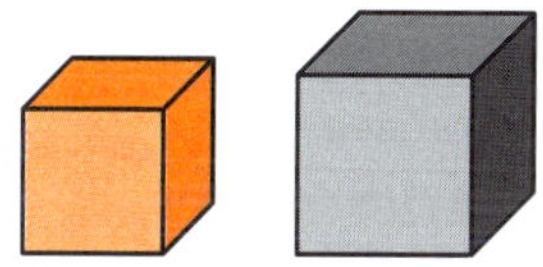

2 In einem rechtwinkligen Dreieck ist die Höhe auf die Hypotenuse 10 cm lang. Die Hypotenuse hat eine Länge von 29 cm.

Der Hypotenusenabschnitt p ist ________ cm und q ________ cm lang.

Tipp: Überlege, welcher Flächensatz am rechtwinkligen Dreieck passt.

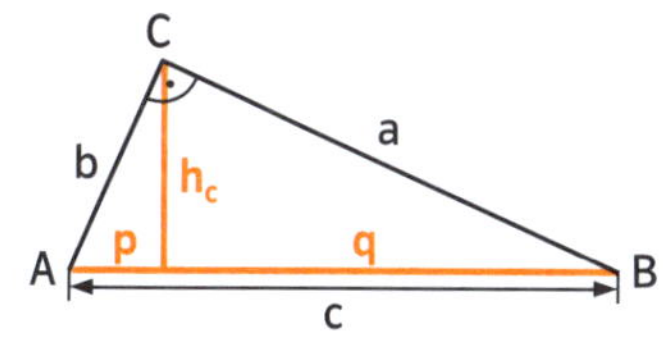

3 Wenn ein Rechteck einen Flächeninhalt von 30 dm² und einen Umfang von 230 cm hat, dann

ist das Rechteck __________ dm lang und

__________ dm breit.

4 Das Fünfzehnfache einer positiven Zahl ist gleich der Differenz, die aus dem Quadrat der Zahl und 100 gebildet wird.

Die gesuchte Zahl heißt ________ .

5 Das Fünffache des Quadrates einer negativen Zahl ist gleich der Differenz aus 40 und dem Zehnfachen der Zahl.

Die Zahl ist ________ .

6 Das Produkt zweier aufeinanderfolgender Zahlen ist 2862. Die beiden gesuchten Zahlen lauten

________ und ________ oder ________ und ________ .

7 Ein Ruderboot hat sich losgerissen und treibt flussabwärts. Dies wird erst vier Stunden später bemerkt. Nun soll es mit einem Motorboot eingeholt werden, das eine um 8 km/h höhere Geschwindigkeit hat. 24 km flussabwärts wird das Boot eingeholt. Wie hoch ist die Strömungsgeschwindigkeit des Flusses?

1. Variable benennen

______ sei die Strömungsgeschwindigkeit.

2. Gleichung aufstellen

Geschwindigkeit des Motorbootes: ______________________________

Zeit, die das Ruderboot herrenlos war: ______________________________

Zeit, die das Motorboot unterwegs war: ______________________________

Zurückgelegter Weg bis zum Erreichen des Ruderbootes: ________ km

Gleichung: ______________________________

3. Gleichung lösen (Löse rechts.)

x_1 = ______ ; x_2 = ______

4. Ergebnis prüfen

____

____

____

5. Antwort formulieren

____

____

Fülle die Lücken. Für jeden Buchstaben findest du einen Strich. Löse dann die Beispielaufgaben.

Rein quadratische Gleichungen

Gleichungen, die auf die Form $x^2 + q = 0$ gebracht werden können, heißen rein quadratisch. Sie werden gelöst, indem man nach x^2 auflöst und die _ _ _ _ _ _ zieht. Eine Gleichung hat keine Lösung, wenn der Radikand negativ ist, genau eine Lösung, wenn der Radikand _ _ _ _ ist und _ _ _ _ Lösungen, wenn der Radikand positiv ist.

■ Löse die Gleichungen.

a) $x^2 + 5 = 30$ | ____

____

____

$x_1 =$ ____ ; $x_2 =$ ____

L = ____

b) $4x^2 - 7 = -11$ | ____

____

____

____

L = ____

Gemischt quadratische Gleichungen

Gleichungen der Form $x^2 + px + q = 0$ heißen gemischt quadratisch. Sie können gelöst werden, indem man $x^2 + px$ quadratisch _ _ _ _ _ _ _ _ und in ein Binom umformt.

■ Ergänze. $x^2 + 4x = 5$

$x^2 + 4x +$ ____ $= 5 +$ ____

$(x +$ ____ $)^2 =$ ____

$x_{1,2} +$ ____ $= \pm\sqrt{\text{____}}$, also $x_1 =$ ____ ; $x_2 =$ ____

Lösungsformel

Quadratische Gleichungen in der _ _ _ _ _ _form $x^2 + px + q = 0$ können auch mit der Lösungsformel $x_{1,2} = -\frac{p}{2} \pm \sqrt{\left(\frac{p}{2}\right)^2 - q}$ gelöst werden.

■ Löse die Gleichung $x^2 + 4x - 5 = 0$.

$x_{1,2} = -\frac{\square}{2} \pm \sqrt{\left(\frac{\square}{2}\right)^2 - \square} =$ ____

$x_1 =$ ____ $=$ ____ ; $x_2 =$ ____ $=$ ____

Bruchgleichungen

Vorgehen zum Lösen von Bruchgleichungen:

1. Bestimmen der _ _ _ _ _ _ _ _ _ _ _ _menge
2. Multiplikation mit einem geeigneten gemeinsamen Nenner
3. Kürzen führt zu einer Gleichung ohne Bruchterme.
4. Lösen dieser Gleichung
5. Angabe der _ _ _ _ _ _ _menge unter Beachtung der Definitionsmenge

■ Löse die Gleichung.

$\frac{x+1}{2x-5} = \frac{2x+5}{x-1}$ | ____ $D = \mathbb{R} \setminus \{$ ____ $\}$

$\frac{(x+1)\text{ ____ }}{2x-5} = \frac{(2x+5)\text{ ____ }}{x-1}$

____ = ____

____ = ____

____ = ____

$x_1 =$ ____ ; $x_2 =$ ____ L = ____

Lesen und Lösen

Folgende Schritte helfen zur Lösung:

1. Benenne die gesuchte Größe oder Zahl mit einer Variablen.
2. Stelle eine _ _ _ _ _ _ _ _ _ _ auf, die den Zusammenhang zwischen den Größen beschreibt.
3. _ _ _ _ die Gleichung.
4. Überprüfe dein _ _ _ _ _ _ _ _ _: Macht das Ergebnis Sinn? Was bedeutet das Ergebnis für die Aufgabenstellung?
5. Notiere einen Antwortsatz.

■ Ein Rechteck hat den Flächeninhalt $450\,cm^2$. Die Länge ist doppelt so groß wie die Breite. Wie lang und wie breit ist das Rechteck?

1. Breite: x Länge: ____
2. $450 = x \cdot$ ____
3. $450 =$ ____

   ____

   $x_1 =$ ____ ; $x_2 =$ ____
4. ____
5. ____

1 Ein neugeborenes Elefantenkalb wiegt ungefähr

☐ 110 g ☐ 1,10 kg ☐ 11 kg

☐ 110 kg ☐ 1100 kg ☐ 1 t

2 In der Schule üben die Schüler das schnelle Abschreiben von Texten mit dem Computer. Stefanie schreibt 250 Zeichen pro Minute. Für den Übungstext hat sie vier Minuten benötigt. Amelie schreibt nur 200 Zeichen pro Minute. Wie lange braucht sie für den gleichen Text?

Amelie benötigt ________ Minuten für den Übungstext.

3 Vergleiche die Fläche des gesamten Basketballbretts mit der rechteckigen Fläche, die über dem Korb aufgezeichnet ist.

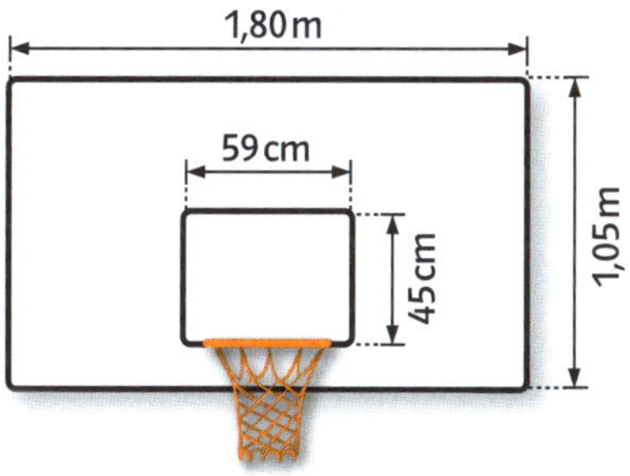

a) Gib den Anteil der kleinen Fläche an der Gesamtfläche in Prozent an.

b) Sind die beiden Rechtecke ähnlich? Begründe.

4 Die Weltbevölkerung betrug 2005 geschätzt 6,512 Milliarden.

a) Schreibe diese Zahl in Ziffern. ________

b) Wie viele Menschen leben mindestens bzw. höchstens auf der Welt, wenn auf Millionen gerundet wurde?

mindestens: ________ Menschen höchstens: ________ Menschen

5 Simon klagt bei seinem Klassenlehrer, wie viel er zu tun hat:

$\frac{1}{4}$ des Tages verbringe ich in der Schule. 1 Stunde pro Tag brauche ich für den Schulweg. Doppelt so lange sitze ich an den Hausaufgaben. Beim Essen brauche ich ganz viel Zeit, nämlich 10 % des Tages. Mit Anziehen, Duschen und anderem verbringe ich 40 Minuten. Meine Eltern beschränken das Fernsehen auf täglich maximal 1 Stunde und 30 Minuten. Meiner Mutter helfe ich täglich eine halbe Stunde. Und für meine Hobbys bleibt mir nur noch $\frac{1}{8}$ des Tages.

Wie viel Zeit ist für Simon noch nicht verplant? [T1] Reicht das, um ausgeschlafen in die Schule zu kommen?

Schule: ________ Schulweg: ________ Hausaufg.: ________ Essen: ________

Sonst.: ________ Fernsehen: ________ Helfen: ________ Hobbys: ________

Simon hat ________ noch nicht verplant.

[T1] Hier musst du die Zahlenangaben alle auf den Tag (24 Stunden) beziehen. Überlege dir, von wie vielen Minuten Simon jeweils redet.

1 Jede der acht Flächen eines Oktaeder-Würfels ist entweder gelb oder grün gefärbt. Beim Würfeln ist die Wahrscheinlichkeit $\frac{3}{4}$, dass Gelb oben liegt.

a) Es gibt grüne _____ Flächen.

b) Wenn man den Würfel 100-mal wirft, ist voraussichtlich die gelbe Fläche _____-mal, die grüne _____-mal oben.

2 Eine Forschungsgruppe hat weltweit in mehreren Städten untersucht, wie viel Zeit ein durchschnittlicher Fußgänger für eine 60 Feet lange Strecke benötigt.

a) Da die Einheit ft (foot – am.) 30,48 cm entspricht, sind 60 ft ungefähr __________ m.

b) In Singapur bewältigen Fußgänger diese Strecke in durchschnittlich 10,55 Sekunden, das sind ________ m/s oder ________ km/h.

c) Verglichen mit 1994 ist damit die Durchschnittsgeschwindigkeit dort um ungefähr 30 % gestiegen.

Das bedeutet, dass 1994 die Strecke in __________ s bewältigt wurde.

d) Die Forscher hatten die Zeit von 35 Passanten gemessen. Die Klasse 10 a hat eine Messung mit fünf Passanten durchgeführt. Leider ist eine Messung verloren gegangen.

Person 1	Person 2	Person 3	Person 4	Person 5	Durchschnitt
12,0 s	11,3 s	15,4 s	10,2 s	_____ s	12,06 s

3 Bei einem Schulfest hat die Klasse 9 a Getränke verkauft. Berechne in der abgebildeten Tabelle,

a) wie viel die Klasse beim Einkauf für die Getränke bezahlt hat (Spalte E).

b) wie viel sie für die Getränke eingenommen hat (Spalte I).

c) wie viel übrig geblieben ist bei Apfelsaftschorle (________ l), bei Orangensaft (________ l) und bei Wasser (________ l).

	A	B	C	D	E	F	G	H	I	J
1	**Getränkeverkauf Schulfest**									
2										
3		Einkauf				Verkauf				Gewinn
4	Getränk	Anzahl	Menge in l	Preis	Gesamtpreis	Anzahl	Menge in l	Preis	Gesamtpreis	
5	Apfelsaftschorle	215	1,5	0,39 €		802	0,2	0,50 €		
6	Orangensaft	154	1	0,85 €		243	0,3	0,60 €		
7	Wasser	270	1,5	0,55 €		780	0,5	0,50 €		
8	gesamt									
9										

d) Nenne die Formeln in den Zellen E5: ______________, I5: ______________, E8: ______________ und I8: ______________.

e) Berechne den Gewinn (Spalte J). Die Formeln lauten hier:

J5: ______________, J6: ______________, J7: ______________ und J8: ______________.

1 Kreuze alle richtigen Antworten an.

a) $\frac{2}{5} \cdot 25 =$	☐ $\frac{50}{125}$	☐ $\frac{2}{50}$	☐ 10	☐ 62,5
b) 4,5 h =	☐ 45 min	☐ 450 min	☐ 300 min	☐ 270 min
c) $\frac{3}{4}$ m =	☐ 0,75 m	☐ 7,5 cm	☐ 75 cm	☐ 0,75 cm
d) 15 km =	☐ 150 m	☐ 1500 m	☐ 15 000 m	☐ 1,50 m
e) $\frac{1}{8}$ =	☐ 0,125	☐ 1,25	☐ 12,5 %	☐ 125 %

2 Schätze, wie groß der Fußabdruck auf dem Bild ungefähr ist. Benutze dabei die quadratischen Bodenfliesen als Hilfe.

„Mit der Platzierung des *Ökologischen Fußabdrucks von Berlin* im Foyer des Abgeordnetenhauses machten die Agenda-Akteure Parlamentarier darauf aufmerksam, dass die Stadt – jeder von uns – ‚auf zu großem Fuß' und damit auch auf Kosten anderer lebt: wir heute auf Kosten der nächsten Generation, die reichen Länder auf Kosten der armen. Insgesamt beansprucht die Weltbevölkerung 2,5-mal mehr, als die Erde dauerhaft zu bieten hat."
(berlinagenda.de)

Meine Schätzung ist: ______ m^2 = ________ dm^2.
Mein eigener Fuß ist schätzungsweise ______ dm^2 groß, also ist der Fußabdruck auf dem Bild ungefähr ______ mal so groß wie mein eigener Fußabdruck.

3 In der Jahrgangsstufe 10 soll ein Jahrgangsstufensprecher gewählt werden.

a) Fülle die Lücken in der Tabelle. Benutze dazu auch das unvollständige Streifendiagramm in b).

		Ruth	Peter	Saskia	Klaus	Eva
Stimmen			𝍸 𝍸 𝍸	𝍸 𝍸 𝍸 𝍸 IIII		𝍸 IIII I
absolute Häufigkeit						
relative Häufigkeit	als vollständig gekürzter Bruch					
	als Dezimalzahl		0,1875			
	in Prozent					

b) Vervollständige das Streifendiagramm.

4 Eine 16 Meter lange Rolltreppe in einem Flughafen benötigt für eine Fahrt 32 Sekunden.

a) Berechne die Geschwindigkeit der Rolltreppe in m/s und in km/h.

____

b) Der Flughafenbetreiber will die Rolltreppe durch eine modernere ersetzen, die mit 2,7 km/h fährt. Berechne, wie viel Zeit man dann für die 16 Meter lange Strecke benötigen würde.

____

____

c) Der Flughafenbetreiber verspricht: „Mit den neuen Rolltreppen sind Sie nicht länger als 23 Sekunden unterwegs." Berechne, wie lang die längste Rolltreppe im Flughafen ist.

1 Kreuze alle zu dem Zahlenrätsel passenden Gleichungen an:
Subtrahiert man vom 5-Fachen einer Zahl das 4-Fache einer anderen Zahl, so erhält man 6.

☐ $4x - 5y = 6$ ☐ $4y - 6x = 5$ ☐ $5x - 6 = 4y$ ☐ $(x - 5) - (y - 4) = 6$

2 Berechne Umfang und Flächeninhalt der Vielecke (1 Kästchenlänge ≙ 0,4 cm).
Notiere die Flächeninhalte der Teilflächen in den Abbildungen.

a) Löse, indem du die linke Figur zu einem Rechteck ergänzt.

u = ____________________

A = ____________________

b) Löse, indem du die rechte Figur in Teilfiguren zerlegst.

u = ____________________

A = ____________________

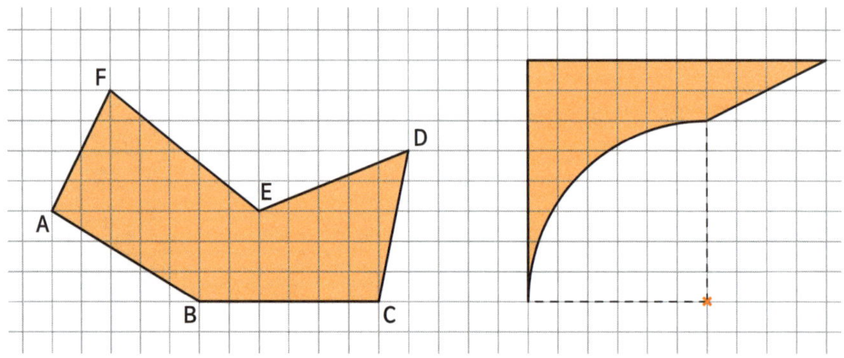

3 In der Straße der Luise-Hensel-Schule ist die Geschwindigkeit auf 30 km/h begrenzt. Da viele Autos dort zu schnell fahren, hat sich die Schülervertretung bei der Polizei beschwert. Daraufhin führte die Polizei an einem Wochentag Geschwindigkeitskontrollen durch.

a) Berechne zunächst die Anzahl der Fahrzeuge und trage die fehlenden Werte in die Tabelle unten ein.

b) Berechne die fehlenden relativen Häufigkeiten und die Winkelangaben. Trage die Werte ein. [T1; T2]

c) Zeichne das Kreisdiagramm fertig.

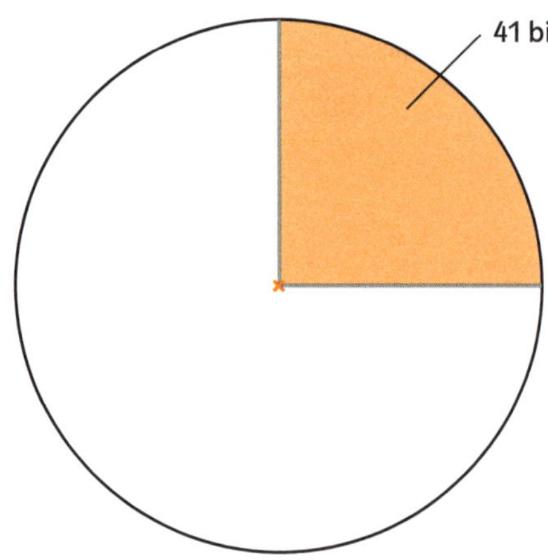

Geschwindigkeit in km/h	bis 30	31 bis 35	36 bis 40	41 bis 45	46 bis 50	über 50	gesamt
Anzahl der Fahrzeuge	27			270	216	81	
relative Häufigkeit in %							
Winkel in °			108°				

4 a) Berechne den Flächeninhalt der grauen Fläche. Das Rechteck ist 60 cm lang und 30 cm breit.

A = ____________________ cm^2

b) Welches Volumen in Litern hat eine Vase mit der grauen Fläche als Grundfläche und einer Höhe von 45 cm?

V = ____________________ cm^3 = __________ l

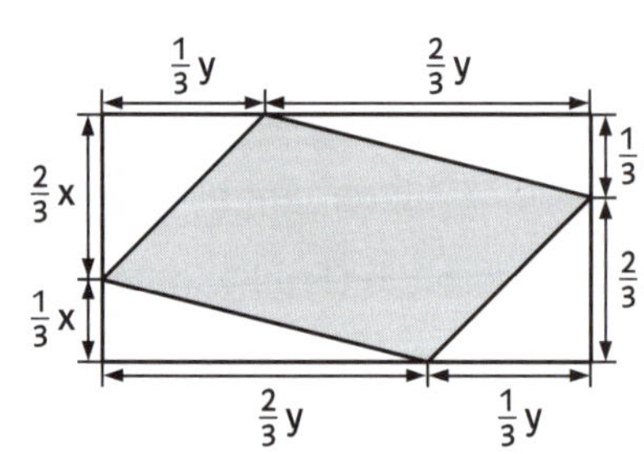

[T1] Relative Häufigkeit = $\frac{\text{Anzahl}}{\text{Gesamtzahl}}$

[T2] 100 % entsprechen 360°.

1 Gib die Koordinaten des Scheitels an und zeichne den Graphen der Funktion in das Koordinatensystem.

a) $f(x) = x^2$ S(____ | ____)

b) $f(x) = x^2 + 1$ S(____ | ____)

c) $f(x) = x^2 - 2$ S(____ | ____)

d) $f(x) = x^2 - 0{,}5$ S(____ | ____)

e) Vergleiche die Graphen:
Wenn man den Graphen aus a) (Normalparabel) um ____ nach ____________ verschiebt, erhält man die Parabel aus b). Wenn man die Normalparabel um 0,5 bzw. 2 nach ____________ verschiebt, erhält man die Parabeln aus ____ bzw. ____ . Alle Graphen haben dieselbe Form wie die Normalparabel.

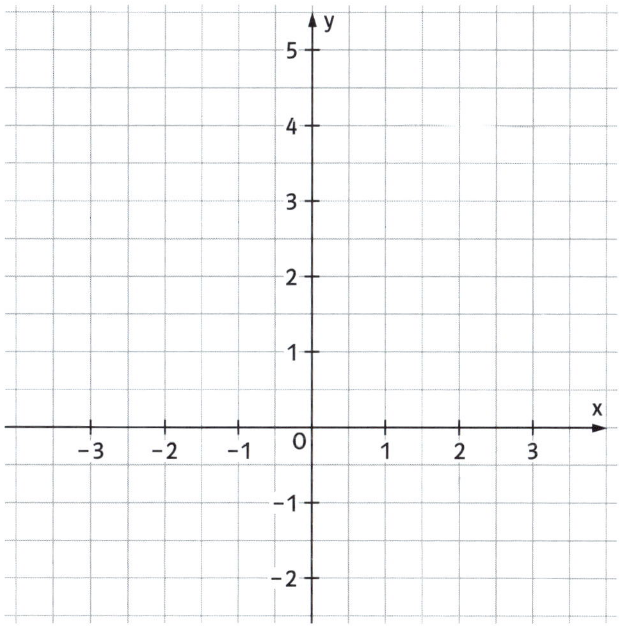

2 Gib die zugehörige Funktionsgleichung an.

a) f(x) = ____________

b) f(x) = ____________

c) f(x) = ____________

d) f(x) = ____________

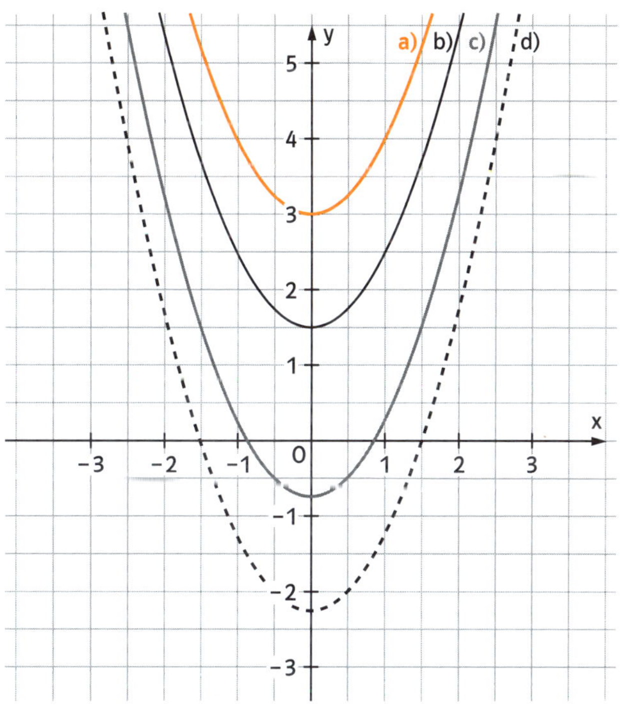

3 Kreise die Punkte ein, die auf der Normalparabel liegen.

A(−4|16) B(0|4) C(3|9) D(−1|5) E(1|1) F(0,5|0,25) G(2|8)

Die anderen drei Punkte liegen auf einer verschobenen Normalparabel.
Wie heißt die Funktionsgleichung?

f(x) = ____________

4 Fülle die Lücken mit den Zahlen der Kärtchen, sodass die Punkte auf der Normalparabel liegen.

P(−2 | ____)	Q(____ |36)	R(0,8 | ____)	T(____ |1,21)
U(−1,5 | ____)	V(____ |30)	W(3,2 | ____)	X(____ |5)

Kärtchen: 4 | $\sqrt{30}$ | 0,64 | 2,25 | 10,24 | $-\sqrt{5}$ | −6 | 1,1

5 Die Parabel einer quadratischen Funktion mit der Gleichung $f(x) = x^2 + c$ verläuft durch den angegebenen Punkt. Gib die zugehörige Funktionsgleichung an.

a) P(2 | 9)
 ____ = ____ ^{2} + c
 ____ = c , also f(x) = x^2 ____

b) Q(−2 | −5)
 ____ = ____ ^{2} + c
 ____

c) R(−4|0)
 ____
 ____

1 Die Wertetabelle gehört zu einer quadratischen Funktion. Zeichne ihr Schaubild und ordne die passende Funktionsgleichung zu.

$f(x) = -x^2$ $f(x) = 0{,}5x^2$

a) f(x) = 0,5x

x	−2	−1	0	1	2
f(x)	2	0,5	0	0,5	2

b) f(x) = −x²

x	−2	−1	0	1	2
f(x)	−4	−1	0	−1	−4

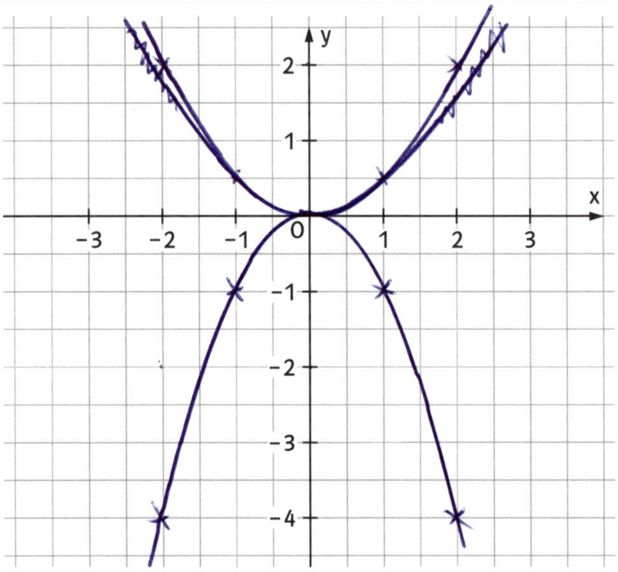

2 Ordne jeder Funktionsgleichung den passenden Graphen zu.

a) $f(x) = -0{,}5x^2 + 3$ B

b) $f(x) = \frac{1}{3}x^2$ A

c) $f(x) = x^2 - 2$ C

d) $f(x) = -2x^2 + 3$ E

e) $f(x) = -4x^2 + 2$ D

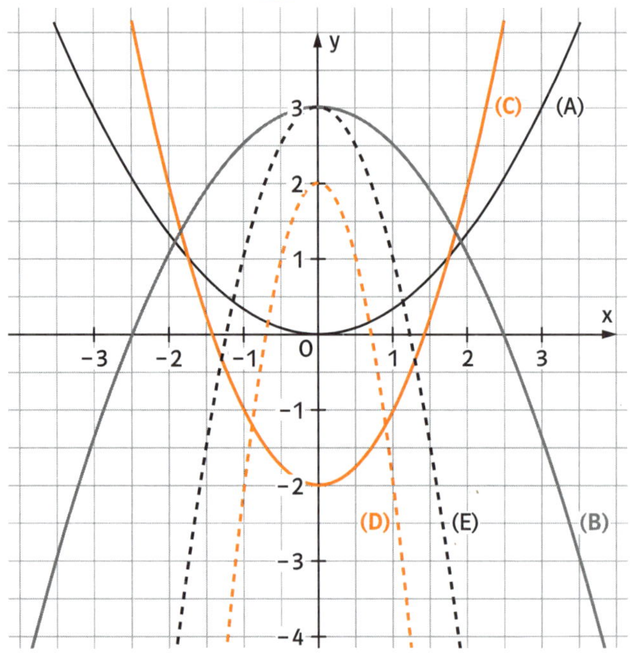

3 Vergleiche Lage und Form des Graphen der vorliegenden Funktion mit der Normalparabel. Kreuze an und trage den entsprechenden Wert ein.

	Funktionsgleichung	verschoben um … nach oben	verschoben um … nach unten	geöffnet nach oben	geöffnet nach unten	breiter	schmaler
a)	$f(x) = 5x^2 - 1$		1 LE	⊗	○	○	⊗
b)	$f(x) = \frac{1}{4}x^2 + 5$	5 LE		⊗	○	⊗	○
c)	$f(x) = -2x^2$			○	⊗	⊗	○
d)	$f(x) = -\frac{1}{2}x^2 + 0{,}3$	0,3 LE		○	⊗	○	⊗
e)	$f(x) = -x^2 - 5$		5 LE	○	⊗	○	○

4 Verbinde jeden Punkt mit dem Graphen, auf dem er liegt.
Tipp: Auf einem der Graphen liegen zwei Punkte.

a) $f(x) = 1{,}5x^2 - 2$

b) $f(x) = -3x^2 + 5$

c) $f(x) = -x^2 + 2$

d) $f(x) = \frac{1}{2}x^2 - 4$

A(−4|4)   B(2|4)   C(−1|2)   D(−2|−2)   E(6|14)

5 P liegt auf dem Graphen der Funktion $f(x) = ax^2 + c$. Bestimme die Funktionsgleichung.

a) $c = -3$; P(1|2)

$2 = a \cdot 1^2 - 3 \quad | +3$

$5 = a$

a = 5

f(x) = $5 \cdot 1^2 - 3$

b) $a = \frac{1}{2}$; P(−4|10)

$10 = 0{,}5 \cdot (-4)^2 + c \quad | -8$

$2 = c$

c = 2

f(x) = $0{,}5 \cdot (-4)^2 + 2$

1 Das Schaubild zeigt verschobene Normalparabeln. Lies die Koordinaten des Scheitels am Graphen ab und gib die Funktionsgleichung in Scheitelpunktform an.

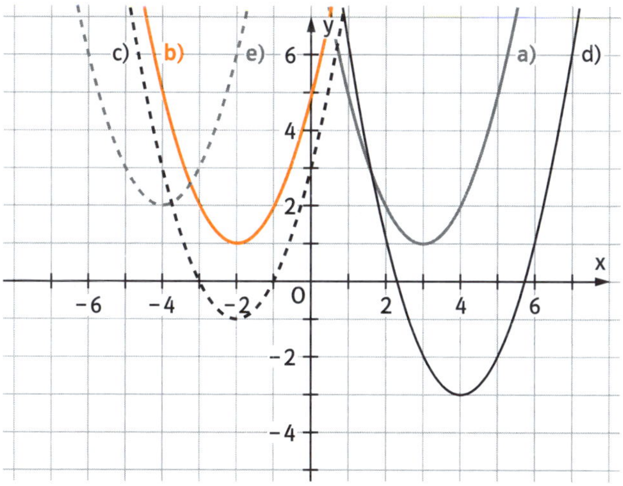

a) S(3 | 1) $f(x) = (x - 3)^2 + 1$

b) S(−2 | 1) $f(x) = (x\ 2)^2 + 1$

c) S(−2 | −1) $f(x) = (x\ 2)^2 - 1$

d) S(4 | −3) $f(x) = (x - 4)^2 - 3$

e) S(−4 | 2) $f(x) = (x\ 4)^2 + 2$

2 Welche Punkte liegen auf dem Graphen?

a) $f(x) = (x + 1)^2 - 6$ b) $f(x) = -x^2 - x$

P(−1|−6), Q(0|0), R(−2,5|−3,75), S(1|−2), T(2|−6)

Die Punkte P, R liegen auf der Parabel a),

die Punkte Q, T, S liegen auf der Parabel b).

3 Zu jeder Funktionsgleichung mit $f(x) = x^2 + px + q$ gehört eine Gleichung in Scheitelpunktform. Verbinde die Paare.

$f(x) = (x + 4)^2$

$f(x) = x^2 + 10x + 25$

$f(x) = x^2 + 8x + 16$

$f(x) = (x - 3)^2 - 1$

$f(x) = (x + 1)^2 + 2$

$f(x) = (x + 5)^2$

$f(x) = x^2 + 2x + 3$

$f(x) = x^2 - 4x + 4$

$f(x) = x^2 - 6x + 8$

$f(x) = (x - 2)^2$

4 Wandle in die Scheitelpunktform um und bestimme den Scheitel.

a) $f(x) = x^2 + 6x + 10$ | ____

$f(x)$ ____ $= x^2 + 6x$ | ____

$y = x^2 + 6x + \left(\frac{6}{2}\right)^2 + 10 - \left(\frac{6}{2}\right)^2$

$y = (x + 3)^2 - 10 - 9$

$f(x) = (x + 3)^2 - 19$

S(−3 | −19)

quadratische Ergänzung

binomische Formel

Scheitelpunktform

b) $f(x) = x^2 - 12x + 16$ | ____

$y = x^2 - 12x + \left(\frac{12}{2}\right)^2 + 16 + \left(\frac{12}{2}\right)^2$

$y = (x - 6)^2 + 16 - 36$

$y = (x - 6)^2 - 20$ | ____

f(x) = ____

S(6 | −20)

5 Gib die Koordinaten des Scheitels an. Stelle dann die Funktionsgleichung in Scheitelpunktform auf. Wandle sie in die Normalform um.

a) Die Normalparabel wurde um 5 LE nach rechts und um 2,5 nach unten verschoben.

S(5 | −2,5)

$f(x) = (x - 5)^2 - 2{,}5$

$f(x) = x^2 - 10x + 25 - 2{,}5$

$f(x) = x^2 - 10x + 22{,}5$

b) Die Normalparabel wurde um 1,1 LE nach links und 11 nach oben verschoben.

S(−1,1 | 11)

$f(x) = (x + 1{,}1)^2 + 11$

$y = x^2 + 2{,}2x + 1{,}21 + 11$

$f(x) = x^2 + 2{,}2x + 12{,}21$

1 Was muss ergänzt werden, damit du den Term mithilfe einer binomischen Formel zusammenfassen kannst?

a) $x^2 + 10x$ $+ 25$ = $(x + 5)^2$ b) $x^2 - 16x$ ______ = ______

c) $x^2 - 7x$ ______ = ______ d) $x^2 + 0{,}5x$ ______ = ______

e) $x^2 - 12x$ ______ = ______ f) $x^2 + \frac{2}{6}x$ ______ = ______

1. binomische Formel
$(a + b)^2$
$= a^2 + 2ab + b^2$
2. binomische Formel
$(a - b)^2$
$= a^2 - 2ab + b^2$

2 Aus der Normalform einer quadratischen Funktionsgleichung lassen sich die Koordinaten des Scheitelpunktes nicht direkt ablesen. Um sie zu bestimmen, muss die Gleichung erst in die Scheitelpunktform umgewandelt werden.

Normalform: $f(x) = x^2 + 11x$

$f(x) = x^2 + 2 \cdot 5{,}5 \cdot x + 5{,}5^2 - 5{,}5^2$ quadratische Ergänzung

$f(x) = x^2 + 2 \cdot 5{,}5 \cdot x + 5{,}5^2 - 30{,}25$ 1. binomische Formel

Scheitelpunktform: $f(x) = (x + 5{,}5)^2 - 30{,}25$

Der Scheitelpunkt S hat die Koordinaten S (______ | ______).

a) $f(x) = x^2 - 4x + 1$

$f(x) = x^2 - 4x$ ______ $+ 1$

$f(x) = (x$ ______ $)^2$ ______

S(______ | ______)

b) $f(x) = x^2 + 10x - 5$

$f(x) = x^2 + 10x$ ______

$f(x) =$ ______

S(______ | ______)

c) $f(x) = x^2 - 2x + 2$

$f(x) =$ ______

$f(x) =$ ______

S(______ | ______)

3 Gib die Funktionsgleichung der abgebildeten Graphen zuerst in der Scheitelpunktform in der Form $f(x) = (x + d)^2 + e$ und dann in der Normalform an.

Scheitelpunktform:	Normalform:
a) f(x) = ______	f(x) = ______
b) f(x) = ______	f(x) = ______
c) f(x) = ______	f(x) = ______
d) f(x) = ______	f(x) = ______
e) f(x) = ______	f(x) = ______
f) f(x) = ______	f(x) = ______

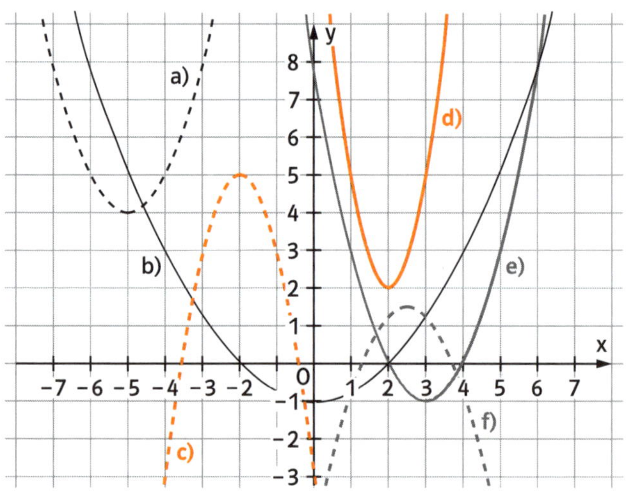

4 Verbinde den Scheitelpunkt und die zugehörigen Funktionsgleichungen.
Tipp: Drei Gleichungen bleiben übrig.

$f(x) = x^2 - 10x + 18$

$f(x) = x^2 + 4x + 1$

$f(x) = x^2 - 5x + 2{,}75$

$f(x) = -x^2 + 4x - 7$

$f(x) = x^2 - 6x + 11$

S(−2 | −3)

S(3 | 2)

S(5 | −7)

S(−1,5 | 2,5)

S(2,5 | −3,5)

$f(x) = -x^2 + 5x - 9{,}75$

$f(x) = x^2 + 3x + 4{,}75$

$f(x) = x^2 - 10x + 13$

$f(x) = -x^2 + 6x - 7$

$f(x) = x^2 - 7x + 14{,}25$

1 Zeichne den Graphen der Funktion und lies dann die Nullstellen der Funktion ab.

Nullstellen sind:

(A) $f(x) = (x-1)^2 - 1$ $x_1 =$ ______

(B) $f(x) = (x+1)^2$ ______

(C) $f(x) = x^2 - 2{,}25$ ______

(D) $f(x) = (x-2)^2 + 1$ ______

Keine Nullstelle hat die Funktion ______ . ______ Nullstelle hat die Funktion (B). Die Funktionen ______ und ______ haben ______ Nullstellen.

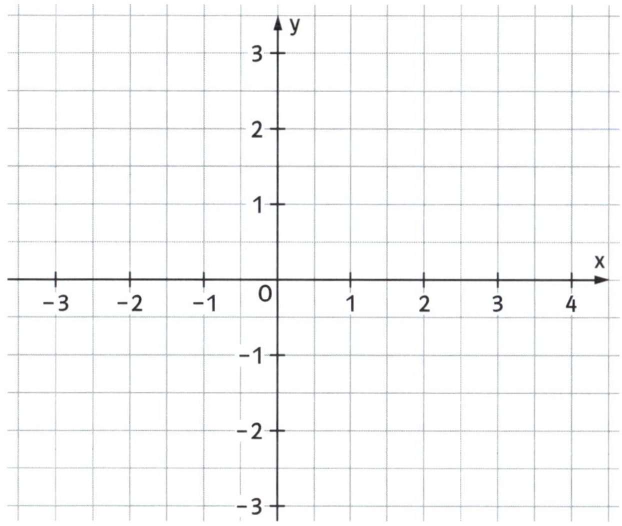

2 Berechne die Nullstellen der Funktion.

a) $f(x) = x^2 - 16$

$0 = x^2 - 16$ | + ______

______ | $\sqrt{\ }$ ______

$x_1 =$ ______ ; $x_2 =$ ______

b) $f(x) = x^2 - 1{,}21$

$0 =$ ______

______

$x_1 =$ ______ ; $x_2 =$ ______

c) $f(x) = (x+3)^2 - 1$

$0 = (x+3)^2 - 1$ | + ______

$1 =$ ______ | $\sqrt{\ }$ ______

$\pm 1 = x_{1,2} +$ ______

$x_1 =$ ______ ; $x_2 =$ ______

d) $f(x) = (x-5)^2 - 64$

______

______

______

$x_1 =$ ______ ; $x_2 =$ ______

3 Bringe die Funktionsgleichung zuerst auf die Scheitelpunktform. Gib dann die Nullstellen an.

a) $f(x) = x^2 - 4x + 3$

______

______

______

$x_1 =$ ______ ; $x_2 =$ ______

b) $f(x) = x^2 + 6x + 10$

______

______

______

______

c) $f(x) = x^2 - 8x + 16$

______

______

______

______

4 Kreuze an, wie viele Nullstellen die Funktion hat.

	Funktionsgleichung	Scheitel	Anzahl der Nullstellen keine	eine	zwei
a)	$f(x) = (x+2)^2 - 5$		○	○	○
b)	$f(x) = x^2 + 4$		○	○	○
c)	$f(x) = (x-5)^2 + 9$		○	○	○
d)	$f(x) = (x-3)^2$		○	○	○
e)	$f(x) = x^2 - 2$		○	○	○

5 Gib zu den Nullstellen die Koordinaten des Scheitels der verschobenen Normalparabel an. Stelle dann die Funktionsgleichung auf.
Tipp: Mache dir eine Skizze.

a) $x_1 = -3$; $x_2 = -1$

S(______ | ______)

$f(x) =$ ______

b) $x_1 = -1$; $x_2 = 3$

S(______ | ______)

$f(x) =$ ______

c) $x_1 = -1$; $x_2 = 1$

S(______ | ______)

$f(x) =$ ______

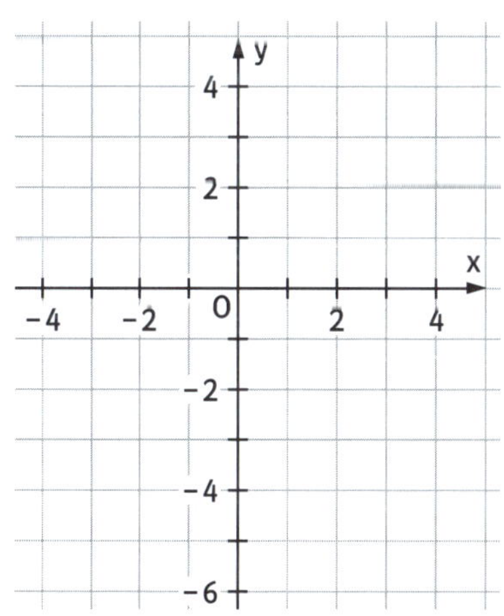

1 Bei Hochspringern lässt sich die Flugbahn des Körperschwerpunktes durch eine Parabel beschreiben. Der Körperschwerpunkt eines stehenden Menschen liegt bei 60 % der Körpergröße. Den Weltrekord der Männer hielt Anfang 2008 der Kubaner Javier Sotomayor, der bei einer Körpergröße von 1,93 m am 27. 07. 1993 2,45 m übersprang. Nimm an, dass bei seinem Sprung der Scheitelpunkt genau 5 cm oberhalb der Latte lag. Die Absprungstelle war 1 m vor der Latte. Welche Höhe hätte Sotomayor übersprungen, wenn er eine Fußlänge (25 cm) zu früh abgesprungen wäre?

Realsituation

(1) Gegeben: Der Körperschwerpunkt befindet sich beim Absprung ______ m vor der Latte und in der Höhe von ______ % der Körpergröße (______ m), dies sind ______ m. Der Scheitelpunkt der Flugbahn liegt ______ cm über der Latte (______ m), also in einer Höhe von ______ m.

(2) Gefragt ist, welche Höhe er bei verändertem Absprung (______ cm früher) übersprungen hätte.

Mathematisches Modell

(1) Wahl einer geeigneten Funktionsgleichung:
Da es sich bei der Flugbahn um eine Parabel handelt, deren Scheitelpunkt bekannt ist, kann sie durch die Funktionsgleichung in der Form $f(x) = ax^2 + c$ beschrieben werden.

(2) Wahl eines Koordinatensystems und Auswertung der Informationen.

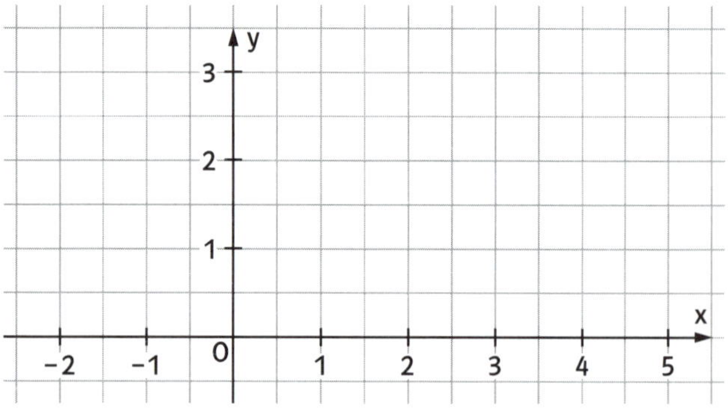

Tipp: Wähle das Koordinatensystem so, dass der Scheitelpunkt auf der y-Achse liegt. Der Betrag von x beschreibt dann jeweils die horizontale Entfernung zwischen dem ____________ und den Nullstellen der Funktion, y die Flughöhe des Körperschwerpunktes.

Fertige eine Skizze an, die alle wichtigen Informationen enthält. Koordinaten des Körperschwerpunktes beim Absprung: P(____ | ____); Koordinaten des Scheitelpunktes: S(____ | ____)

Mathematische Ergebnisse

(1) Einsetzen des Punktes S(____ | ____) in die Funktionsgleichung ergibt $f(x) =$ ____________.

Durch Einsetzen des Punktes P(____ | ____) erhält man ______ = ____________.

Umformen ergibt $a =$ ____________.

Also ergibt sich als Funktionsgleichung: $f(x) =$ ____________.

(2) Wenn Sotomayor 25 cm früher abgesprungen wäre, hätte er bei der Latte dieselbe Höhe gehabt wie bei der skizzierten Flugbahn 25 cm ______ der Latte. Also gibt die y-Koordinate an der Stelle $x =$ ______ die gesuchte Höhe an: ____________.

Notwendiger Abstand zur Latte (______ cm); übersprungene Höhe: ______ m

Reale Ergebnisse

(1) Wenn Sotomayor 25 cm früher abgesprungen wäre, hätte er nur eine Höhe von ______ m übersprungen.

(2) Das Ergebnis ist realistisch, weil ____________.

1 Eine zwischen zwei Masten durchhängende Hochspannungsleitung hat die Form einer Parabel. Gib die Funktionsgleichung an unter Berücksichtigung des Ursprungs des Koordinatensystems und der Umweltbedingungen. (Die Leitung hängt unterschiedlich weit durch.) [T1]

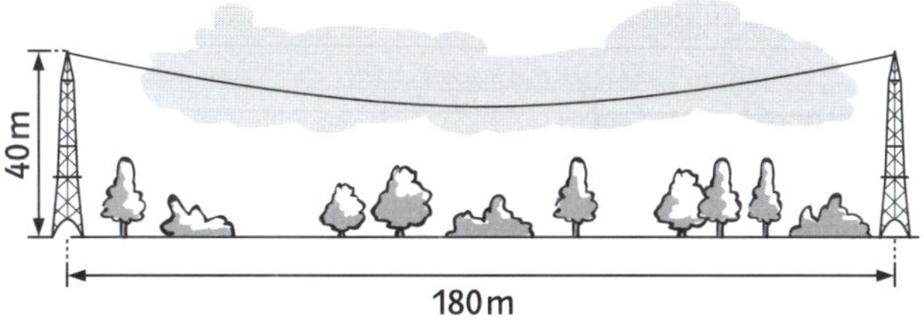

	Der Ursprung liegt im Scheitelpunkt.	Der Ursprung liegt in der Spitze des linken Mastes.	Der Ursprung liegt im Fußpunkt des linken Mastes.
Das Kabel hängt 8 m durch.	f(x) =	f(x) =	f(x) =
Im Hochsommer hängt es 16 m durch.	f(x) =	f(x) =	f(x) =
Im vereisten Zustand hängt es 24 m durch.	f(x) =	f(x) =	f(x) =

2 Die Flugbahn einer Kugel beim Stoßen lässt sich beschreiben mit $f(x) = -0{,}04x^2 + 1{,}8$ (dabei ist x die Weite und f(x) die Höhe in m).

a) Nach zwei Metern horizontalen Fluges hat die Kugel eine Höhe von ________ Metern über der Abwurfhöhe.

b) Wenn die Kugel eine Höhe von einem Meter über der Abwurfhöhe hat, ist sie horizontal bereits ________ Meter weit geflogen.

c) Ihre maximale Höhe von ________ Metern über der Abwurfhöhe erreicht die Kugel nach ________ Metern horizontalen Fluges.

3 Ein Basketballspieler wirft in einer 7,5 m hohen Halle den Ball entsprechend der Funktionsgleichung $f(x) = -0{,}16x^2 + 4$ genau in Richtung Korb und trifft. Der Korb hängt 0,7 m höher als der Abwurfpunkt.

a) Skizziere die Wurfparabel. (Die x-Achse stellt die Abwurfhöhe dar, also die Höhe Null.)

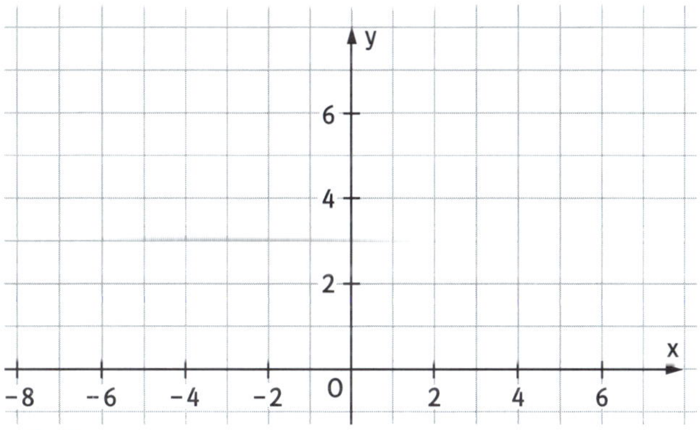

b) Der Abwurfpunkt war genau ________ Meter vom Korb entfernt.

c) Die Höhendifferenz zwischen Ball und Korb betrug im Maximum ________ Meter.

d) Ein Werfer der Gegenmannschaft hat aus dem Stand heraus einen genialen Wurf, der der Funktionsgleichung $f(x) = -0{,}1x^2 + 6{,}2$ folgt. Welche Tatsache hat den Korbtreffer aus über 14 m Entfernung verhindert? [T2]

____

____

____

[T1] Berechne zunächst die Funktionsgleichung in der Form $f(x) = a \cdot x^2 + c$ und bestimme hier a und c für den Fall, dass der Ursprung gleichzeitig Scheitelpunkt ist. Verschiebe dann den Ursprung und überlege, was daraus für den Scheitelpunkt folgt.

[T2] Beachte den Eingangstext für diese Aufgabe.

Fülle die Lücken. Für jeden Buchstaben findest du einen Strich. Löse dann die Beispielaufgaben.

Normalparabel

Die einfachste quadratische Funktion hat die Gleichung $f(x) = x^2$. Ihr Graph heißt Normalparabel. Sie ist achsensymmetrisch zur _ -Achse und ihr _ _ _ _ _ _ _ _ liegt bei S(0|0).

■ Ergänze zu einer Normalparabel und markiere den Scheitel S.

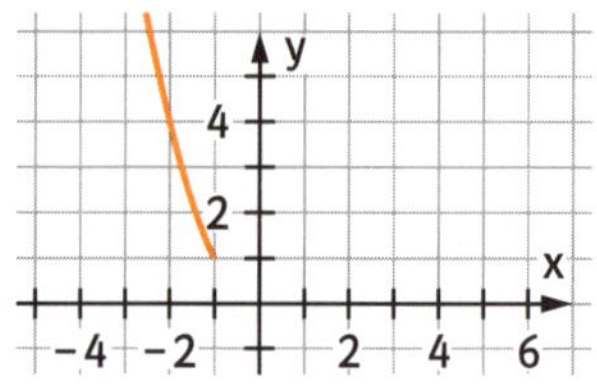

Quadratische Funktion $f(x) = ax^2 + c$

Der Graph der quadratischen Funktion $f(x) = ax^2 + c$ ist eine _ _ _ _ _ _ _ _. Der Faktor a bestimmt ihre Form. Die Parabel ist um c in Richtung der _ -Achse verschoben, ihr Scheitel ist S(___|___).

■ Ergänze die Tabelle zur Form der Parabel.

a negativ		a positiv	
Parabel ist nach unten geöffnet.		Parabel ist nach _ _ _ _ geöffnet.	
$a < -1$	$-1 < a < 0$	$0 < a < 1$	$a > 1$
Die Parabel ist … als die Normalparabel.			
schmaler	breiter	___	___

Quadratische Funktion $f(x) = (x + d)^2 + e$

Die Funktionsgleichung $f(x) = x^2 + px + q$ lässt sich durch quadratische Ergänzung in die Form $f(x) = (x + d)^2 + e$ umformen. Sie heißt _ _ _ _ _ _ _ _ _ _ _ _ _ _ _ _ _ _ _. Der Graph der Funktion ist eine verschobene Normalparabel mit dem Scheitel S(___|___).

■ Gib die Funktionsgleichung an.

a) S(2|1) $\quad f(x) =$ ___

b) $f(x) = x^2 + 2x - 1 \quad |$ ___

$f(x) + 1 =$ ___ $\quad | +($___$)^2$

$f(x) + 1$ ___ $=$ ___

$f(x) +$ ___ $= ($___$)^2$

$f(x) = ($___$)^2$ ___

Nullstellen einer quadratischen Funktion

Die Schnittstellen des Graphen einer Funktion mit der _ -Achse heißen Nullstellen der Funktion. Die Nullstellen werden berechnet, indem man den Funktionsterm gleich _ _ _ _ setzt.

■ Bestimme die Nullstellen der Funktion

$f(x) = -x^2 + 9$.

$0 = -x^2 + 9 \quad |$ ___

___

$x_1 =$ ___ und $x_2 =$ ___

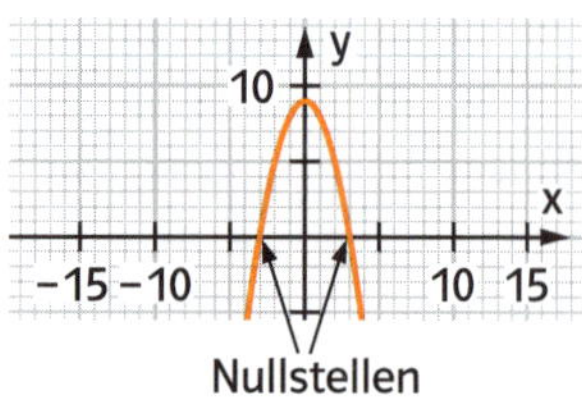

Modellieren mit quadratischen Funktionen

Bei dem rechts dargestellten Vorgehen spricht man von mathematischem Modellieren.

Mit solch einem Vorgehen können Entscheidungen für das reale Handeln, z. B. beim Bau von Brücken und bei anderen Sachlagen unter Zuhilfenahme von quadratischen Funktionen vorbereitet werden.

■ Vervollständige.

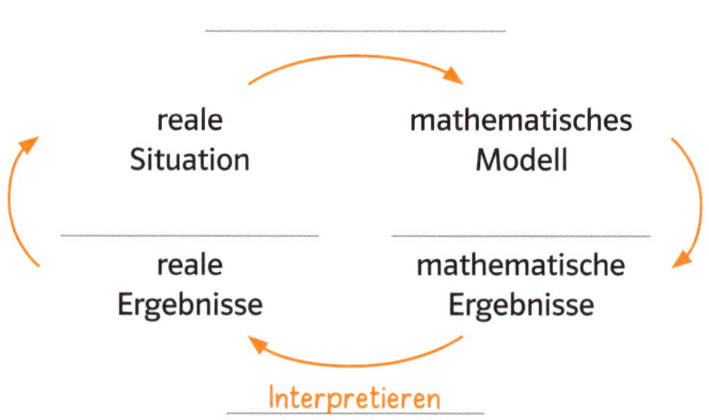

1 Färbe die Figur (wenn vorhanden, das Netz des Körpers) entsprechend der Wahrscheinlichkeit in den Farben Rot, Gelb und Grün ein. [T1]

a)

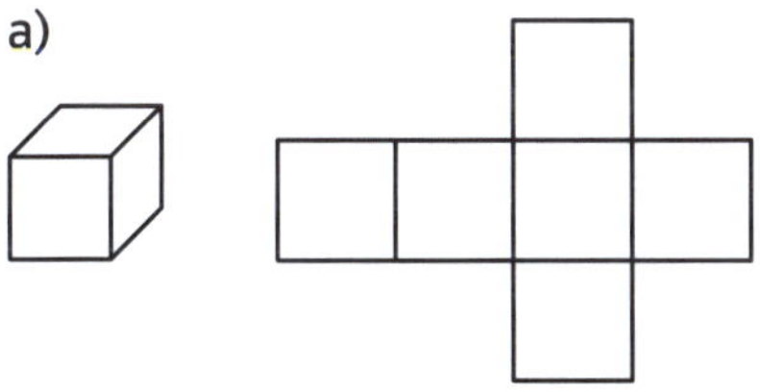

Die Wahrscheinlichkeit, dass man Rot würfelt, liegt bei etwa 33 %, die Chance für Gelb beträgt 50 %, die Chance für Grün ist ______ .

b)

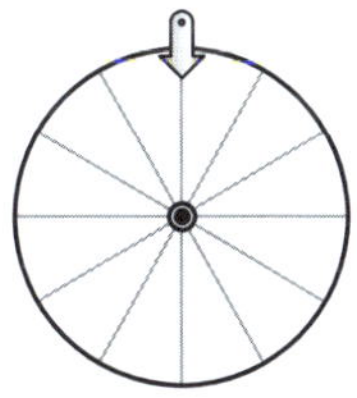

Die Wahrscheinlichkeit, dass der Zeiger auf Gelb steht, liegt bei 25 %, die Chance, dass der Zeiger auf Rot steht, liegt bei $\frac{1}{6}$, die Wahrscheinlichkeit, dass der Zeiger auf Grün steht, liegt bei ______ %.

c)

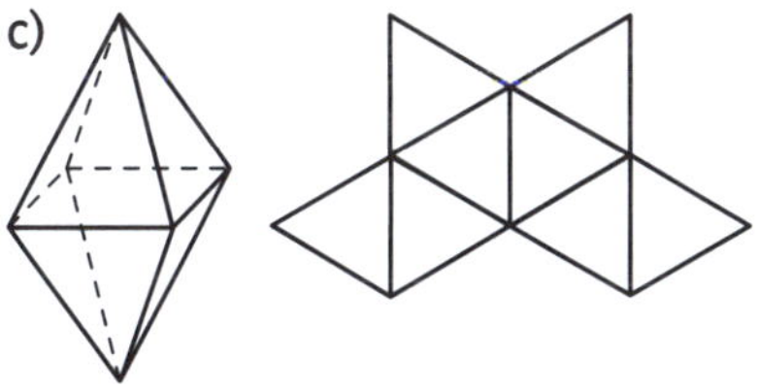

Die Wahrscheinlichkeit, dass man Rot würfelt, liegt bei einem Viertel. Die Chance für Grün ist 37,5 %, die Chance, dass man Gelb hat, liegt bei ______ %.
Würfelt man 200-mal, so erhält man etwa ______ -mal Gelb.

2 Während eines Räumungsverkaufes wird der Preis eines Snowboards mit passenden Schuhen zunächst um 30 % und dann nochmals um 15 % gesenkt. Zusammen kostet beides jetzt nur noch 120,00 €.

a) Berechne den ursprünglichen Preis.

b) Peter behauptet: „Jetzt zahle ich für das Set nur noch 55 % des alten Preises." Was meinst du dazu?

3 Zum Bau eines Kellers wird der Erdaushub mit Lkws abgefahren. Der Bauleiter plant: „Mit zehn Lkws brauchen wir acht Tage, um den Aushub komplett abzufahren."
Nach zwei Tagen werden zwei Lkws jedoch auf einer anderen Baustelle eingesetzt. Wie viel Zeit benötigt man jetzt für das Abfahren der Erde?

4 Zeichne die Funktionsgraphen und stelle die Funktionsterme auf.

a) Ein Öltank enthält 400 l Öl. Jeden Tag werden 50 l verbraucht. Wann ist der Tank leer?

b) Ein Becken enthält 0,4 m^3 Wasser. Jeden Tag kommen 30 dm^3 hinzu.
Nach wie vielen Tagen ist 1 m^3 Wasser im Becken?

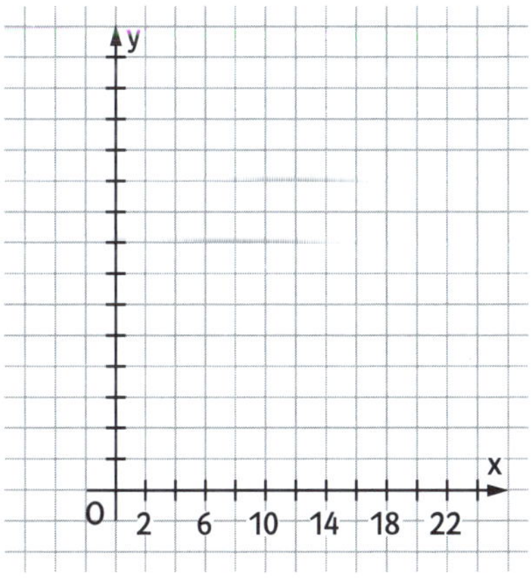

[T1] Überlege, wie der Körper jeweils in Rot, Gelb oder Grün gefärbt sein muss, damit die Wahrscheinlichkeit stimmt. Dazu musst du die relative Häufigkeit in Prozent darstellen.

1 Welche der folgenden Aussagen ist falsch? Aussagen __________ .

a) Jedes Quadrat ist ein Rechteck.

b) Jede Raute ist ein Parallelogramm.

c) Jedes Parallelogramm ist eine Raute.

d) Sind zwei Seiten eines Dreiecks gleich lang, so wird die dritte Seite durch die Höhe halbiert.

e) Jeder Quader ist ein Prisma. f) Jeder Quader ist ein Würfel.

g) Verdoppelt man die Kantenlänge eines Würfels, so verdoppelt sich die Oberfläche.

2 In welchem Verhältnis steht bei einem Würfel die Kantenlänge zur Diagonalenlänge?

☐ $\frac{1}{2}$ ☐ $\frac{1}{\sqrt{2}}$

☐ $\frac{1}{3}$ ☐ $\frac{1}{\sqrt{3}}$

☐ kann man nicht sagen

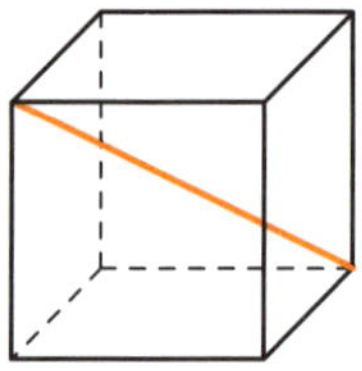

3 Durch welche Schreibweise kann 0,00014 ersetzt werden?

☐ $1{,}4 \cdot 10^4$ ☐ $\frac{14}{1000}$ ☐ $\frac{14}{100\,000}$ ☐ $1{,}4 \cdot 10^{-4}$

4 Gegeben ist ein Kreis mit dem Durchmesser 6 cm.

a) Berechne den Umfang und den Flächeninhalt.

u = __________ A = __________

b) Wie groß wäre etwa die Seitenlänge des Quadrats mit dem gleichen Flächeninhalt? a ≈ __________

c) Berechne den Flächeninhalt des umschreibenden Quadrats mit der Kantenlänge 6 cm.

×M

A = __________

d) Gib allgemein das Verhältnis einer Kreisfläche zur Fläche des umschreibenden Quadrats an.

____

e) Zeichne den Kreis und die Quadrate aus Teilaufgaben b) und c). M ist auch Schnittpunkt der Diagonalen.

f) Gibt es einen Radius x, für den der Wert des Kreisumfangs gleich dem Wert des Flächeninhalts ist?

Begründe deine Ansicht. __________

5 In einem Flughafen werden stichprobenartig Gepäckkontrollen durchgeführt. Ein Fünftel aller Reisenden muss ihre Koffer öffnen. Mit einer Wahrscheinlichkeit von 25 % werden die Personen durchsucht.

a) Zeichne ein Baumdiagramm für diesen Sachverhalt und trage die Wahrscheinlichkeit an allen Pfaden ein.

b) Nimm an, dass jeder Fluggast nur einen Koffer dabei hat. Mit welcher Wahrscheinlichkeit wird der Reisende und zusätzlich sein Gepäck kontrolliert? __________

c) Mit zwei Flügen werden insgesamt 500 Passagiere abfliegen. Mit welcher Wahrscheinlichkeit bleiben Fluggast und Gepäck unkontrolliert?

____

6 Ordne die nebenstehenden Figuren

a) nach ihrem Umfang. __________

b) nach ihrem Flächeninhalt. __________

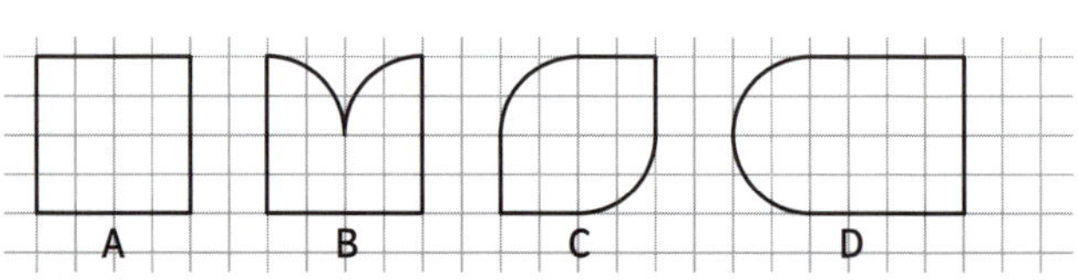

1 Betrachte die Angaben eines der größten Ölkonzerne der Welt (Stand: Anfang 2009).

Kennzahlen für das Jahr 2008

Umsatz	459,6 Mrd. US-$
Gewinn	45,2 Mrd. US-$
Gewinn 2009 (Prognose)	19,3 Mrd. US-$
Beschäftigte	80 000
verfügbare Ölreserven (*)	12,0 Mrd. Barrel
durchschnittliche Tagesproduktion von Öl und Gas (**)	3,92 Mio. Barrel
Investitionen in die Öl- und Gasproduktion	26 Mrd. US-$

(*) weltweit, auch nicht erschlossene Ölfelder
(**) Gas in Ölmenge umgerechnet (Öläquivalent)

a) Um welchen Prozentsatz wird der Gewinn für 2009 im Vergleich zu 2008 voraussichtlich zurückgehen?

b) Welchen Gewinn hat 2008 jeder Beschäftigte im Schnitt für das Unternehmen erwirtschaftet?

c) Wie viel Prozent der Tagesproduktion wird durch die Gasproduktion abgedeckt? [T1]

d) In wie vielen Jahren wird das Unternehmen seine Ölreserven aufgebraucht haben, wenn die Produktion gleich bleibt und keine neuen Reserven hinzukommen? Berechne das Ergebnis und zeichne die Verbrauchsfunktion in das Koordinatensystem ein. Skizziere dazu noch einen möglichen Verlauf des Graphen, wenn die Tagesproduktion jährlich steigen würde (keine Rechnung nötig).

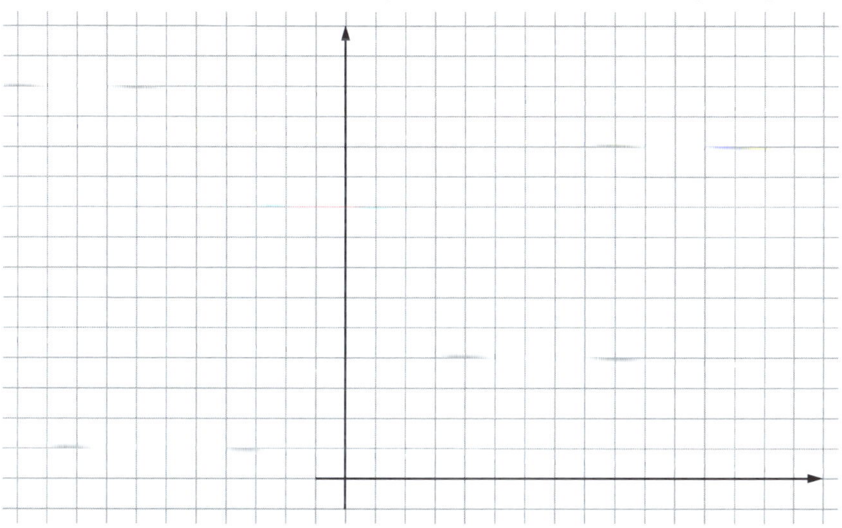

Rohölproduktion des Konzerns
(in 1000 Barrel pro Tag)

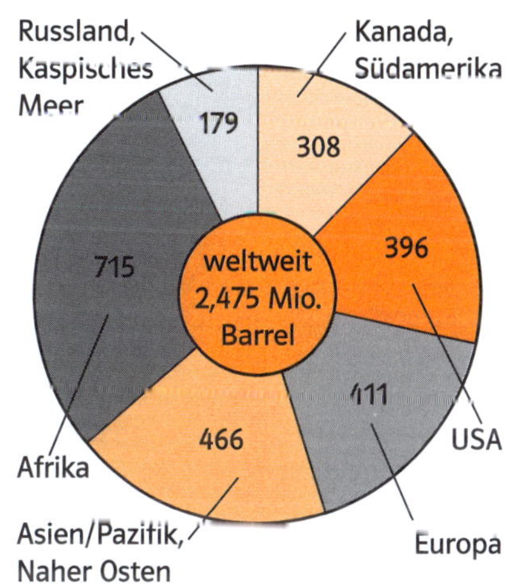

e) Hake die folgenden Aussagen ab, wenn sie richtig sind, korrigiere die Fehler in den falschen Aussagen.

☐ Die tägliche Fördermenge in den USA entspricht etwa 55 % der Fördermenge in Afrika.

☐ Bezogen auf die Fördermenge von Kanada/Südamerika beträgt die europäische Fördermenge 150 %.

☐ Die drei größten Fördergebiete ergeben über zwei Drittel der Tagesproduktion.

f) Rohöl wird teilweise mit riesigen Tankschiffen transportiert. Ein VLCC (very-large crude-carrier – sehr großer Rohöltransporter) ist 21 m hoch und 60 m breit. Er kann mit bis zu 300 000 t Rohöl beladen werden. Das Rohöl einer leichten Sorte wiegt 0,7 kg/l.

f1) Wie viel Barrel (159 Liter) Rohöl kann der VLCC aufnehmen? [T2]

f2) Um wie viel verändert sich der Betrag, der für die Ladung zu erzielen ist, wenn sich der Preis für ein Barrel an der Börse von 55 auf 80 Dollar pro Barrel erhöht?

[T1] Bestimme aus dem Kreisdiagramm zuerst die Ölproduktion.

[T2] Bestimme zuerst das Volumen des Rohöls. Bedenke, dass dieses Rohöl leichter als Wasser ist, d. h. es werden mehr als 300 000 m³ herauskommen.

1 Laubbäume wie die Linde helfen die Luft zu verbessern. Sie binden große Mengen an Staub und tragen durch die Verdunstung von Wasser zur Befeuchtung der Luft bei. Bei der Fotosynthese nehmen die Bäume Kohlendioxid (CO_2) auf und geben Sauerstoff ab. Ein einziger Baum setzt im Sommer innerhalb einer Stunde etwa 1,75 kg Sauerstoff frei.

a) Das Foto zeigt ein Lindenblatt.

Wie groß ist ungefähr seine Fläche? **[T1]** ______________________________

b) Um wie viel Prozent vergrößert sich die Blattoberfläche, wenn das Lindenblatt in der Wachstumsphase von einem Durchmesser von 5 cm auf 6 cm anwächst?

____

____

____

c) Wie groß ist die gesamte Blattfläche des Baumes, wenn 1 m^2 im Sommer etwa 1,1 g Sauerstoff pro Stunde liefert? Wie viele Blätter hat der Baum ungefähr? **[T2]**

____

____

____

Eine 100-jährige Fichte ist etwa 35 m hoch. Sie hat ein Holzvolumen von knapp 3,5 m^3. In ihrem Holz, das etwa zur Hälfte aus Kohlenstoff besteht, bindet sie 0,7 t Kohlenstoff (chemische Bezeichnung: C). Dies entspricht der Menge Kohlenstoff, die in 2,6 Tonnen Kohlendioxid (chemische Bezeichnung: CO_2) vorhanden ist. CO_2 ist mit 1,98 g pro dm^3 viel schwerer als die Umgebungsluft, die 1,20 g pro dm^3 wiegt (…)

d) Marie wird an 180 Tagen pro Jahr die 10 km bis zur Schule gefahren. Das Auto stößt 114 g Kohlendioxid pro Kilometer aus.

d 1) Nach wie vielen Jahren haben diese Fahrten so viel Kohlendioxid freigesetzt, wie eine Fichte in 100 Jahren binden kann?

____

d 2) Das Volumen des Kohlendioxids für Hin- und Rückfahrt eines Schulwegs würde __________ Müllsäcke à 50 Liter füllen.

[T1] Mache dir eine Skizze. Ergänze oder zerlege die Blattform in Flächen, die du berechnen kannst.

[T2] Lies den Einleitungstext nochmals durch. Welche Information daraus benötigst du hier? Du kannst die Blattfläche mithilfe eines Dreisatzes berechnen. 1 kg hat 1000 g.

G = 4,83

1 Berechne Oberfläche und Volumen der abgebildeten Körper. Notiere die Namen.

a) b) c)

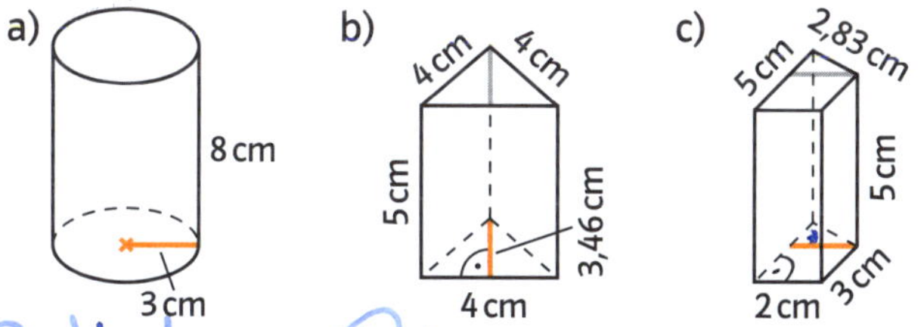

Zylinder Prisma

a) O = $2 \cdot \pi \cdot 3^2 + 2\pi \cdot 3 \cdot 8 \approx 207{,}35\ cm^2$
V = $\pi \cdot 3^2 \cdot 8 \approx 226{,}2\ cm^3$
b) O = $2 \cdot 6{,}92 + 60 \approx 73{,}84\ cm^2$
V = $6{,}92 \cdot 5 \approx 34{,}6\ cm^3$
c) O = $80{,}15\ cm^2$
V = $40\ cm^3$

2 Von einem Prisma sind einige Werte gegeben. Berechne die anderen Werte.

1000 ml = 1 l = 1000 cm³

	u	h	G	M	O	V
a)	750 mm	2 cm	cm²	cm²	cm²	900 cm³
b)	dm	2 cm	1000 mm²	cm²	60 cm²	cm³
c)	cm	10 cm	cm²	2000 cm²	cm²	2000 ml

3 Der abgebildete Bahndamm hat als Querschnittsfläche ein gleichschenkliges Trapez. Er ist 5000 m lang. Wie viel Kubikmeter Schotter mussten zu seinem Bau aufgeschüttet werden?

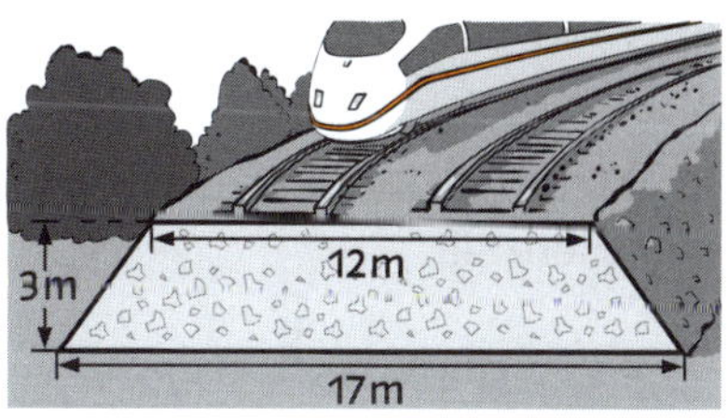

man braucht 217500 m³ Schotter

4 Ein runder Turm ist insgesamt 25 m hoch. Sein äußerer Umfang beträgt 37,14 m. Der innere Umfang beträgt nur 24,57 m.

a) Skizziere den Turm.

b) Wie dick ist die Mauer?

2 m

c) Berechne das Volumen der Mauer.

1542,53

25 · 37,14 = 928,5
928,5 = 2π · r · 25
928,5 = 157,08 · r | : 157,08
5,91 = r   5,91 · 2 = 11,82
25 · 24,57 = 614,25
614,25

5 Berechne Volumen und Oberfläche des ausgebohrten Quaders.

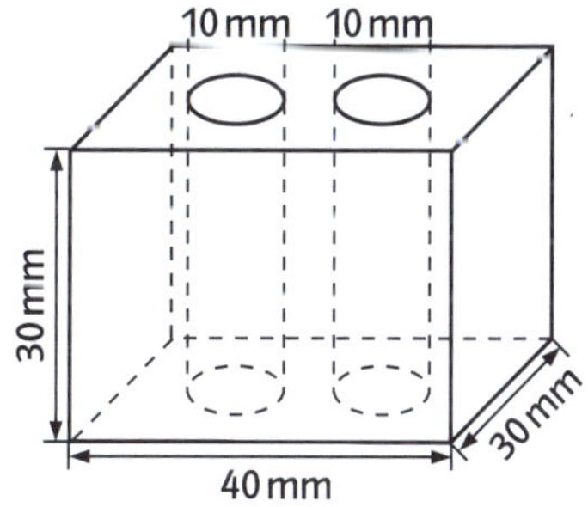

a) Der Quader hat das Volumen V = 30 · 40 · 30 = 36.000 .
Ein zylinderförmiges Loch hat das Volumen
V = π · 5 mm · 30 mm = 471,24 · 2 = 942,48 .
Also hat der durchlöcherte Quader ein Restvolumen von
$V = V_1 - V_2 = 35.057{,}52$.

b) Berechne die Oberfläche des durchbohrten Quaders, indem du alle Teilflächen addierst. Berücksichtige auch die innen liegenden Flächen.

O = 2 · 40 · 30 mm² + 2 · 30 · 30 mm² + 2 · (40 · 30 mm² − 2 · π · 5² mm²) + 2 · 2π · 5 · 30 mm²

1 Zeichne das Schrägbild der ______________________. Miss bzw. berechne fehlende Werte.

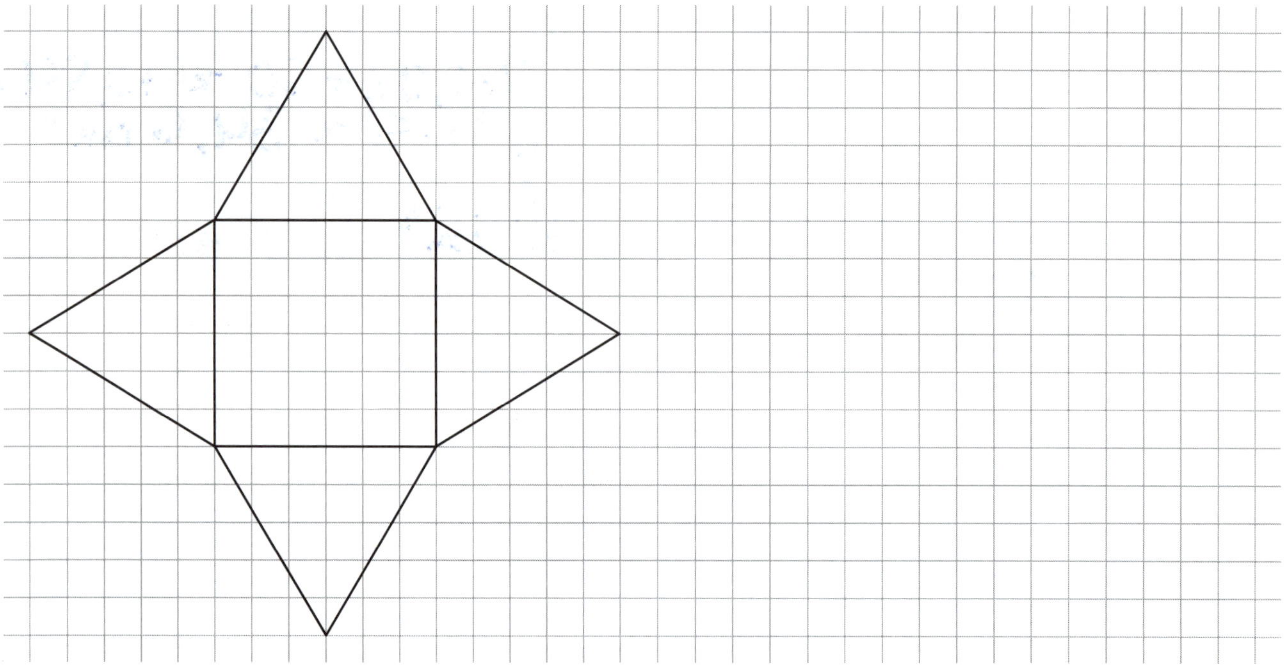

2 Klaus hat Schrägbilder von Körpern gezeichnet. Leider sind ihm einige Fehler unterlaufen. Korrigiere sie.

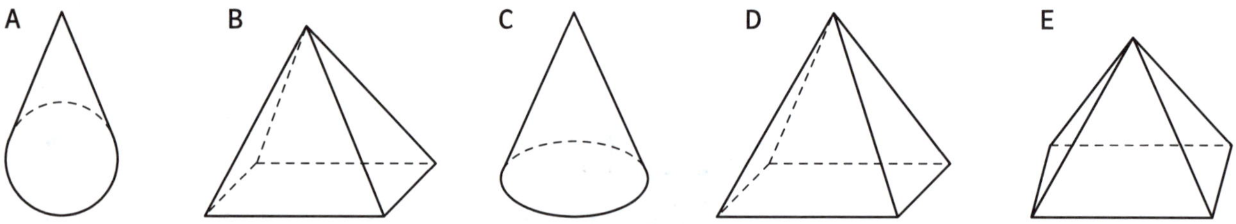

3 Zeichne das Schrägbild eines 5 cm hohen Kegels. Seine Grundfläche siehst du in der Zeichnung.
Radius r = ______ cm. [T1]

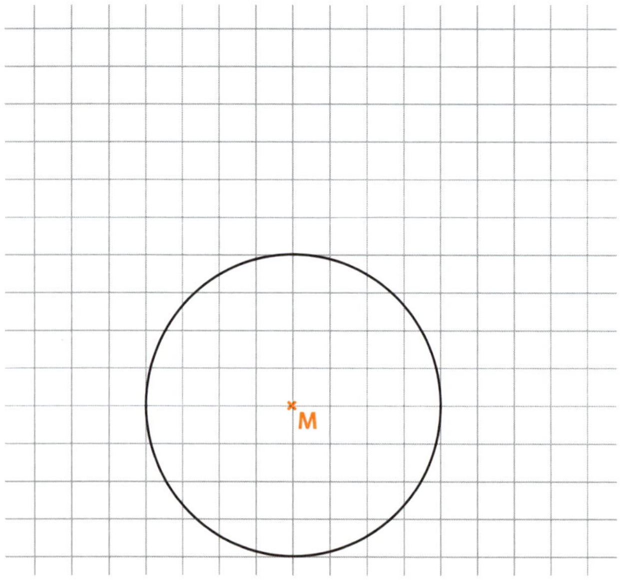

4 Zeichne das Schrägbild des Tetraeders fertig. [T2]
Miss die Länge der Grundseite a.
Die Skizze kann dir bei den Berechnungen helfen.

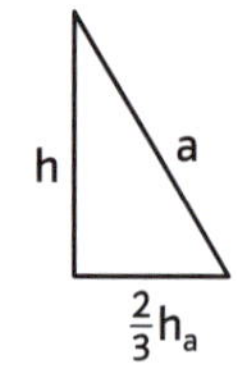

h_a = ______________________

h = ______________________

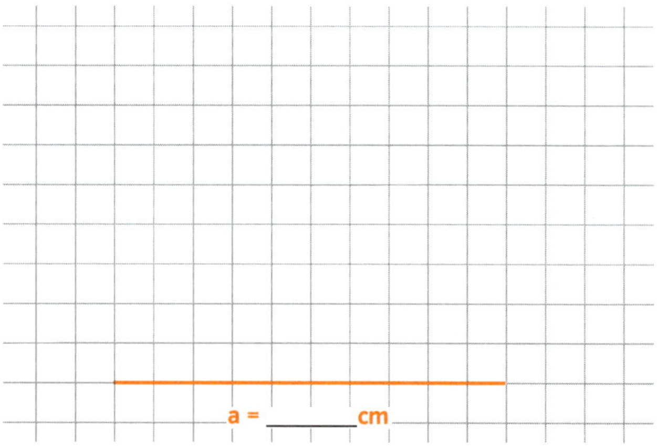

[T1] Denke daran, dass beim Schrägbild die kreisförmige Grundfläche des Kegels als Ellipse gezeichnet werden muss.

[T2] Ein Tetraeder ist eine Pyramide mit gleichseitiger dreieckiger Grundfläche und drei genauso großen Mantelflächen.

1 Eine quadratische Pyramide hat die Grundkante a von 20 cm und die Höhe von 15 cm. Gib zuerst die Formel an. Setze dann die Werte ein.

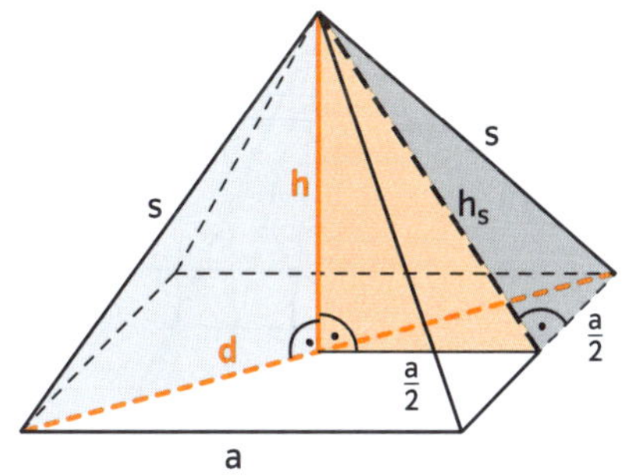

a) Berechne das Volumen.

V = ______________________________

b) Berechne die Diagonale d der Grundfläche.

d^2 = ______________________________

c) Berechne die Länge der Seitenkante s mit dem Satz des Pythagoras.

s^2 = ______________________________

d) Berechne die Höhe h_s der Seitenfläche mit dem Satz des Pythagoras.

h_s^2 = ______________________________

e) Berechne die Mantelfläche M der Pyramide.

M = ______________________________

f) Berechne die Oberfläche O der Pyramide.

O = ______________________________

2 Die Eingangshalle des Louvre in Paris ist eine quadratische Pyramide. Eine Grundseite ist rund 35 m lang, die Höhe einer Seitenfläche beträgt 28,11 m.

a) Berechne die Größe aller Seitenflächen.

____

b) Berechne die Höhe der Pyramide.

____

c) Berechne die Länge einer Seitenkante s.

____

d) Die Pyramide ist der Cheopspyramide (h = 146 m, a = 230 m, s = 219 m) nachempfunden. Prüfe diese Aussage nach und berechne den Maßstab. Runde dafür die Werte der Glaspyramide.

$\frac{h_{Louvre}}{h_{Cheops}}$ ______________ $\frac{a_{Louvre}}{a_{Cheops}}$ ______________ $\frac{s_{Louvre}}{s_{Cheops}}$ ______________

Der Maßstab beträgt also ______ : 1 = ______ : ______

3 Die abgebildete Pyramide mit rechteckiger Grundfläche hat die Kantenlängen a = 6 cm und b = 10 cm. Die Höhe der Pyramide beträgt h = 8 cm.

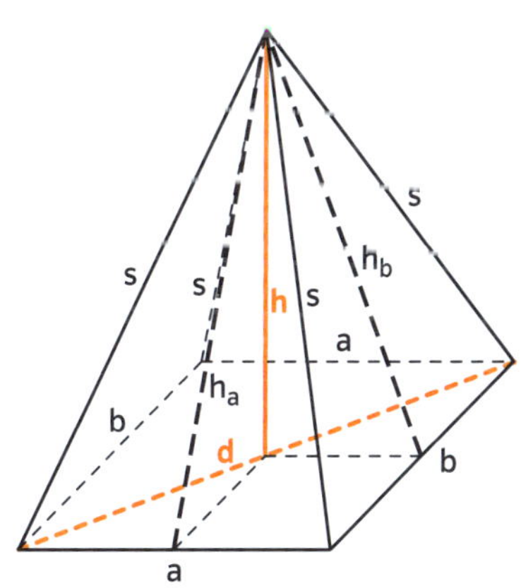

a) Berechne die Länge der Bodendiagonalen d.

d = ______________________________

b) Berechne die Höhen der Seitenflächen.

h_a = ______________ ; h_b = ______________

c) Berechne die Mantelfläche und die Oberfläche.

M = ______________________________

O = ______________________________

d) Berechne das Volumen.

V = ______________________________

Pyramide. Oberfläche und Volumen (2)

1 Ein Turm, dessen Grundfläche die Form eines regelmäßigen Sechsecks mit der Kantenlänge 2,50 m hat, soll als Dach eine Pyramide mit der Höhe h von 9 m erhalten.

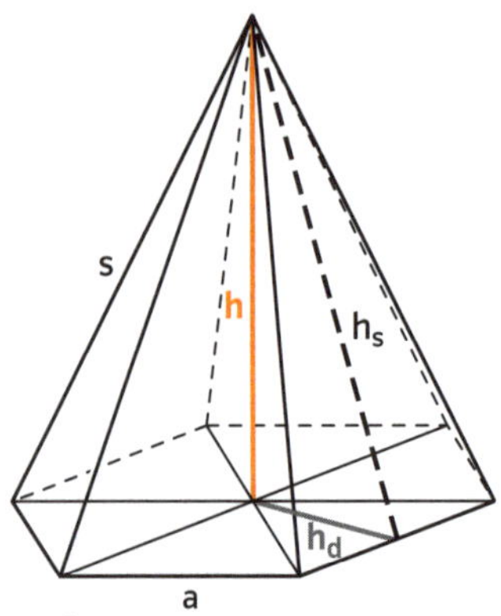

a) Berechne die Höhe h_d. Gib die Formel an.

h_d = ______________________________

b) Berechne die Höhe h_s. Gib die Formel an.

h_s = ______________________________

c) Wie viel Kupferblech wird für das Dach gebraucht, wenn man 8 % der errechneten Fläche für Überlappung und Verschnitt hinzurechnet?

M = ______________________________

Verbrauch: ______________________________

d) 2 m^2 Kupferblech kosten 160 Euro plus 19 % Mehrwertsteuer. Die Materialkosten betragen ______________ .

2 Seit den 50er-Jahren werden tetraederförmige Behälter mit Flüssigkeiten, z. B. Kaffeesahne, gefüllt. Die Kantenlänge ist a = 5,6 cm.

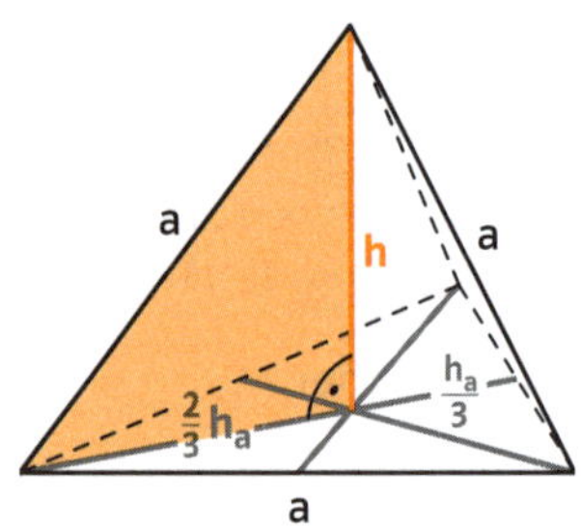

a) Berechne die Höhe h_a zur Grundseite a.

h_a = ______________________________

b) Berechne die Höhe h der Pyramide.

h = ______________________________

c) Berechne die Grundfläche G und das Volumen der Pyramide.

G = ______________________________ V = ______________________________

Die Tetrapackung enthält also ungefähr ________ ml Kaffeesahne.

d) Pro Stunde werden 21 600 Packungen abgefüllt. Wie viel Karton wird dafür benötigt, wenn man mit 8 % Verschnitt und Abfall rechnet?

O = ____________________ Karton = ____________________ cm^2 = __________ m^2

3 Ein Schmuckanhänger hat die Form eines Oktaeders (Doppelpyramide mit zwölf gleich langen Kanten).

a) Leite die Formeln für die Diagonale d der Grundfläche, der Höhe h der Einzelpyramide und der Höhe h_a der Seitenfläche her.

d = ______________________________

h = ______________________________

h_a = ______________________________

b) Leite die Formeln für das Volumen und die Oberfläche des Oktaeders mit der Kantenlänge a her.

V = ____________________

O = ____________________

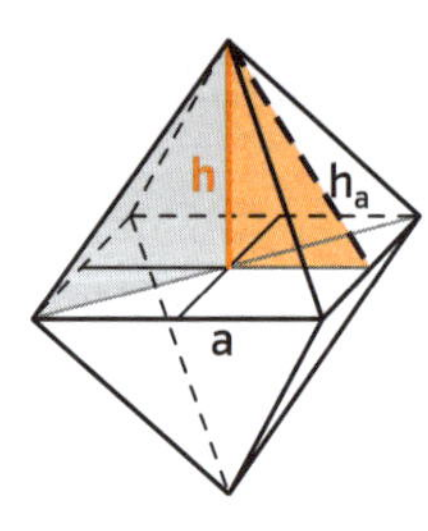

c) Berechne das Volumen und die Oberfläche, wenn a die in der Tabelle angegebenen Werte annimmt.

a	V	h_a	O
0,5 cm			
1,5 cm			
2 cm			

d) Der Preis für das Schmuckstück hängt vom Gewicht ab. 1 cm^3 Gold wiegt 6,9 g. Pro g liegt der Materialwert bei 22 €. Der Materialpreis für einen Oktaeder mit der Kantenlänge a = 0,5 cm beträgt ______________ €.

Kegel. Oberfläche und Volumen (1)

1 a) Berechne die Oberfläche und das Volumen des abgebildeten Kegels.

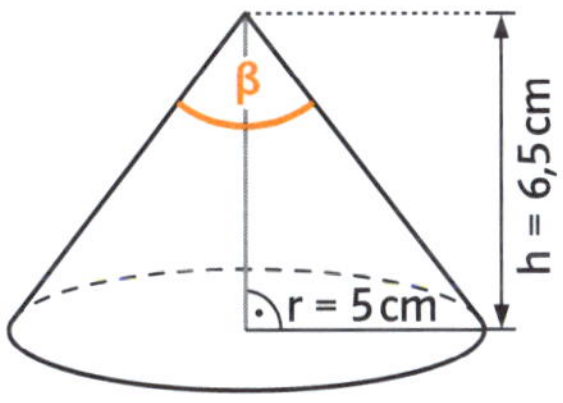

V = ____________________

O = ____________________

b) Berechne die Größen, wenn man den Radius verdreifacht.
Wie verändern sich die Werte?

V = ____________________ O = ____________________

Das Volumen ____________________ sich, die Oberfläche ____________________ sich.

c) Berechne den Öffnungswinkel β des Kegels.

____

2 Das „größte Indianerzelt der Welt" steht in Dortmund im Fredenbaumpark. Es hat eine Höhe von 35 m und einen Durchmesser von ungefähr 25 m.

a) Bei dem Zelt handelt es sich angenähert um ____________________ .

b) Berechne die Grundfläche, die Länge der Seitenkante und das Volumen des Zelts.

A = ____________________

s = ____________________

V = ____________________ m^3

c) Berechne die Mantelfläche des Zelts.

M = ____________________

3 Vervollständige die Skizze und berechne die fehlenden Werte.

	r	h	s	M	O	V
a)	4 cm	12 cm				
b)	8 mm			7,04 cm^2		
c)				94,25 cm^2	122,52 cm^2	
d)		12 cm				615,75 cm^3

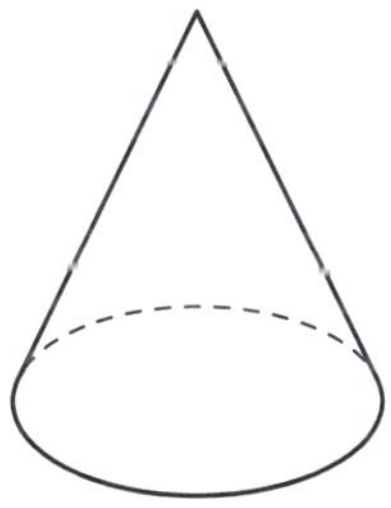

4 Ein kegelförmiger Sandhaufen hat einen Durchmesser von 7 m. Seine Mantellinie s ist 3,70 m lang.

a) Berechne das Gewicht des Sandhaufens, wenn ein Kubikmeter Sand 1,6 t wiegt.

h = ____________________ V = ____________________

Das Gewicht des Sandhaufens beträgt ____________________ t.

b) Ein Lkw hat eine Nutzlast von 7,5 t. Um den Sand zu transportieren, muss der Laster also __________ fahren.

Kegel. Oberfläche und Volumen (2)

1 Frau Meier besitzt kegelförmige Gläser. Sie füllt die Gläser jeweils bis zu $\frac{4}{5}$ der Maximalhöhe. Berechne, wie viele Gläser sie aus der zylinderförmigen Karaffe füllen kann, wenn diese 6 cm hoch gefüllt ist.

a) Füllhöhe des Glases: ____________________

b) Zeichne die Füllhöhe und den dazugehörigen Durchmesser x des Glases in die Skizze ein.

c) Berechnung von x mithilfe des Strahlensatzes:

____

V_{Glas} = ____________________________________

$V_{Karaffe}$ = ____________________________________

Frau Meier kann ______ Gläser aus der Karaffe füllen.

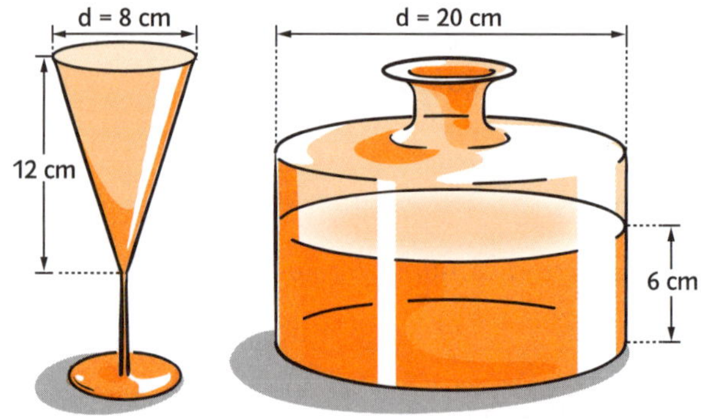

2 a) Das 8 m hohe Dach eines Turmes mit dem Umfang von 20,1 m muss neu gedeckt werden. Berechne die Größe der Dachfläche.

r = ______________________ s = ______________________

M = ____________________________________

b) Als Reserve rechnet der Dachdecker 8 % Ziegel mehr. Das sind Ziegel für

____________________________________ m^2.

Gerundet auf volle Quadratmeter bestellt er für ________ m^2 Ziegel.

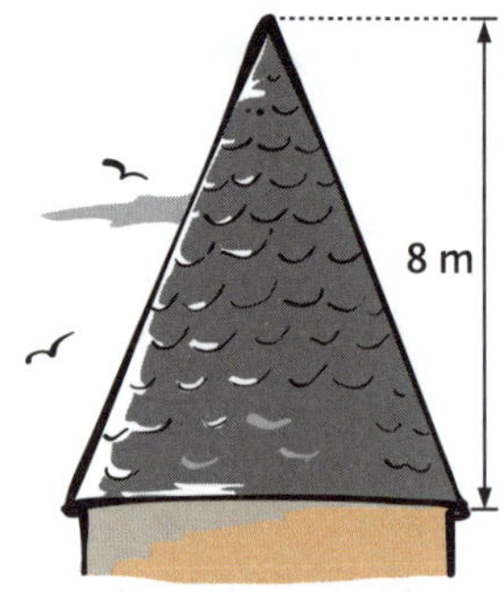

3 a) Bestimme das Volumen der beiden Körper. Mache Nebenrechnungen in deinem Heft.

V_{Kegel} = ____________________________________

$V_{Zylinder}$ = ____________________________________

b) Wie groß muss der Radius des Kegels bei gleichbleibender Höhe gewählt werden, damit die beiden Körper volumengleich sind?

r = ____________________________________

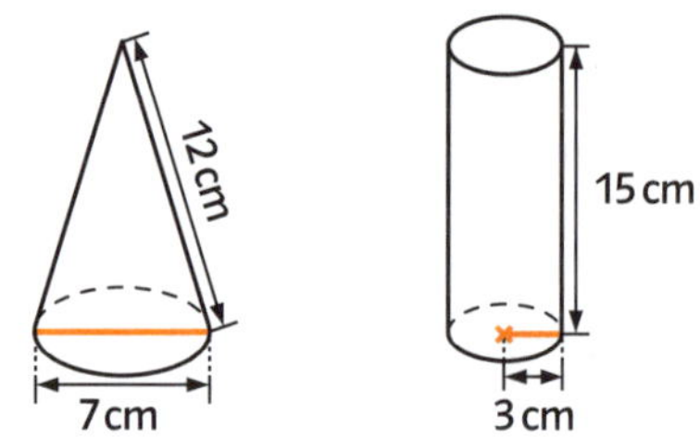

4 Berechne die Oberfläche des Kegels.

a) $G = 314\,mm^2$ $M = 689{,}34\,mm^2$ O = ____________

b) r = 11 cm s = 4 cm O ≈ ____________

c) r = 5 cm s = 7 cm O ≈ ____________

d) s = 15 cm d = 3 cm O ≈ ____________

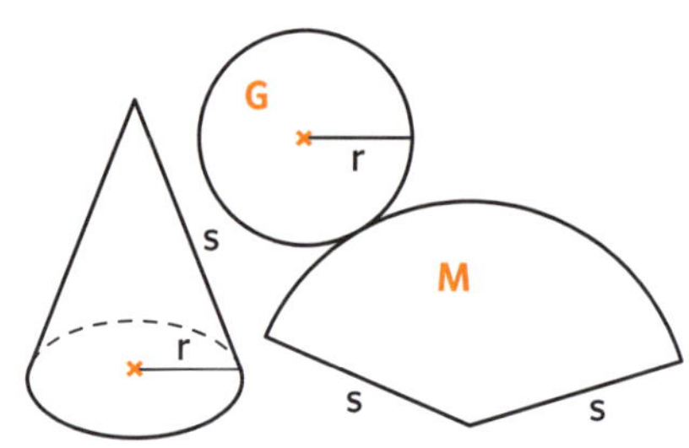

5 Die Grundflächen zweier Kegel werden aufeinandergeklebt. Der Durchmesser beider Kegel beträgt 9 cm. Der obere Kegel hat mit 6 cm Höhe nur zwei Drittel der Höhe des unteren Kegels.

a) Zeichne eine Skizze der Längsschnittfläche des Doppelkegels.

b) Berechne das Volumen des Gesamtkörpers.

V_{gesamt} = ____________________________________

c) Berechne die Größe der Oberfläche dieses Körpers.

O_{gesamt} = ____________________________________

Kugel. Oberfläche und Volumen (1)

1 Berechne die fehlenden Werte für eine Kugel auf zwei Nachkommastellen genau.

	r	d	O	V
a)	4 cm			
b)		0,4 dm		cm^3
c)			$10\ cm^2$	
d)				1 hl

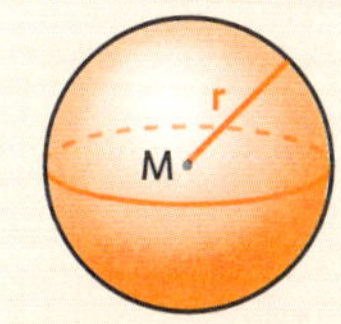

$V =$ ______ π

$O =$ ______ π

2 Die Lufthülle der Erde umfasst 5140 Trillionen Tonnen Luft. Nimmt man die gesamte Atmosphäre der Erde und formt daraus eine Kugel, so entspricht diese Kugel nur 5 % des Erdvolumens.

a) Im Deutschen steht das Wort Trillion für eine Million hoch drei,

also eine Zahl mit ______ Nullen: ______________________ .

b) Der Radius der Erde beträgt rund 6370 km. Das Erdvolumen ist damit:

$V_{Erde} =$ ______________________ ,

davon 5 %: $V_{Atmosphäre} =$ ______________________ .

c) Der Radius der Atmosphärenkugel ist:

$r_{Atmosphäre} =$ ______________________ .

Der Erdradius ist fast ____________ so groß.

3 Einem Würfel mit der Kantenlänge 25 cm wird jeweils eine Kugel ein- bzw. umbeschrieben.

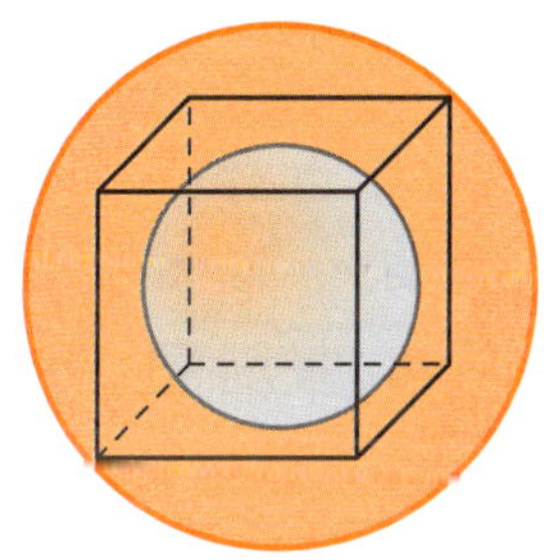

a) Zeichne in die Skizze die Radien der Kugeln ein.

b) Berechne den Radius der äußeren Kugel.

$r_{Außenkugel} =$ ______________________

c) Berechne die Volumen der drei Körper.

$V_{Außenkugel} =$ ______________________

$V_{Würfel} =$ ______________________

$V_{Innenkugel} =$ ______________________

d) Berechne die Oberflächen der drei Körper.

$O_{Außenkugel} =$ ______________________

$O_{Würfel} =$ ______________________

$O_{Innenkugel} =$ ______________________

4 Ein Modell-Heißluftballon hat annähernd die Form einer Kugel. Die Oberfläche beträgt $100\ m^2$.

a) Berechne seinen Radius. $r \approx$ ______________________ m

b) Berechne sein Volumen. $V \approx$ ______________________ m^3

5 Kugeln zum Kugelstoßen sind aus Eisen, das eine Dichte von 7,85 g je cm^3 hat.

a) Eine Kugel für Männer hat einen Durchmesser von 11,5 cm und wiegt ______ kg.

b) Welchen Radius besitzen Kugeln für Schüler mit einer Masse von 4 kg?

$V_{Kugel} =$ ______________________ $r =$ ______________________

1 Paula besitzt eine halbkugelförmige Schale. Der Innendurchmesser der Schale beträgt 32 cm. Sie gießt den Inhalt der randvoll mit Wasser gefüllten Schale in ein zylinderförmiges Gefäß mit einem Innendurchmesser von 32 cm. Wie hoch steht die Flüssigkeit in dem Gefäß?

V_{Schale} = ______ $h_{Flüssigkeit}$ = ______

Die Flüssigkeit steht im Zylinder ______ hoch.

2 Claes Oldenburg fertigte 1977 drei riesige Betonkugeln (Durchmesser 3,5 m) für die erste Skulptur-Ausstellung am Aasee in Münster.

a) Die Kugeln müssen regelmäßig von Schmutz und Graffiti befreit werden. Pro Quadratmeter rechnet man dabei mit drei Arbeitsstunden. Wie lange braucht man, um die drei Kugeln sachgerecht zu säubern?

O_{Kugeln} = ______

Man benötigt rund ______ Arbeitsstunden zum Säubern.

b) Berechne das Gewicht einer Kugel, wenn ein Kubikmeter Beton 2400 kg wiegt.

V_{Kugel} = ______

Eine Kugel wiegt ______ kg = ______ t.

3 Vergleiche die Oberfläche des Zylinders mit der Oberfläche der einbeschriebenen Kugeln.

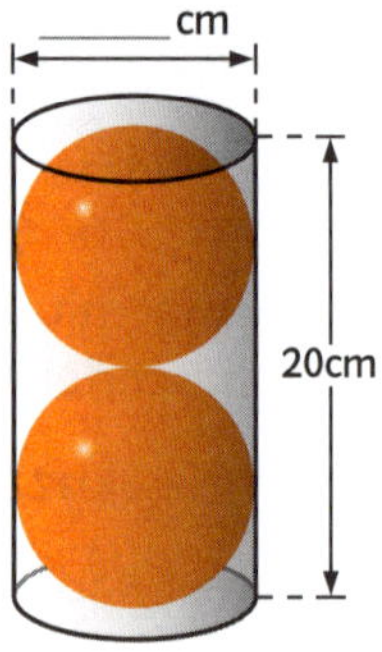

Zylinderhöhe = ______ Zylinderradius = ______

$O_{Zylinder}$ = ______

O_{Kugeln} = ______

Die Oberfläche der Kugeln zusammen ist um ______ % kleiner als die Oberfläche des Zylinders.

4 Eine Schokoladenkugel hat einen Außenumfang von 25,13 cm. Sie wiegt 50 g.

a) Berechne den Radius der Schokoladenkugel.

$r_{Außenkugel}$ = ______

b) Berechne die Dicke der Schokoladenkugel. Die Vollmilchschokolade wiegt 1,06 g pro cm^3. Das Volumen der Schokolade beträgt also ______.

$V_{Außenkugel}$ = ______

$V_{Innenkugel} = V_{Außenkugel} - V_{Schokolade}$ = ______ $r_{Innenkugel}$ = ______ cm.

Die Schale der Schokoladenkugel ist ______ dick.

c) Die Schokoladenkugel wird in Silberpapier verpackt. Wie viel Papier benötigt man pro Tag, wenn pro Stunde 2000 Stück angefertigt werden und jeden Tag eine Doppelschicht mit je acht Stunden gefahren wird? Rechne zusätzlich mit 15 % Abfall des Papiers.

Es werden ______ m^2 Papier pro Tag benötigt.

Zusammengesetzte Körper (1)

1 Georg hat zu den angegebenen Körpern das Volumen berechnet.

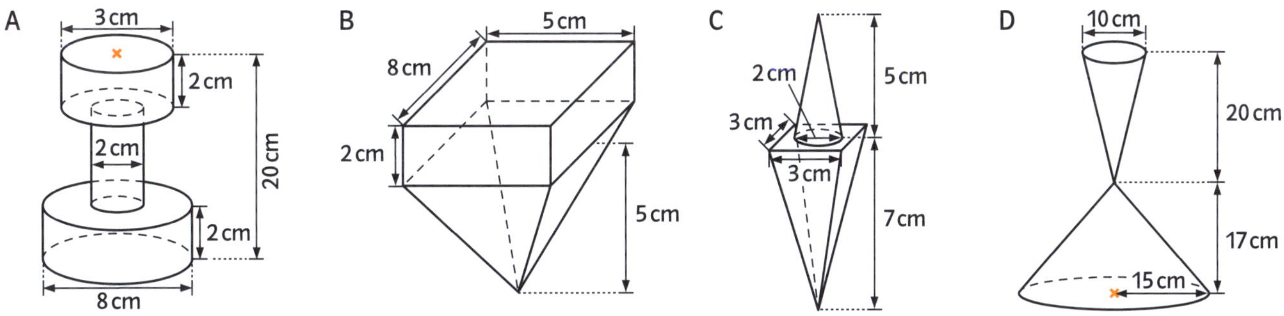

a) Färbe Säulen (Prismen und Zylinder) in einer Farbe und spitz zulaufende Körper in einer anderen.

b) Für Säulen gilt die Formel: V = ____________ c) Für spitz zulaufende Körper ist V = ____________ .

d) Ordne die Rechnungen den Körpern zu und vervollständige die Rechnung.

Körper __ : $\frac{1}{3} \cdot (\pi \cdot$ ____________ $) + \frac{1}{3} \cdot (\pi \cdot$ ____________ $) =$ ____________

Körper __ : $5\,\text{cm} \cdot 8\,\text{cm} \cdot ($ ______ $) + \frac{1}{3} \cdot ($ ____________ $) \cdot ($ ______ $) =$ ____________

Körper __ : $\pi \cdot (1{,}5\,\text{cm})^2 \cdot 2\,\text{cm} + \pi \cdot ($ ______ $)^2 \cdot ($ ______ $) + \pi \cdot ($ ______ $)^2 \cdot ($ ______ $) =$ ____________

Körper __ : $\frac{1}{3} \cdot (3\,\text{cm})^2 \cdot ($ ______ $) + \frac{1}{3} \cdot (\pi \cdot$ ____________ $) =$ ____________

e) Berechne die Oberfläche der zusammengesetzten Körper.

$O_A \approx$ ____________ cm^2 $O_B \approx$ ____________ cm^2 $O_C \approx$ ____________ cm^2 $O_D \approx$ ____________ cm^2

2 Einem Würfel mit der Kantenlänge $a = 10\,\text{cm}$ werden auf allen Seiten gleich große quadratische Pyramiden mit der Höhe 2 cm aufgesetzt.

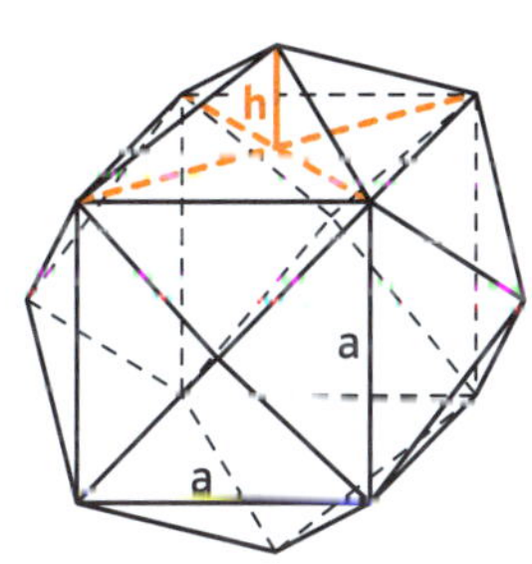

a) Der zusammengesetzte Körper besteht insgesamt aus ___ Würfel und ___ Pyramiden.

b) Das Volumen des Würfels ist $V_{Würfel} =$ ____________ .

c) Das Volumen einer Pyramide ist $V_{Pyramide} =$ ____________ .

d) $V_{Gesamt} =$ ____________

3 Aus einem Quader mit den Kantenlängen $a = 12\,\text{cm}$, $b = 16\,\text{cm}$ und $c = 20\,\text{cm}$ wird ein Kegel mit der Tiefe 6 cm und dem Durchmesser 8 cm herausgefräst.

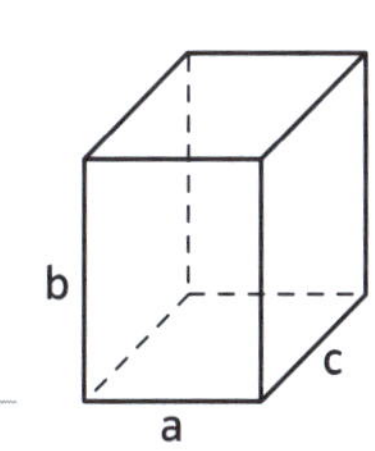

a) Trage die angegebenen Maße ein und skizziere den Kegel.

b) Berechne das Volumen des Restkörpers. $V_{Quader} =$ ____________

$V_{Kegel} =$ ____________ $V_{Restkörper} =$ ____________

1 Die Schwimmboje besteht aus einer Halbkugel, einem ____________ und einem ____________ .

a) Berechne das Volumen.

$V_{Halbkugel}$ = ____________

$V_{Zylinder}$ = ____________

____

V_{Kegel} = ____________

____

V_{Gesamt} = ____________

b) Berechne die Oberfläche.

____

____

____

____

____

____

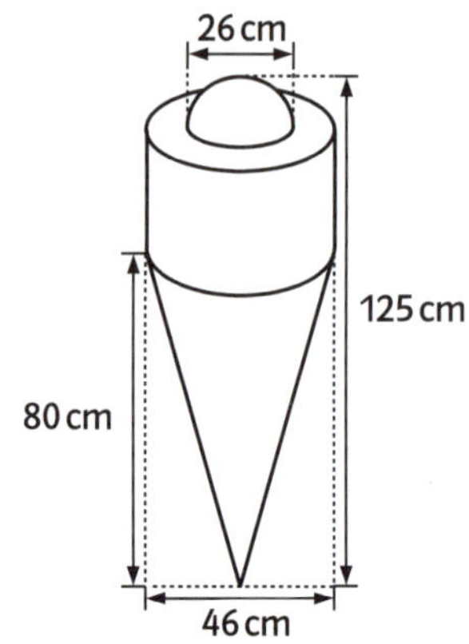

2 Die Ulmer Stadtbücherei besteht aus einer gläsernen Pyramide und drei aufeinandergesetzten Quadern mit quadratischer Grundfläche. Das Gebäude ist insgesamt 35 m hoch.

a) Miss zunächst die Höhe des Gebäudes in der Abbildung: ____________ .

Die Pyramide hat eine Kantenlänge von ____________ m und eine Höhe von ____________ m. Vereinfachend nehmen wir an, dass der untere Teil des Gebäudes aus einem Quader mit der Länge 3,9 cm ≙ ______ m und der Höhe von 1,5 cm ≙ ______ m besteht.

b) Berechne das Volumen des vereinfachten Gebäudes.

____________ ____________ V_{Gesamt} = ____________

c) Berechne die Seitenflächen der Pyramide und des vereinfachten Quaders.

____________ ____________ O_{Gesamt} = ____________

d) Der tatsächliche Wert für die Glasoberfläche beträgt ca. 5000 m². Das sind rund ______ % mehr.

3 Ein Würfel hat die Kantenlänge 10 cm.

Auf jede der ________ Seitenflächen des Würfels wird ein 18 cm hoher Kegel mit r = 5 cm aufgesetzt. Fertige zuerst eine Teilskizze an, in der alle gegebenen Größen abzulesen sind. Berechne das Volumen und die Oberfläche des zusammengesetzten Körpers.

V_{Gesamt} ≈ ____________

s_{Kegel} ≈ ____________

O_{Gesamt} ≈ ____________

4 Ein Partyzelt besteht aus einem pyramidenförmigen Dach und vier rechteckigen Seitenwänden.

a) Berechne das Volumen des Zeltes.

V = ____________

b) Berechne, wie viel m² Zeltplane für die Herstellung des Zeltes benötigt werden, wenn man mit 15 % Verschnitt rechnet.

____

____

Es werden ______ m² benötigt.

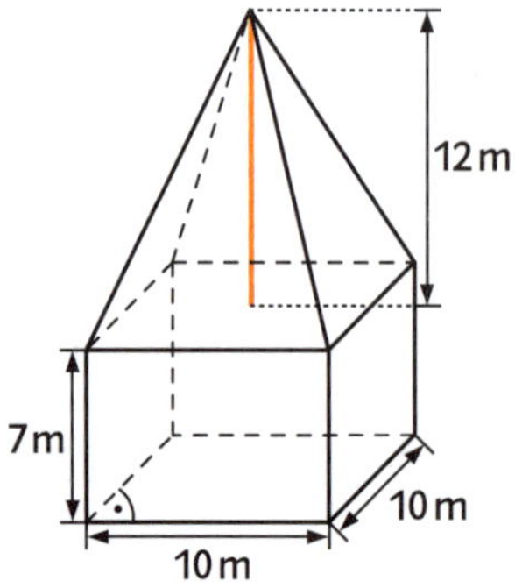

Oberfläche einer Pyramide

Die Oberfläche einer Pyramide besteht aus der Grundfläche G und dem Mantel M (Summe der dreieckigen Mantelflächen).
O = G + M

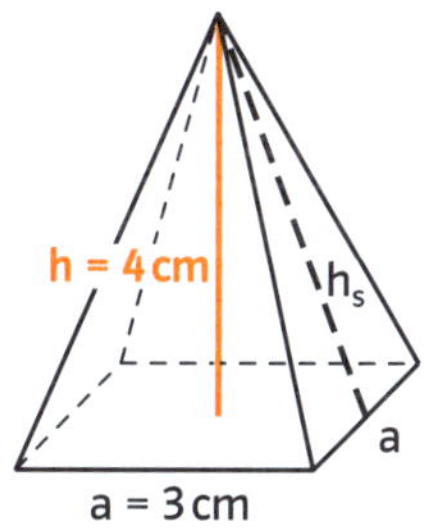

■ Berechne die Oberfläche der Pyramide.

$h_s^2 = h^2 + \left(\frac{a}{2}\right)^2$

$h_s = \sqrt{h^2 + \left(\frac{a}{2}\right)^2} =$ ___________

$M = 4 \cdot \frac{a \cdot h_s}{2} =$ ___________

O = ___________

Volumen einer Pyramide

Das Volumen einer Pyramide mit der ______-______ G und der Körperhöhe h ist $V = \frac{1}{3} \cdot G \cdot h$.

■ Berechne das Volumen der oben abgebildeten quadratischen Pyramide.

$G = a^2 =$ ______ V = ___________

Kegel

Bei einem Kegel mit dem Radius r, der Seitenlänge s und der Höhe h berechnet man das Volumen
$V = \frac{1}{3} \cdot \pi \cdot r^2 \cdot h$
und die Oberfläche
$O = G + M = \pi \cdot r^2 + \pi \cdot r \cdot s$.
Die Bogenlänge b des Kegels ist dabei gleich dem Umfang des Grundkreises: $b = 2 \cdot \pi \cdot r$.

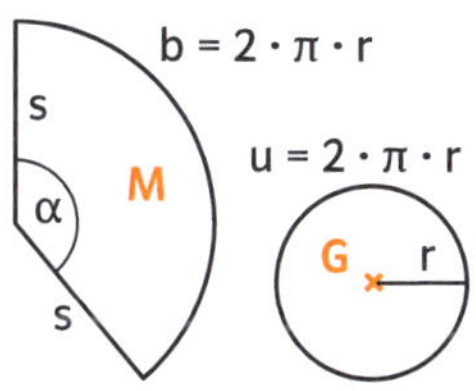

■ Berechne Volumen und Oberfläche des Kegels.

V = ___________

$s^2 = h^2 + r^2$

$s = \sqrt{h^2 + r^2} =$ ___________

M = ___________

O = ___________

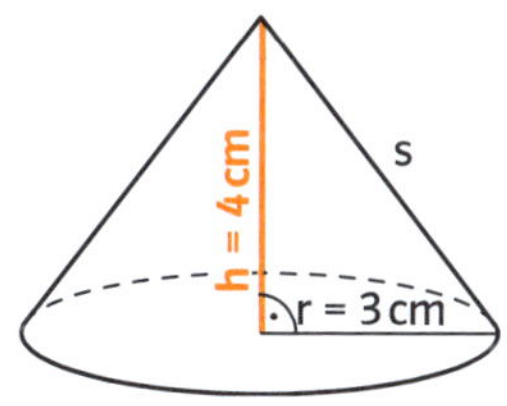

Schrägbild von Pyramide und Kegel

Beim Zeichnen eines Schrägbildes werden alle Strecken der Grundfläche, die ___________ zur Zeichenebene verlaufen, auf die ________ verkürzt und unter einem Winkel von ____° gezeichnet.

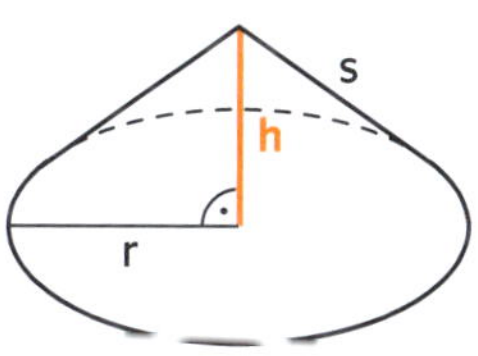

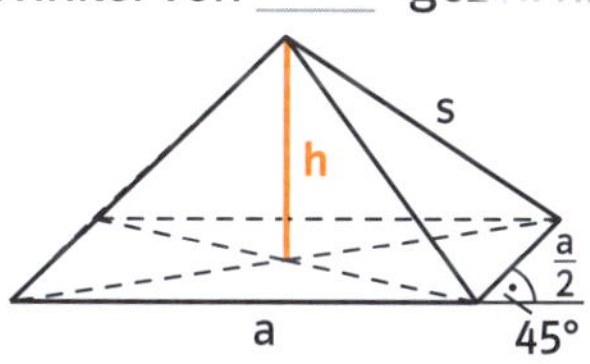

■ Zeichne das Schrägbild der quadratischen Pyramide für a = 4 cm und h = 3 cm fertig.

Kugel

Bei einer Kugel mit dem Radius r berechnet man das Volumen V mit
$V = \frac{4}{3} \cdot \pi \cdot r^3$
und die Oberfläche O mit
$O = 4 \cdot \pi \cdot r^2$.

■ Berechne Volumen und Oberfläche der Kugel.

$r = \frac{d}{2} =$ ___________

V = ___________

O = ___________

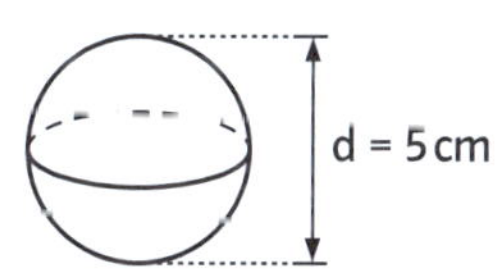

Zusammengesetzte Körper

Bei zusammengesetzten oder ausgehöhlten Körpern muss man für die Volumenberechnung die einzelnen Volumen der Teilkörper addieren oder subtrahieren.
Die Oberfläche zusammengesetzter oder ausgehöhlter Körper berechnet man als die Summe der Einzelflächen.

■ Berechne Volumen und Oberfläche des Körpers.

$V_{Kegel} =$ ___________

$V_{Halbkugel} =$ ___________

$V_{gesamt} \approx$ ___________

$O_{gesamt} = M_{Kegel} + O_{Halbkugel} \approx$ ________ cm^2

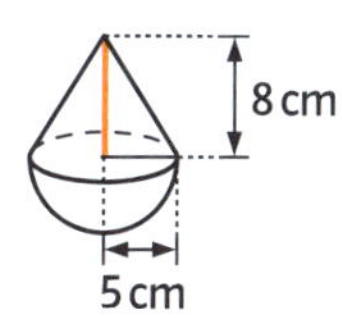

1 Die Kerzen A, B, C und D brennen. Die Funktionsgleichungen geben jeweils die Höhe h (in cm) einer Kerze in Abhängigkeit von ihrer Brenndauer t (in Stunden) an.

A: $h(t) = -t + 22$ B: $h(t) = -1{,}5t + 30$
C: $h(t) = -0{,}8t + 15$ D: $h(t) = -0{,}8t + 12$

a) Welche Höhe hat die Kerze B vor dem Anzünden? ______

b) Um wie viel cm wird Kerze A jede Stunde kürzer? ______

c) Welche Kerze wird am schnellsten kürzer? ______

d) Welche Kerze war anfangs am kleinsten? ______

e) Wann sind die Kerzen A und B gleich hoch? ______

f) Wie lange brennt Kerze D? ______

g) Zeichne die Funktionen A, B, C und D in das Koordinatensystem ein.

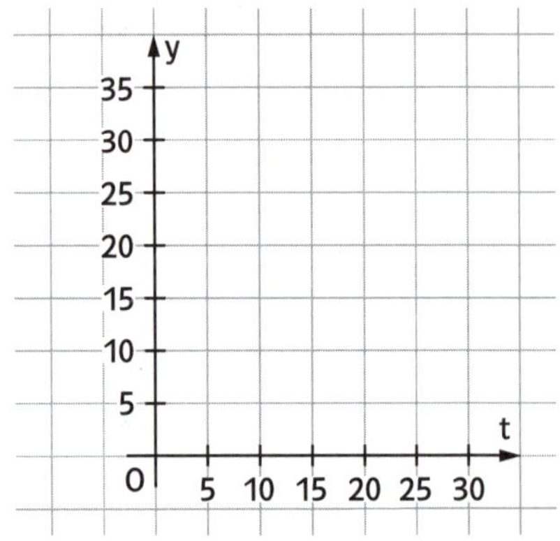

h) Die Graphen A und B haben einen gemeinsamen Schnittpunkt, C und D nicht. Was bedeutet das?

______

2 Berechne Umfang und Flächeninhalt der Figur.

u = ______ A = ______

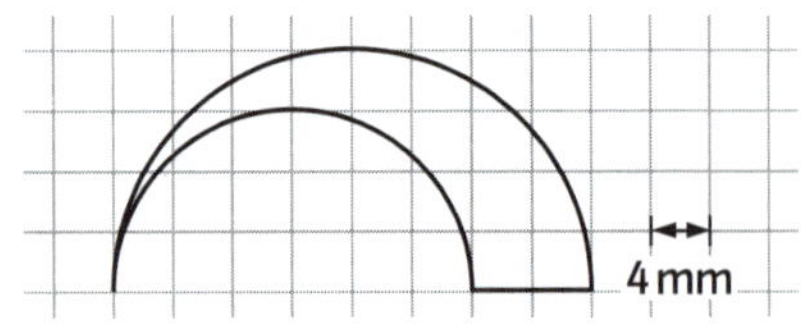

3 a) Bestimme die Entfernung der Orte Angelhausen (A) und Bielhof (B). Löse die Aufgabe auf zwei Rechenwegen.
Weg 1: Wende erst den Satz des Pythagoras, dann den Höhensatz an.

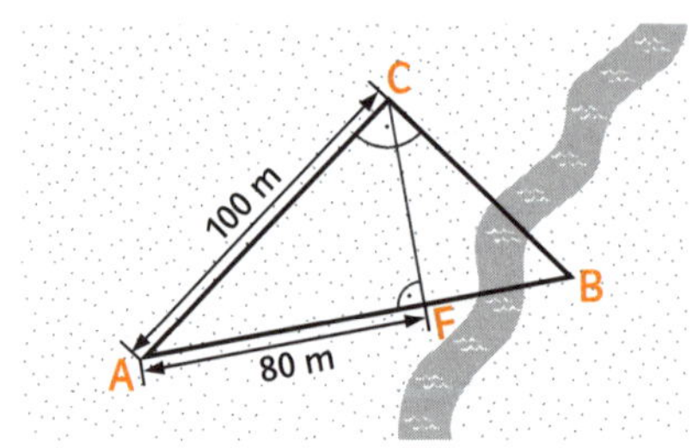

Weg 2: Benutze den Kathetensatz. ______

b) Berechne den Umfang des Dreiecks ABC.

c) Berechne den Flächeninhalt des Dreiecks.

4 Maria und Jo würfeln abwechselnd mit zwei Würfeln. Maria gewinnt, wenn die beiden Würfel die Augensumme 4 zeigen, Jo gewinnt, wenn seine Augensumme 6 beträgt. Maria darf anfangen.

a) Bei welchen Würfen gewinnt Maria?

b) Gib die Wahrscheinlichkeit dafür an:

c) Bei welchen Würfen gewinnt Jo?

d) Gib die Wahrscheinlichkeit dafür an:

e) Wie groß ist die Chance, dass beide mit dem ersten Wurf nicht gewinnen?

f) Wie groß ist die Chance, dass beim zweiten Wurf einer von beiden gewinnt?

1 Eine Firma erhält wöchentlich rund 1000 E-Mails. Darunter befindet sich ein großer Anteil unerwünschter Werbemails (Spam), die vom Spamfilter der Firma aber größtenteils aussortiert werden.

a) Fülle die Vierfeldertafel für eine Anzahl von 1000 Mails vollständig aus.

	Mail aussortiert (a)	Mail nicht aussortiert (na)	gesamt
Mail ist Spam (S)			870
Mail ist kein Spam (kS)	9		
gesamt		147	1000

b) Ergänze das zugehörige Baumdiagramm.

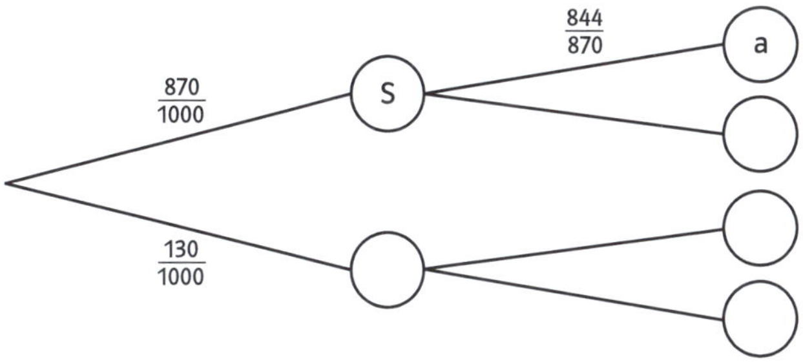

c) Vereinzelt wird eine Spammail vom Spamfilter nicht aussortiert. Dies kommt mit einer Wahrscheinlichkeit

von ________ · ________ = ________ oder bei ______% aller Spammails vor.

d) Noch seltener ist der Fall, dass eine erwünschte Mail aussortiert wird. Hier beträgt die Wahrscheinlichkeit

________ · ________ = ________. Es werden ______% der erwünschten Mails fälschlicherweise aussortiert.

2 Eine Regentonne hat einen Innendurchmesser von 80 cm und eine Innenhöhe von 1,20 m.

a) Wie viel Liter Wasser enthält die Tonne, wenn sie zu 80 % gefüllt ist?

____

b) Wie hoch steht das Wasser, wenn 450 l in der Tonne sind?

____

c) Wie viel l/m² kann man im Garten (0,078 ha) verteilen, wenn die Tonne voll ist?

____

3 Von zwei Körpern ist bekannt, dass sie jeweils ein Volumen von zwei Litern haben.

a) Berechne den Durchmesser für die Kugel in cm.

____

b) Berechne die Kantenlänge des Würfels.

____

c) Um wie viel Prozent ist die Oberfläche des Würfels größer als die der Kugel? ____________

d) Kai behauptet: „Die Raumdiagonale eines Würfels verdoppelt sich, wenn sich das Volumen verdoppelt." Was meinst du dazu?

____

____

____

____

4 Gib die Scheitelpunkte der Parabeln an.
Wie lautet die Funktionsgleichung der verschobenen Normalparabel?

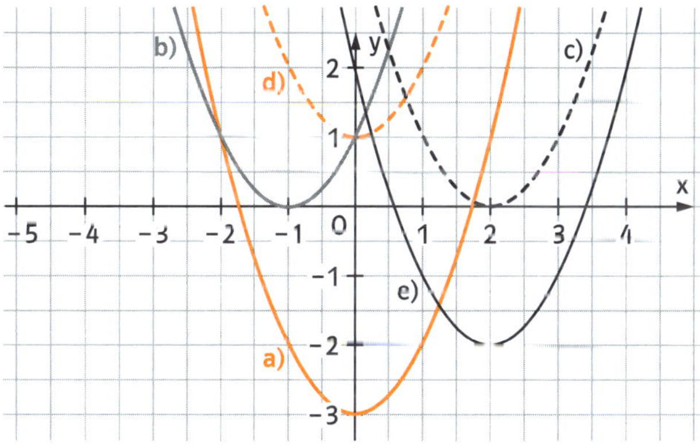

a) S(____ | ____) f(x) = ____________

b) S(____ | ____) f(x) = ____________

c) S(____ | ____) f(x) = ____________

d) S(____ | ____) f(x) = ____________

e) S(____ | ____) f(x) = ____________

1 Ein Lkw startet um 8:30 Uhr mit konstanter Geschwindigkeit von 80 km/h in die 480 km entfernte Stadt. Eine Stunde später fährt ein Pkw mit einer konstanten Geschwindigkeit von 120 km/h hinterher.

a) Wann kommen die beiden Fahrzeuge an ihrem Fahrtziel an?

Lkw: ______________________

Pkw: ______________________

b) Zeichne die Weg-Zeit-Diagramme der beiden Fahrzeuge.

c) Um ________ Uhr holt der Pkw den Lastwagen ein.

d) Um 9:30 Uhr startet ein Pkw mit 100 km/h in die Gegenrichtung. Zeichne auch für dieses Fahrzeug das Diagramm.

Wann begegnen sich die beiden Pkws? ________

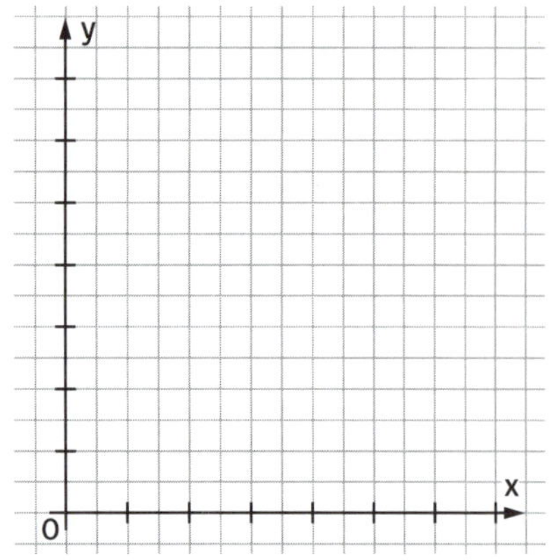

e) Wie man der nebenstehenden Grafik entnehmen kann, verändert sich der Benzinverbrauch mit der Geschwindigkeit.

e 1) Ein Pkw verbraucht bei 90 km/h nur 3,9 l auf 100 km. Wie viel Benzin benötigt er für eine Strecke von 480 km?

____

e 2) Bei einer Geschwindigkeit von 120 km/h verbraucht dieses Fahrzeug 5,5 l auf 100 km. Wie viel weiter kommt man mit einer Tankfüllung von 40 l mit der geringeren Geschwindigkeit?

____

Benzinverbrauch bei konstanter Geschwindigkeit

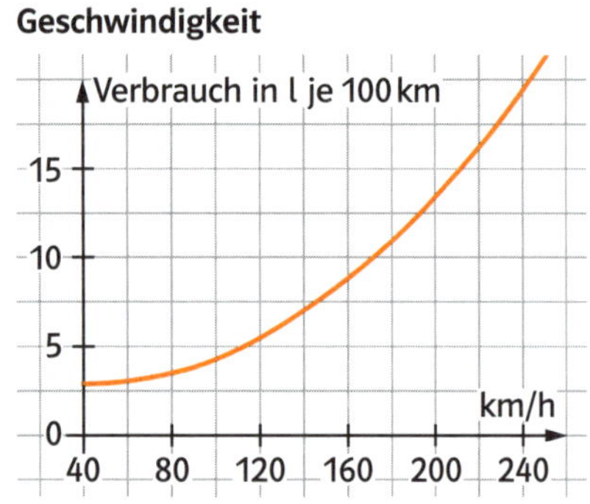

____

____

f) Die Kurve zeigt den Verbrauch in Litern je 100 km bei einer konstanten Geschwindigkeit x.
Die Berechnung des Benzinverbrauchs y in Litern pro 100 km in Abhängigkeit von der Geschwindigkeit x kann dabei durch die folgende Formel angegeben werden:
$y = f(x) = a \cdot (x - 40)^2 + b$ (Die Kurve beginnt erst bei 40 km/h, da mit dem höchsten Gang gefahren wird.)

f 1) Gib die Koordinaten des Scheitelpunktes der Parabel an: ________

f 2) Ermittle mithilfe der Angaben über den Benzinverbrauch bei 90 km/h bzw. 120 km/h aus Teilaufgabe e) die Parameter a und b für das angegebene Fahrzeug. a = ________ ; b = ________ [T1]

g) Eine Autofirma hat eine Umfrage unter Neuwagenkäufern gemacht. 40 % aller befragten Personen waren Frauen. Von diesen wünschen sich 62,5 % beim nächsten Kauf ein kleineres oder gleich großes Auto (k). Von den befragten Männern lehnen zwei Drittel den Kauf eines kleineren oder gleich großen Autos (g) ab.

g 1) Erstelle ein Baumdiagramm.

g 2) Insgesamt wurden 50 000 Personen befragt. Trage die absoluten Häufigkeiten in die Vierfeldertafel ein.

	weiblich	männlich	gesamt
kleineres oder gleich großes Auto			
größeres Auto			
gesamt			

g 3) Welcher Anteil der Befragten wünscht sich ein größeres Auto? ________

[T1] Der Benzinverbrauch ist für 90 km/h und 120 km/h angegeben: 3,9 l/100 km bzw. 5,5 l/100 km.

1 Ungefähr 3 km von der Dortmunder Innenstadt entfernt soll schon bald der Phönixsee entstehen.

a) Schätze die Fläche des Sees anhand des angegebenen Maßstabes. ______

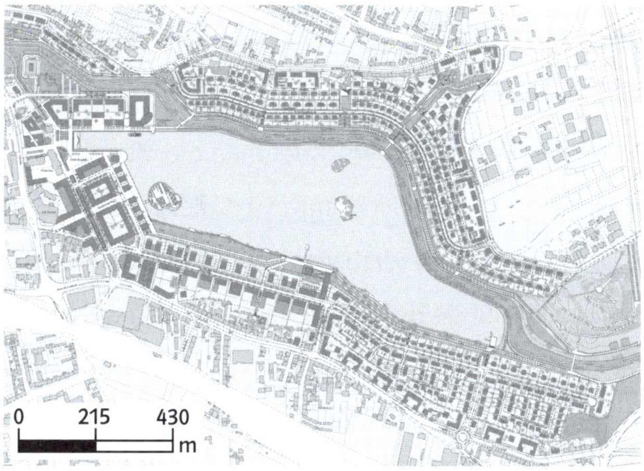

b) Betrachte den angegebenen Maßstab der Karte. In welcher Entfernung müsstest du auf dieser Karte die Innenstadt Dortmunds zeichnen?

______

c) Ein etwa 3,4 km langer Spazier- und Radweg soll um den See herum angelegt werden.

c 1) Leon benötigt beim normalen Dauerlauf für 5000 m eine halbe Stunde. Wie lang würde er für den Rundweg um den See brauchen?

______

c 2) Ein Spaziergänger bewegt sich mit einer Geschwindigkeit von 0,8 m/s. Gib seine Geschwindigkeit an ______ km/h. Berechne, wie viele Minuten (Sekunden) der Spaziergänger unterwegs ist ______ .

c 3) Der Spaziergänger und Leon umrunden den See in entgegengesetzter Richtung. Sie starten beide am gleichen Ort. Welchen Anteil an ihrer Rundstrecke haben beide zurückgelegt, wenn sie sich treffen? Wie lange brauchen beide dann noch bis zum Ausgangspunkt?

______

______

d) Für den bis zu 3 m tiefen See müssen ungefähr 2,7 Millionen m^3 Boden und Abraum bewegt werden.

d 1) Schreibe zunächst als Zahl und dann in der Potenzschreibweise.

______ m^3 = ______ m^3 = ______ l Abraum

d 2) Welche Kantenlänge hätte ein Würfel mit dem angegebenen Fassungsvermögen? ______ m

d 3) Zum Abfahren des Abraums werden 11 m lange Lkws benutzt, die jeweils 15 m^3 fassen.

Wie lang wäre die Schlange dieser hintereinander fahrenden Lkws? ______ Lkws

d 4) Nachdem zwei Drittel des Abraums weggefahren wurden, werden kleinere Lkws benutzt, die nur 10 m^3 Abraum fassen. Wie viele Lkw-Fahrten werden insgesamt benötigt? ______

e) Das Fassungsvermögen des Sees soll 600 000 m^3 betragen.

e 1) Der See soll mit Grund- und Regenwasser sowie Trinkwasser gefüllt werden. Die Wasserwerke Westfalen geben an, dass die Trinkwassermenge 0,53 % ihres Gesamtjahresabsatzes (106 Millionen Kubikmetern) entspricht.

Der See wird mit ______ m^3 = ______ $10^{\square}$ l Trinkwasser gefüllt.

e 2) Kritiker merken an, dass das Befüllen mit Trinkwasser zu teuer sei. Berechne die Kosten bei einer Trinkwassermenge von 500 000 m^3 und einem Preis von 1,50 €/m^3. Wie verändert sich der Preis bei einer Erhöhung um 10 %? ______ €

e 3) Am tiefsten Punkt des Sees wird ein „hydraulischer Stöpsel" eingebaut, der dazu dient, die Höhe des Wasserspiegels zu regulieren. Damit kann der See innerhalb von 73 Stunden entleert werden. Das bedeutet, dass pro Sekunde ______ Liter den See verlassen.

e 4) In dem leicht getrübten Wasser des Sees nimmt die Lichtintensität pro Meter um 12 % ab. Berechne die Lichtintensität am tiefsten Punkt des Sees. ______

1 Beim Start einer Rakete mit einer Startmasse von 2890 t werden in der ersten Minute 804 t Treibstoff verbrannt. Nimm an, dass der Vorgang gleichförmig verläuft.

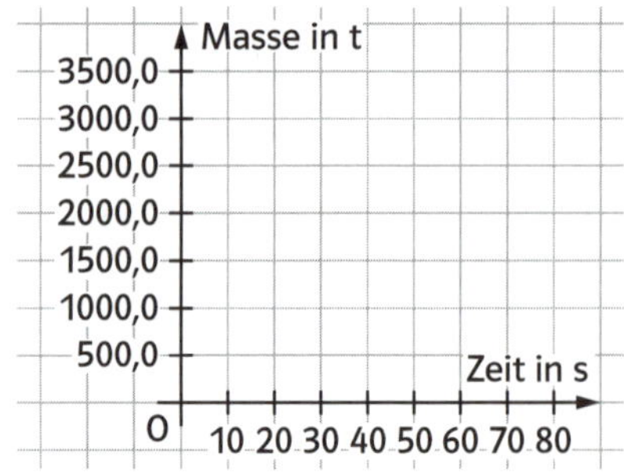

a) Pro Sekunde beträgt der Treibstoffverbrauch

_______________ t = __________ kg.

b) Nach n Sekunden berechnet man die Masse der Rakete mit

y_n = __________________________ . Zeichne den Graphen.

c) Nach ____ Sekunden wiegt die Rakete nur noch 2220 t.

d) Die erste Stufe der Rakete fasst 2000 t Treibstoff. Dieser ist nach etwa ____ Sekunden verbraucht.

2 Familie Busch hat sich in ihrem neuen Bad eine Luxus-Badewanne einbauen lassen. Diese fasst insgesamt 280 Liter Wasser.

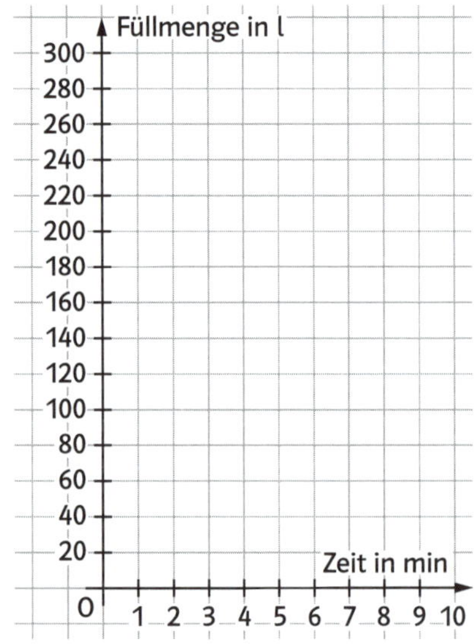

a) Beim Füllen der Badewanne fließen 20 Liter Wasser pro Minute. Stelle den Füllvorgang in der Grafik dar.

b) Bei diesem _______________ Wachstum dauert das Füllen der Wanne ____ Minuten.

c) Beim Entleeren der vollen Badewanne verlassen 28 Liter Wasser pro Minute die Wanne. Stelle dies grafisch dar.

d) In ____ Minuten ist die Wanne leer. Mathematisch gesehen spricht man von einer _______________________ .

e) Würde man bei gefüllter Badewanne den Stöpsel ziehen und ständig Wasser nachfüllen, so wäre die Wanne in ____ Minuten komplett geleert. Zeichne auch diesen Sachverhalt in die Grafik ein.

f) Notiere die Terme zu a) y_n = ____________ , zu c) y_n = ____________ und zu e) y_n = ____________ .

3 In der Tabelle ist die Verkehrsfläche (das ist die Fläche, die für den Straßen-, Schienen- oder Luftverkehr sowie den Verkehr auf Wasserstraßen benötigt wird) der Bundesrepublik Deutschland angegeben.

a) Berechne die Veränderung der Verkehrsflächen von Jahr zu Jahr sowie den Anteil der Verkehrsfläche an der Gesamtfläche (357 104 km^2).

	2000	2001	2002	2003	2004	2005	2006	2007
Fläche in km^2	16 441	16 786	17 118	17 200	17 282	17 356	17 446	17 538
Veränderung in km^2	+345							—
Anteil in Prozent	4,60							

b) Exakt lineares Wachstum findet man in den Jahren _______________ .

Über die __________ Jahre liegt näherungsweise lineares Wachstum mit d = ________________________ km^2 = ______________ km^2 vor.

c) Zeichne das Säulendiagramm.

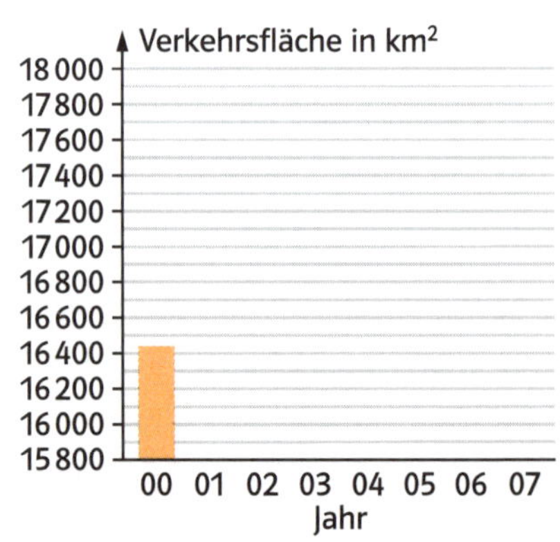

d) Der Term der angenäherten linearen Gleichung ist:

y_n = _____________________________ . Zeichne die Gerade ein.

e) Nach dieser Annäherung überschreitet die Verkehrsfläche in ________ Jahren die Grenze von 17 800 km^2.

1 In der Tabelle findet man die Tourismus-Einnahmen in Milliarden USD ($) für verschiedene Regionen.

a) Berechne die fehlenden Werte.

b) Trage die Wachstumsrate in % und als Dezimalbruch in die Karte ein.

	Europa	Amerika	Asien/ Pazifik	Afrika	Mittlerer Osten
2001	230,1	122,5	87,2	11,7	11,8
2002	240,5	114,3	94,7	11,8	13,0
absolute Zu-/ Abnahme	+10,4				
Wachstums-faktor	1,0452				

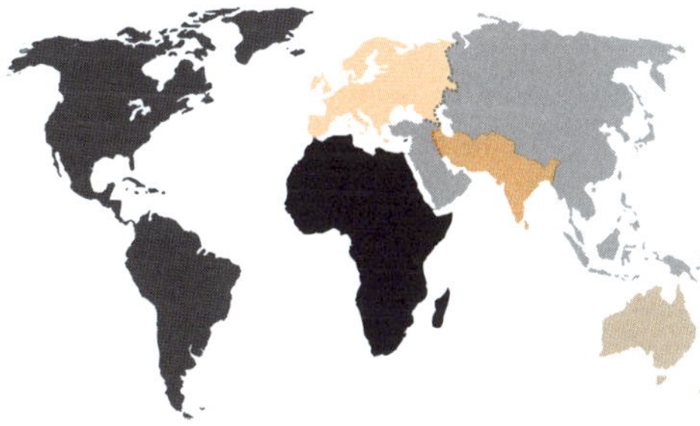

2 Färbe die vier zusammengehörenden Kärtchen in einer Farbe und fülle die Lücken.

(A) Der Umsatz von 12 Millionen hat um 2% zugenommen.

(B) Die Produktion hat sich um 2% auf 12 Millionen Stück verringert.

(C) Der Wert ist um das 1,02-Fache auf 12,24 Millionen gestiegen.

Der Wachstumsfaktor beträgt ______.

Der Wachstumsfaktor beträgt ______.

Der Wachstumsfaktor beträgt 1,02.

Die alte Größe erhält man, wenn man ______ durch ______.

Die alte Größe erhält man, indem man ______ durch 0,98 dividiert.

Die neue Größe erhält man, indem man ______ mit 1,02 multipliziert.

Der alte Wert betrug ______.

Der neue Umsatz beträgt ______.

Die Produktion lag vorher bei ______ Stück.

3 Klaus hat anhand von alten und neuen Größen die Wachstumsraten und -faktoren berechnet. An einigen Stellen hat er sich verrechnet. Streiche falsche Rechnungen durch und berichtige.

	alte Größe	neue Größe	Zu-/Abnahme	Wachstumsrate	Wachstumsfaktor
a)	1200	1500	+300	25% = 2,5	1 + 2,5 = 3,5
b)	900	873	27	3% = 0,03	1 − 0,03 = 0,97
c)	45	63	−13,5	40% = 0,40	1 − 0,4 = 0,60

4 In Zeitungsartikeln findet man oft auch Angaben über Wachstum. Die dort angegebenen Prozentzahlen sind nicht immer die Wachstumsraten. Beantworte zu den Meldungen die darunter stehenden Fragen.

a)

Im Jahr 2007 wurden rund 437 000 t Butter in Deutschland produziert, 2008 waren es rund 465 000 t.

p% = ______

q = ______

Wie viele Tonnen Butter wurden mehr produziert?

______

b)

Ein großer Computerhersteller hat 2009 im zweiten Quartal 2 220 000 Computer ausgeliefert. Das sind 3% weniger als im entsprechenden Vorjahresquartal.

p% = ______

q = ______

Wie viele Computer wurden im zweiten Quartal 2008 ausgeliefert?

______

c)

Der Tschadsee, das größte Süßwasserreservoir Afrikas, ist in den vergangenen 40 Jahren auf 10% ($2500\,km^2$ im Jahr 2009) seiner Fläche geschrumpft.

p% = ______

q = ______

Wie groß war die Seefläche vor vier Jahrzehnten?

______

1 Die Tabellen beschreiben jeweils einen Wachstumsvorgang. Die Werte in der rechten Tabelle sind auf zwei Dezimale gerundet. Ergänze den Lückentext.

a)

n	0	1	2	3	4	5
W_n	10	13	16	19	22	25

Die Tabelle beschreibt einen ______________ Wachstumsvorgang, da die ______________ zweier aufeinanderfolgender Werte ____________ ist (hier: _____). Es gilt: W_{20} = 10 ____________ = ____________ .

b)

n	0	1	2	3	4	5
W_n	2,00	2,40	2,88	3,46	4,15	4,98

Die Tabelle beschreibt einen ______________ Wachstumsvorgang, da der ______________ zweier aufeinanderfolgender Werte ______________ ist (hier: _____). Es gilt: $W_{20} \approx$ ______________ .

2 Die Tabellen beschreiben ein lineares Wachstum. Gib die Formel an, mit der man den Wert W_n für den n-ten Abschnitt berechnen kann und ergänze die Lücken.

a)

n	0	3	11		50	
W_n	16	28		76		412

Formel: W_n = ______________

b)

n	0	1		11	15	
W_n	5		7		15	29

Formel: W_n = ______________

3 Die Tabellen beschreiben ein exponentielles Wachstum. Gib jeweils eine Formel an, mit der man den Bestand W_n nach n Schritten berechnen kann und ergänze die Lücken.

a)

n	0	1	2		10
W_n	200		50	3,125	

Formel: W_n = ______________

b)

n	0	1	2		20
W_n		4	5	$9\frac{49}{64}$	

Formel: W_n = ______________

4 In einen Teich werden 40 Forellen eingesetzt.

a 1) Zeichne einen Graphen unter der Annahme, dass die Zahl der Forellen jedes Jahr um zehn Forellen zunimmt.

a 2) Wie lautet der Funktionsterm? Um welche Art von Wachstum handelt es sich?

W_n = ______________

a 3) Wann befinden sich 360 Forellen im Teich?

____

____

b 1) Skizziere einen Graphen unter der Annahme, dass die Zahl der Forellen jährlich um 20 % zunimmt.

b 2) Wie lautet der Funktionsterm? Um welche Art von Wachstum handelt es sich?

W_n = ______________

b 3) Wann befinden sich 360 Forellen im Teich?

____

____

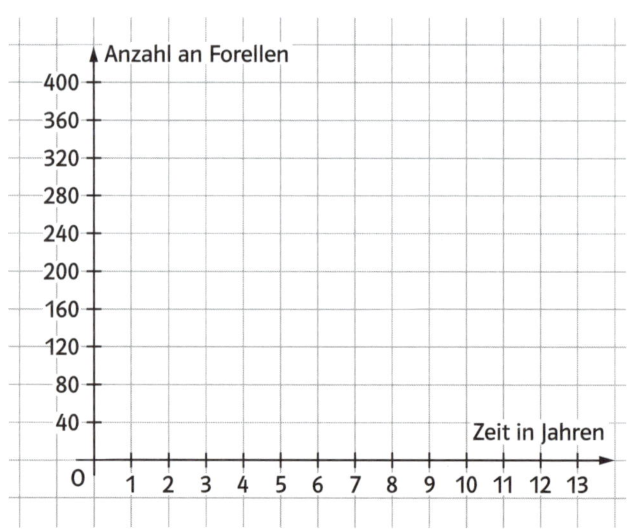

1 Im Jahr 1990 hatte China 1,149 Milliarden Einwohner, 1991 waren es rund 1,164 Milliarden.

a) Bestimme die Wachstumsrate (p %) und den Wachstumsfaktor (q).

p %: ______________________

q (vier Nachkommastellen): ______________________

b) Prognostiziere die Anzahl der Einwohner (vier Nachkommastellen).

1995: $1{,}149$ Milliarden $\cdot\, 1{,}0131^5$ 2000: ____________ 2005: ____________

≈ ____________ ≈ ____________ ≈ ____________

c) Tatsächlich betrugen die Einwohnerzahlen (alle in Milliarden) 1,213 (1995); 1,269 (2000) und 1,312 (2005). Bestimme die Wachstumsraten und -faktoren für ein fünfjähriges Wachstum mit den realen Daten.

	1990 bis 1995	1995 bis 2000	2000 bis 2005
p %			
q			

d) Was fällt dir an den jetzt berechneten Wachstumsraten auf?

____

____

2 In einer Essensprobe befinden sich 400 Bakterien, deren Anzahl sich alle 30 Minuten verdoppelt.

a) Trage die berechnete Anzahl der Bakterien in die Spalte Bakterienzahl ein sowie in die Spalte n die Anzahl der ____________ .

b) Will man die Gleichung der Exponentialfunktion aufstellen, so muss man beachten, dass für das Verdoppeln jeweils 30 Minuten benötigt werden. Trage deine Rechnungen, ausgehend von dem Grundwert 400, in die Tabelle ein.

c) Nach ____________ Minuten sind 204 800 Bakterien vorhanden.

d) Berechne die Anzahl der Bakterien vor der Probenentnahme mithilfe der Gleichung.

Minuten	Bakterienzahl	n	Rechnung
0	400	0	$400 \cdot 2^0$
30			
60			
90			
120			
150			
180			
390			

30 min vorher: ________ 60 min vorher: ________ 90 min vorher: ________ 120 min vorher: ________

3 Ein Kapital von 5000 € wird zu 4,25 % für 30 Jahre fest angelegt.

a) Bestimme Wachstumsrate, Wachstumsfaktor und Endkapital.

____

____

b) Zeichne den Graphen der Kapitalentwicklung für die Anlage.

c) Nach wie vielen Jahren hat sich das Kapital verdoppelt?

____

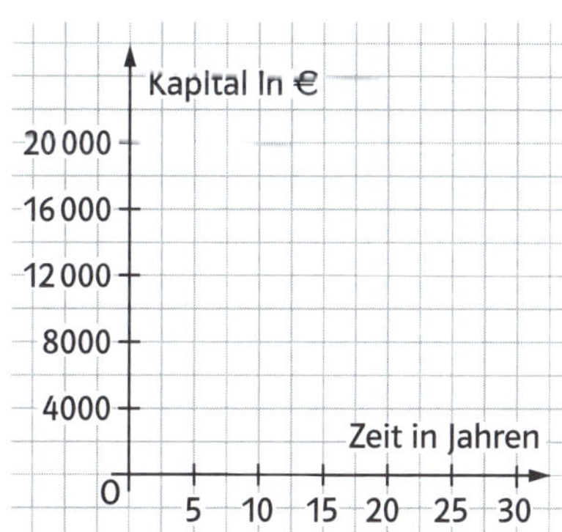

1 Zeichne die Graphen $f(x) = 10^x$; $g(x) = 10^{-x}$; $h(x) = 2^x$ und $i(x) = 2^{-x}$.
Durch Zwischenwerte kannst du noch genauer zeichnen.

x	−3	−2	−1	0	1	2	3
f(x)				1			
g(x)							
h(x)			0,5				
i(x)		4					

Was stellst du fest? ____________________

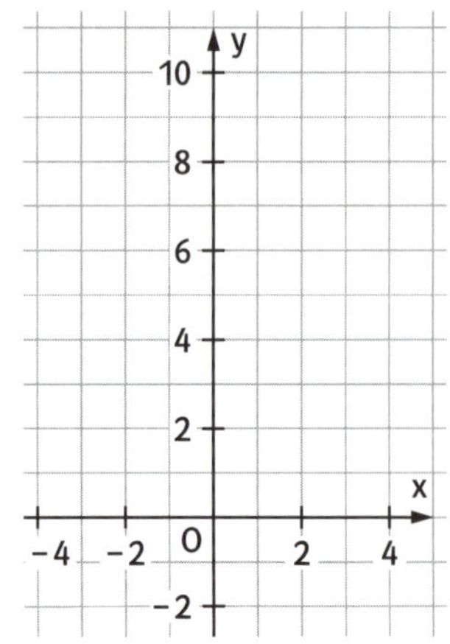

2 Die Exponentialfunktion $f(x) = a^x$ soll durch den angegebenen Punkt gehen. Ordne richtig zu und gib den Buchstaben des passenden Graphen bei der Funktionsgleichung an.

$0{,}25 = a^2$ | P(2 | 0,25) | $16 = a^2$ | P(2 | 16) | $f(x) = 2^x$ | | $f(x) = 4^x$ | | $27 = a^3$ | $f(x) = 5^x$ | | P(4 | 16) | $16 = a^4$ | $125 = a^3$ | $f(x) = 3^x$ | | P(3 | 27) | $f(x) = 0{,}5^x$ | | P(3 | 125)

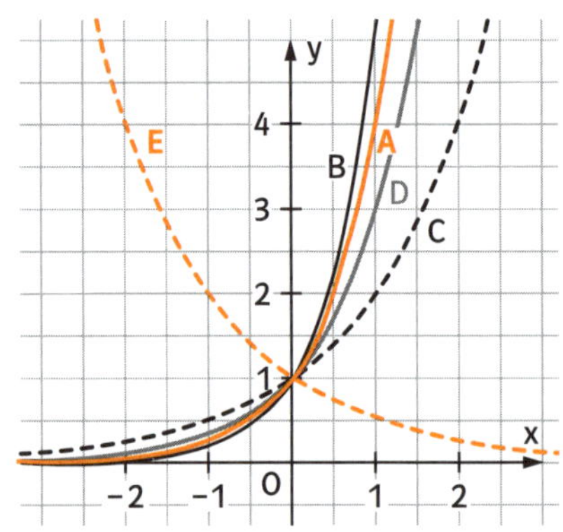

3 Die Exponentialfunktion hat die Form $f(x) = c \cdot a^x$. Bestimme den Funktionsterm und berechne die fehlenden Werte. Runde auf drei Nachkommastellen. Notiere dann den Buchstaben des entsprechenden Graphen. [T1]

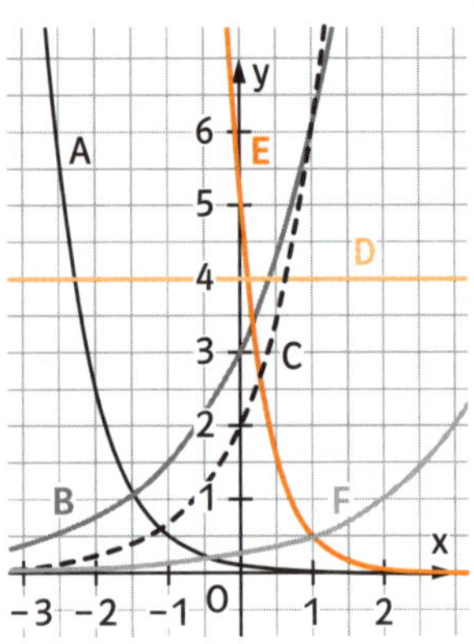

Graph	Term	x: −3	−1	0	0,5	1	2
B	$f(x) = 3 \cdot \square^x$	0,375				6	12
	$f(x) = \square \cdot \square^x$					6	18
	$f(x) = \square \cdot \square^x$					0,5	1
	$f(x) = \square \cdot \square^x$					4	4
	$f(x) = \square \cdot \square^x$	12,5	0,5				
	$f(x) = \square \cdot \square^x$	5000	50				

4 Kreuze die Aussagen an, die für $f(x) = c \cdot a^x$ zutreffen. Ihre Lösungssilben ergeben ein Lösungswort:

____

Term	Aussage	w	Lösungssilben
$f(x) = 4 \cdot 1{,}1^x$	Der Graph steigt, da $a = 1{,}1 > 1$ ist.	○	UN
$f(x) = 4 \cdot 1{,}1^x$	Der Graph steigt, da $c = 4 > 1$ ist.	○	KLET
$f(x) = 4 \cdot 1{,}1^x$	Der Schnittpunkt mit der y-Achse ist S(0 | 4).	○	TER
$f(x) = 4 \cdot 1{,}1^x$	Der Schnittpunkt mit der y-Achse ist S(0 | 1,1).	○	GAR
$f(x) = 0{,}1 \cdot 0{,}2^x$	Der Graph steigt, da $a = 0{,}2 > 0$ ist.	○	TEN
$f(x) = 0{,}1 \cdot 0{,}2^x$	Der Graph fällt, da $a = 0{,}2 < 1$ ist.	○	TAS
$f(x) = 0{,}1 \cdot 0{,}2^x$	Der Schnittpunkt mit der y-Achse ist S(0 | 0,2).	○	TERAS
$f(x) = 0{,}1 \cdot 0{,}2^x$	Der Graph geht durch die Punkte (0 | 0,1) und (2 | 0,004).	○	SEN
$f(x) = 0{,}1 \cdot 0{,}2^x$	Der Graph schneidet im Punkt (100 000 | 0) die x-Achse.	○	WEG

[T1] Betrachte die Schnittstellen mit der y-Achse und beachte, dass $c \cdot a^0 = c$ ist.

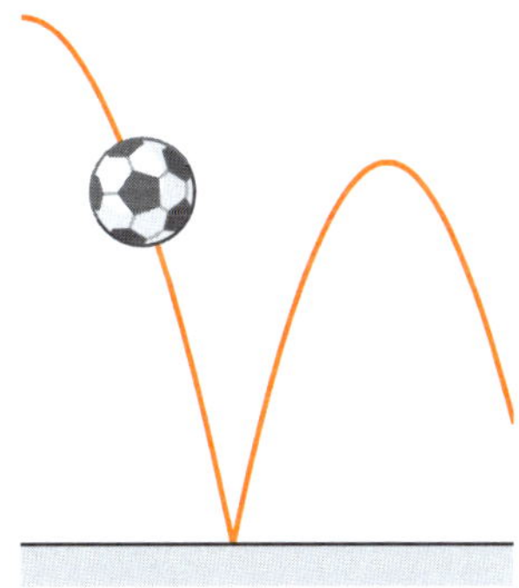

1 Ein Fußball fällt aus 2 m Höhe auf den Boden. Nach dem ersten Aufprall erreicht er eine Höhe von 145 cm. Nimm exponentielle Abnahme an.

a) Berechne die erreichten Höhen des n-ten Aufpralls.

Aufprall	0	1	2	3	4	5	6	7	8
Höhe in m	2	1,45							

b) Bestimme den Funktionsterm W_n = ______________________ .

c) Ab dem ________ Aufprall erreicht der Ball die Höhe von 1 m nicht mehr.

2 Wissenschaftler beobachten, dass sich der Bestand einer seltenen Pflanze im Urwald verringert hat. Zu Beginn des Jahres 2008 gab es in dem Beobachtungsgebiet noch 1500 Exemplare der Pflanze. Ein Jahr später hat sich die Anzahl um 20 % verringert.

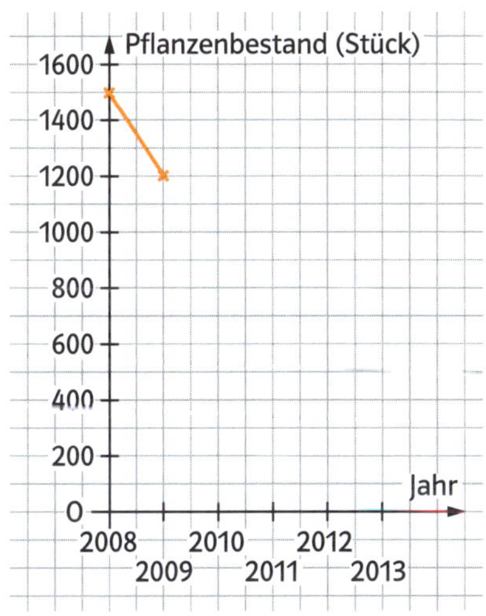

a) Nimm zunächst einmal lineares Wachstum an. Wie viele Pflanzen werden dann 2010 (2011) gezählt? Zeichne die Punkte in das Koordinatensystem ein. Gib die Gleichung für das lineare Wachstum an. ______________

b) Gehe nun von einer exponentiellen Abnahme aus. Dann werden 2010 (2011) nur noch ________ (________) Pflanzen gezählt. Die Gleichung für das exponentielle Wachstum lautet: ______________ .

Zeichne auch diese Funktion in die Grafik ein.

c) Bei linearem Wachstum wird sich der Bestand nach _____ Jahren, bei exponentieller Abnahme nach _____ Jahren halbiert haben.

3 Eine Bakterienkultur besteht zu Anfang aus 800 Bakterien. Die Anzahl verdoppelt sich pro Stunde.

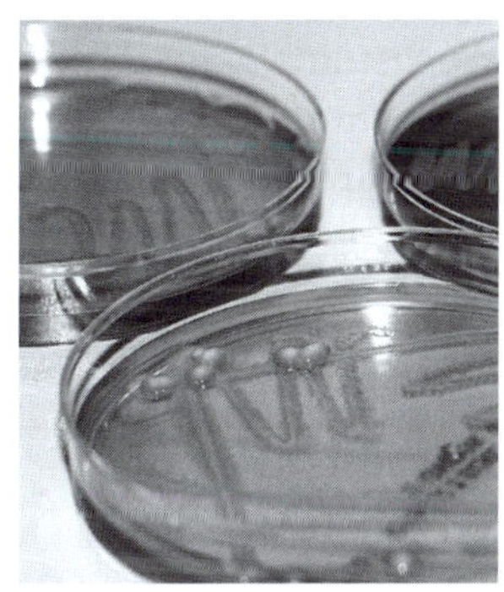

a) Wie lautet der Funktionsterm? ______________________

b) Wie viele Bakterien waren es vor zwei Stunden? ______________________

c) Wie viele Bakterien sind in drei Stunden vorhanden? ______________________

d) Nach _____ Stunden wird sich die Anzahl der Bakterien verhundertfacht haben. Bestimme n: ______________________ .

4 4000,00 € werden bei der Geburt eines Kindes zu 6 % Zinsen pro Jahr fest angelegt.

a) Bestimme die Funktionsgleichung. ______________________

b) Wie viel Geld kann sich das Kind zu seinem 18. Geburtstag auszahlen lassen?

____

c) Tatsächlich ist es jedoch so, dass sich der Zinssatz nach zehn Jahren auf 2 % reduziert. Wie viel Verlust bedeutet diese Entwicklung für das spätere Guthaben?

____

____

____

Fülle die Lücken. Für jeden Buchstaben findest du einen Strich. Löse dann die Beispielaufgaben.

Wachstum und Abnahme

Bestimmt man die _ _ _ _ _ _ _ _ _ _ zwischen neuer Größe und alter Größe in einem bestimmten _ _ _ _ _ _ _ _ _ _ _ _ _ _ _, so spricht man vom Wachstum d.
Ist $d > 0$, so liegt ein (positives) Wachstum vor,
ist $d < 0$, so liegt ein negatives Wachstum, eine _ _ _ _ _ _ _ _, vor.

■ Bestimme das Wachstum d.

	2007	2008	2009	2010
Anzahl	500	625	800	700

■ Markiere im obigen Beispiel die Abnahme.

Durchschnittliches Wachstum

Um das durchschnittliche Wachstum zu bestimmen, rechnet man:

$$\frac{\text{Endgröße} - \_\_\_\_\_\_\_\_\_\_\_\_\_\_}{\text{Anzahl der } \_\_\_\_\_\_\_\_\_\_\_\_\_\_\_}$$

■ Bestimme bei dem obigen Beispiel das durchschnittliche Wachstum.

d = ____________

Wachstumsrate und Wachstumsfaktor

Gibt man das Wachstum d als Prozentsatz an, so spricht man von der **Wachstumsrate p %.** $p\,\% = \frac{\text{neue Größe} - \text{alte Größe}}{\text{alte Größe}}$

Für $p\,\% > 0$ liegt positives Wachstum, bei $p\,\% < 0$ Abnahme vor.

Will man direkt von der alten Größe zur neuen Größe gelangen, so muss man dazu den **Wachstumsfaktor q** bestimmen. $q = 1 + p\,\%$
Ist $q > 1$, so liegt positives Wachstum, bei $0 < q < 1$ Abnahme vor.

■ Bestimme zu obiger Aufgabe jeweils die Wachstumsraten und -faktoren.

	2007/ 2008	2008/ 2009	2009/ 2010
p %			− 12,5 %
q			

Exponentielles Wachstum

Sind die Beobachtungsabschnitte n gleich groß, und bleibt der Wachstumsfaktor q gleich groß, so spricht man von exponentiellem Wachstum. $W_n = W_0 \cdot q^n$
p kann positiv sein (Wachstum) oder negativ (Abnahme).
Dann gilt $q > 1$ oder $0 < q < 1$.

■ Fülle die Lücken für das exponentielle Wachstum.

Jahr n	0	1	2	3
W_n	250	350	490	

p % = ________ ; q = 1 + ________

W_n = ________ · ________^{n}

Exponentialfunktion

Wird ein exponentielles Wachstum in einem Koordinatensystem dargestellt, so erhält man eine Exponentialfunktion. $f(x) = c \cdot a^x$
Für $c = 1$ spricht man von einer Exponentialfunktion, für $c \neq 1$ von einer erweiterten Exponentialfunktion.

■ Ordne die Funktionsterme zu.

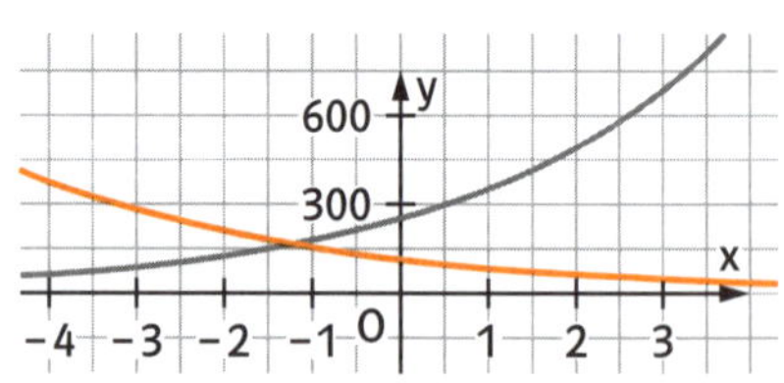

$f(x) = 120 \cdot 0{,}75^x$ $f(x) = 250 \cdot 1{,}4^x$

Lineares Wachstum

Nimmt der Wert einer Größe in gleich großen Abschnitten immer um den gleichen Betrag d zu oder ab, so liegt lineares Wachstum vor.

$W_n = W_0 + n \cdot d$ oder $f(x) = m \cdot x + b$

■ Ergänze für lineares Wachstum.

Jahr n	0	1	2	3
W_n	100	150		

W_n = ________ + n · ________

■ Zeichne den Graphen in das Schaubild oben ein.

1 Die Fontäne eines Springbrunnens hat die Form einer Normalparabel. Legt man das Koordinatensystem so, dass die Spritzdüse im Koordinatenursprung liegt und die x-Achse auf Höhe des Wasserspiegels liegt, so befindet sich der Scheitelpunkt der Fontäne 2,5 m von der Düse entfernt in 6,25 m Höhe über dem Wasserspiegel.

a) Wie lautet der Funktionsterm der Fontäne? ____________________

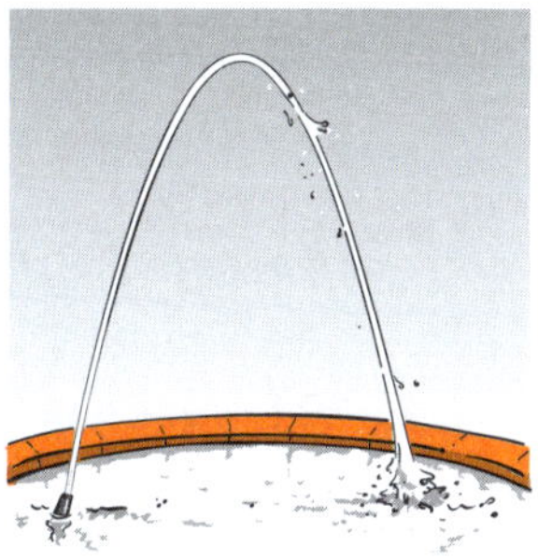

b) Zeichne in die Zeichnung maßstabsgenau das Koordinatensystem ein.

c) Berechne weitere Werte des Graphen und trage sie in die Tabelle ein.
Falls du a) nicht bearbeitet hast, benutze den Term $f(x) = -x^2 - 5 \cdot x - 1{,}25$.

x	1	1,25	2,2	2,7	4,3
f(x)					

d) Welche Höhe hat der Wasserstrahl 2 m von der Düse entfernt? ____________________

e) Die Fontäne liegt in einem kreisrunden Becken, dessen Rand von der Düse und dem Auftreffpunkt der Fontäne 0,5 m entfernt ist. Der Scheitelpunkt der Fontäne befindet sich über dem Mittelpunkt des Kreises.

e 1) Welchen Durchmesser hat dieses Becken? ____________________

e 2) Wie viel Liter Wasser enthält das Becken ungefähr, wenn die Wassertiefe 30 cm beträgt? __________

2 Bei einer Untersuchung wurden Jugendliche befragt: „Wie viele Stunden pro Woche treibst du Sport?" Unten siehst du die ermittelten Ranglisten.

Mädchen	0	0	1	1	1	2	2	2	3	3	3	3	3	4	4	4	5	5	5	7	9	
Jungen	0	0	1	1	2	3	3	3	3	4	4	5	5	5	6	6	6	7	7	9	10	12

a) Insgesamt wurden ____ Mädchen und _____ Jungen befragt.
b) Teile die beiden Ranglisten farbig in Quartile ein. Ergänze dann die folgende Tabelle.

	Minimum	unteres Quartil	Median	oberes Quartil	Maximum
Mädchen					
Jungen					

c) Stelle jeweils den Boxplot für die Mädchen (links) und die Jungen (rechts) dar.

3 Nach einem trockenen Sommer hat sich in einer Talsperre der Wasservorrat verringert.

a) Am Ende des Jahres befanden sich 15,5 Mio. m^3 Wasser in der Talsperre.
Zur Trinkwasseraufbereitung wurden 20 m^3/s entnommen.

a 1) Nimm an, dass das Speicherbecken in etwa die Form eines Prismas hat.
Berechne die Länge x des Speicherbeckens. Runde jeweils auf ganze Meter.

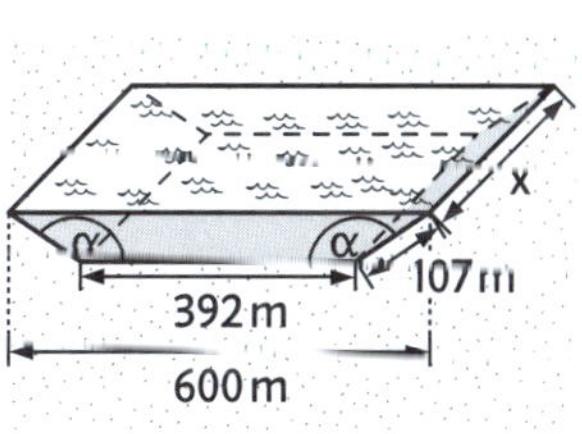

____

a 2) Berechne den Böschungswinkel α. ____________________

a 3) Stelle den Funktionsterm f(d) für die vorhandene Wassermenge in m^3 auf: ____________________

b) Pro Sekunde fließen der Talsperre über einen Fluss 4900 Liter Wasser = ______ m^3 Wasser zu.

b 1) Wie lautet der veränderte Funktionsterm für die Wassermenge? ____________________

b 2) Dieser Zufluss entspricht jedoch nur 20 % des normalen Zuflusses.

normaler Zufluss: ____________ l/s = ________________ l/d = ______________ m^3/d

1 Seit einigen Jahren werden die Bedingungen für Windkraftanlagen auf dem offenen Meer durch Forschungsplattformen erkundet. Zu diesem Zweck wurden die Stationen FINO 1, 2 und 3 installiert, FINO 3 wurde 2009 fertig gestellt (FINO = Forschungsplattform in Nordsee und Ostsee).

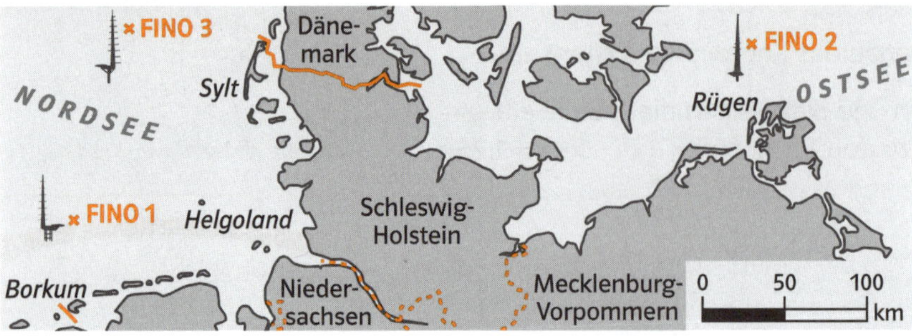

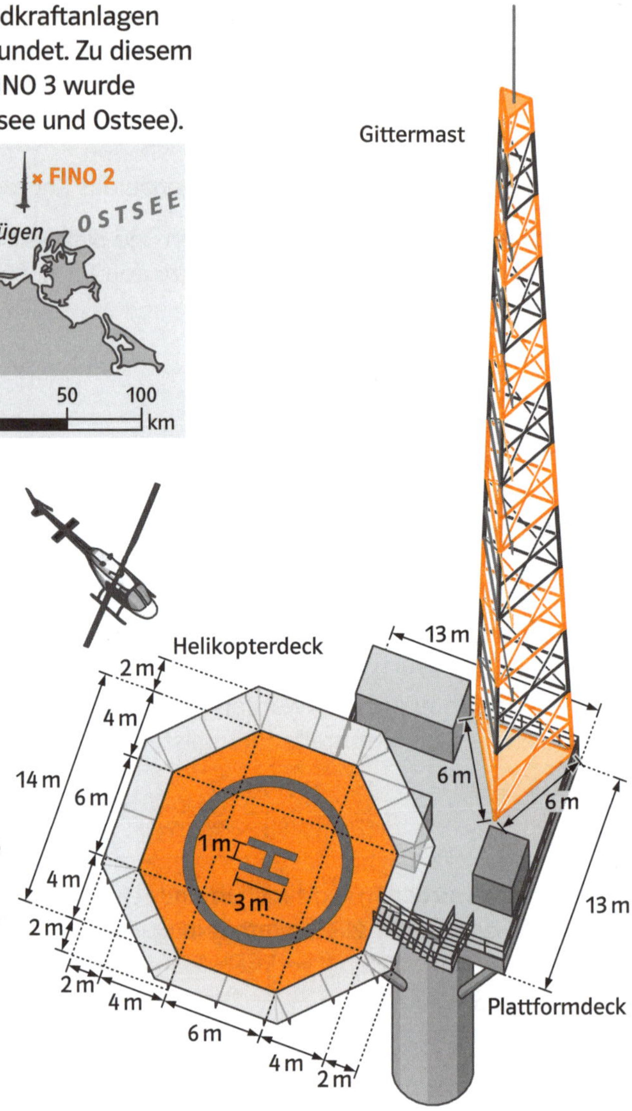

a) Wie lange braucht ein Helikopter, um von FINO 1 nach FINO 3 zu fliegen, wenn seine Durchschnittsgeschwindigkeit 215 km/h beträgt?

b) Der dreieckige Gittermast besitzt 6 m lange Grundseiten. Bestimme die Grundfläche des Mastes.

c) Der Gittermast ist 85 m hoch, an seinem oberen Ende hat die dreieckige Grundfläche noch eine Kantenlänge von 1,8 m. Wie hoch wäre der Mast geworden, wenn die Seiten weitergeführt worden wären?

d) Bestimme die Fläche des achteckigen Hubschrauber-Landeplatzes (ohne das Fangnetz).
Wie viel Prozent dieser Fläche wird durch die gesamte Landekreismarkierung (grau) eingenommen? [T1]

e) Paul nimmt an, dass die Entwicklung der Stromproduktion mit Windenergie zwischen 2000 und 2005 exponentiell verlaufen ist. Überprüfe, ob Pauls Annahme richtig ist.
e 1) Welchen Wert wird er für 2003 berechnen? [T2]

e 2) Begründe anhand der Daten, dass seine Annahme nicht für die gesamte Zeitspanne 2000 bis 2008 richtig sein kann.

Bruttostromerzeugung BRD in Terawattstunden (TWh)					
	2000	2005	2006	2007	2008
Braunkohle	148,3	154,1	151,1	155,1	150,8
Kernenergie	169,6	163	167,4	140,5	148,8
Steinkohle	143,1	134,1	137,9	142	124,6
Erdgas	49,3	71	73,4	75,9	86
Windkraft	9,5	27,2	30,7	39,7	40,5
Wasserkraft	29,4	26,7	26,8	28,1	26,7

[T1] Beachte, dass die Diagonale des innen liegenden Quadrates den Kreisdurchmesser ergibt und die Strichstärke 0,5 m beträgt.

[T2] Rechne mit W_0 für das Jahr 2000 und W_5 für 2005. Eine Terawattstunde sind 1 Billion = 1000 Milliarde = 10^{12} Wattstunden (Vergleich: eine Energiesparlampe mit 10 W verbraucht in einer Stunde 10 Wattstunden).

1 Das über 30 Jahre alte Haus von Familie Meier ($140\,m^2$ Wohnfläche) muss renoviert werden. Der Energieverbrauch lag vor der Sanierung bei jährlich $23\,m^3$ Erdgas pro Quadratmeter. Die 6500 Euro teure neue Heizanlage spart 28 % der Energiekosten. Pro m^3 Erdgas zahlen Meiers zurzeit 70 Cent.

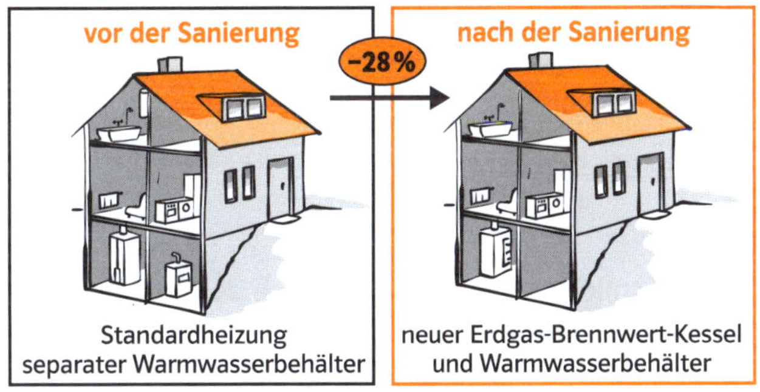

a) Wie lang dauert es, bis sich die Kosten für die Heizung durch die Einsparungen wieder ausgeglichen haben? [T1]

b) Statt eine neue Heizung zu kaufen, könnten Meiers auch 6500,00 € zu 2,5 % p. a. bei einer Bank anlegen. Welche Summe befände sich auf dem Konto, wenn Familie Meier dieses Geld nach zehn Jahren abheben würde (angenommen, erst dann muss die alte Heizung ersetzt werden)? Vergleiche den Betrag mit der Ersparnis durch die neue Heizung (nach zehn Jahren ist die neue Heizung nur noch die Hälfte wert). Lohnt sich das ökologische Verhalten somit auch ökonomisch?

Die größten Energieeinsparpotenziale liegen in Deutschland im Bestand: Bestehende Gebäude brauchen etwa dreimal so viel Energie zur Beheizung wie Neubauten. Außerdem werden rund 87 Prozent des gesamten Energiebedarfs in privaten Haushalten für die Raumerwärmung und Warmwasser benötigt. Durch fachgerechtes Sanieren können bis zu 80 Prozent eingespart werden.
(Quelle: dena, gekürzt)

c) Für die neue Heizung wird ein Warmwasserspeicher installiert. Der Warmwasserspeicher besteht aus einem Stahltank (Durchmesser 800 mm, Höhe 1630 mm) und der Ummantelung des Tanks aus 10 cm dickem Isoliermaterial. 2 % des Innenraums gehen durch Rohranschlüsse und die Steuerungstechnik verloren.

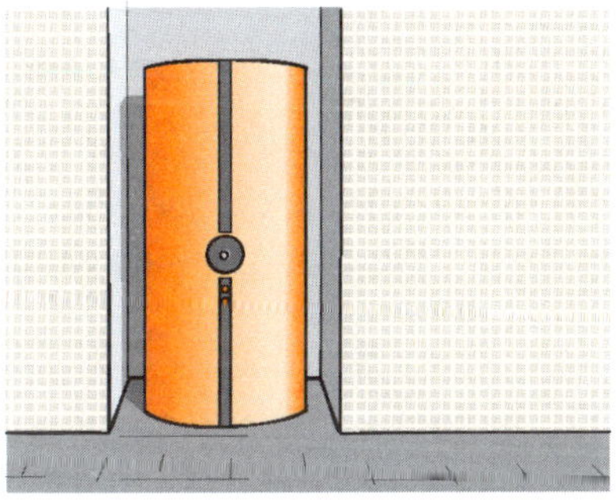

c 1) Hat die Herstellerfirma recht, wenn sie behauptet, dass der Tank ein Volumen von 800 Litern hat?

c 2) Bei Warmwasserspeichern entscheidet die Größe der Tankoberfläche über den Wärmeverlust an die Umgebung. Vergleiche den obigen Tank mit einem quaderförmigen Tank mit quadratischer Grundfläche, gleicher Höhe und gleichem Volumen. Um wie viel Prozent ist die Oberfläche des Quadertanks größer als die des Zylindertanks (rechne ohne Isolierung)? [T2]

d) In mehreren Neubaugebieten werden 250 Einfamilienhäuser gebaut. 45 werden eine Solaranlage für die Warmwasserbereitung besitzen, 100 werden mit Fernwärme beheizt, 90 mit Erdwärme und 60 mit Gas. 80 Häuser werden eine Fotovoltaikanlage auf dem Dach haben und 20 % aller 250 Häuser werden zusätzlich einen Holzofen nutzen.

d 1) Bestimme die Wahrscheinlichkeit, dass bei einem zufällig gewählten Haus eine Solaranlage installiert ist und Erdwärme genutzt wird.

d 2) Wie viele Häuser haben wahrscheinlich einen Holzofen und eine Fotovoltaikanlage?

[T1] Stelle zwei Kostenfunktionen auf. x ist Anzahl der Jahre, f(x) (alte Heizung) bzw. g(x) (neue Heizungsanlage) sind die Kosten in Euro.

[T2] Prismen und Zylinder haben bei gleicher Höhe das gleiche Volumen, wenn die Grundflächen gleich sind.

1 Ein Freizeitpark hat in seinem zehnten Jahr nach Eröffnung insgesamt 250 000 Besucher. Die Betreibergesellschaft erwartet ein jährliches Plus von 9 %.

a) Wie viele Gäste werden im elften Jahr nach der Eröffnung erwartet?

b) Wie viele Gäste erwartet man 20 Jahre nach der Eröffnung?

c) Tatsächlich werden 40 Jahre nach der Eröffnung rund 4 Millionen Besucher gezählt. Um wie viel Prozent weicht die tatsächliche Zahl von den Erwartungen ab?

2 Im Freizeitpark befindet sich eine Achterbahn. Die Beschleunigungsstrecke und die Bremsstrecke verlaufen parallel. Immer zwei Züge der Achterbahn können gleichzeitig abgefertigt werden. Alle 38 Sekunden startet ein Zug mit 18 Fahrgästen in die Beschleunigungsstrecke. Auf dem 853 m langen Rundkurs können bis zu sechs Züge gleichzeitig fahren.

a) Berechne die Anzahl der Fahrgäste pro Stunde.

b) Tatsächlich befördert die Achterbahn durchschnittlich 1500 Fahrgäste pro Stunde. In Spitzenzeiten kommt es zu Wartezeiten von bis zu drei Stunden. Schätze ab, wie lang die Schlange der Wartenden ist.

c) In der Grafik sind einige Attraktionen eines Freizeitparks maßstäblich dargestellt.

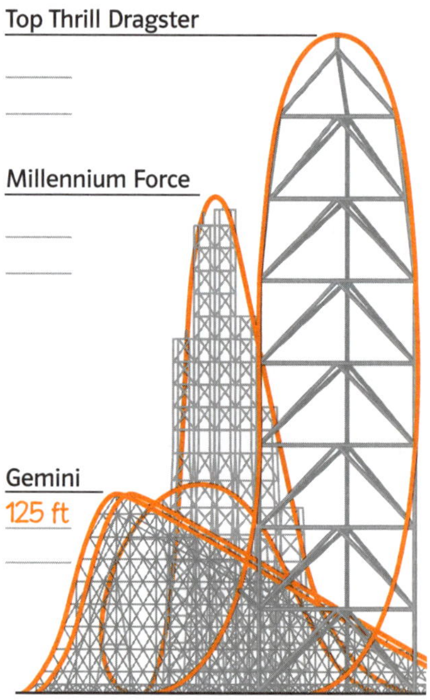

c 1) Miss die Höhe der jeweiligen Attraktion und trage die tatsächliche Höhe ein. Welcher Maßstab wurde verwendet?

c 2) 1ft (foot – am.) entspricht 30,48 cm. Trage die berechneten Höhen auf volle Meter gerundet in die Grafik ein.

c 3) Bestimme, wie breit der Turm des „Top Thrill Dragsters“ ist.

______________ m

c 4) Im oberen Bereich verläuft die Bahn parabelförmig. Rechne für dieses Parabelstück mit einer Höhe von 30 m, einer Breite von 26 m unten und S(0 | ____). Bestimme die Funktionsgleichung der Parabel.

c 5) Welchen Abstand hätten die Bahngleise auf Bodenhöhe, wenn der Parabelbogen bis zum Boden fortgeführt würde?

3 An einem regnerischen Tag besuchen insgesamt 6225 Besucher einen Freizeitpark. Es werden 4254 Eintrittskarten zu ermäßigtem Preis für Kinder, Senioren oder Behinderte verkauft. Bei den anderen Karten handelt es sich um Karten zum vollen Eintrittspreis. Insgesamt nimmt der Park 177 930 € an Eintrittsgeldern ein. An einem sonnigen Tag verkauft man 6312 ermäßigte Karten und 3034 Karten zum normalen Preis. Insgesamt liegen die Einnahmen um 89 582 € höher.

Eine ermäßigte Karte kostet ________ €, der volle Eintrittspreis beträgt ________ €.

1 Markiere im rechtwinkligen Dreieck jeweils Ankathete, Gegenkathete und Hypotenuse von α. Gib dann zu jedem Dreieck sin α, cos α und tan α als Bruch an.

a)

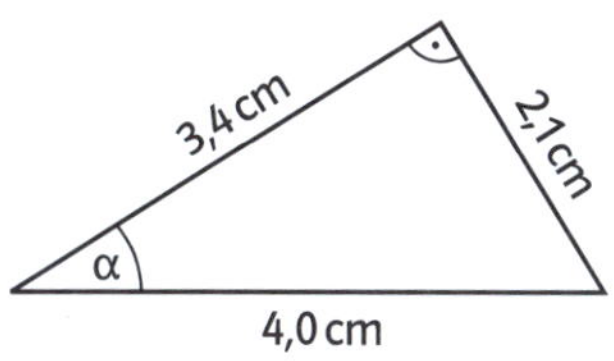

$\sin\alpha = \frac{\square}{\square}$

$\cos\alpha = \frac{\square}{\square}$

$\tan\alpha = \frac{\square}{\square}$

b)

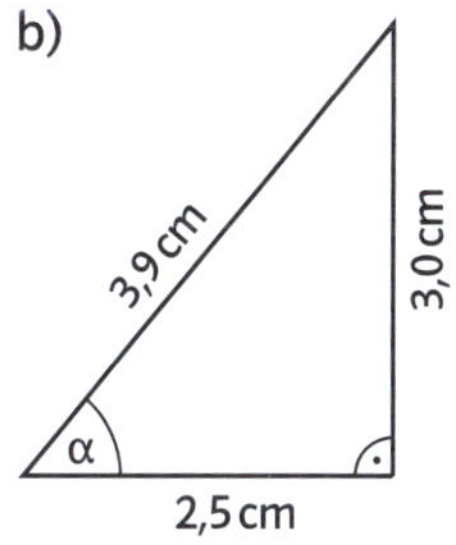

$\sin\alpha = \frac{\square}{\square}$

$\cos\alpha = \frac{\square}{\square}$

$\tan\alpha = \frac{\square}{\square}$

2 Schreibe alle unterschiedlichen Möglichkeiten auf.

$\sin \square = \frac{\square}{c}$ $\sin \square = \frac{\square}{c}$

$\sin \square = \frac{\square}{c}$ $\sin \square = \frac{\square}{c}$

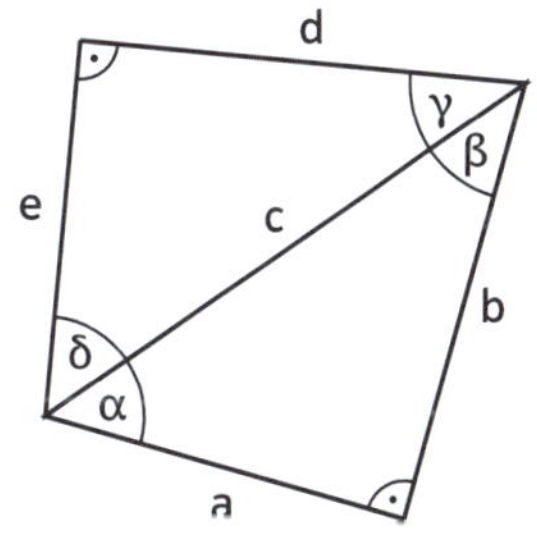

$\cos \square = \frac{\square}{c}$ $\cos \square = \frac{\square}{c}$

$\cos \square = \frac{\square}{c}$ $\cos \square = \frac{\square}{c}$

3 Richtig oder falsch? Kreuze an und korrigiere die Fehler in den Seitenverhältnissen.

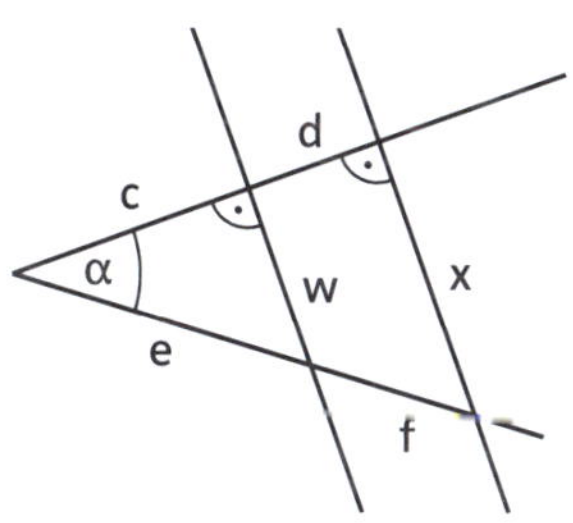

	Seitenverhältnis	richtig	falsch	Korrektur
a)	$\sin\alpha = \frac{c}{w}$	○	⊗	$\sin\alpha = \frac{w}{e}$
b)	$\sin\alpha = \frac{x}{e+f}$	○	○	
c)	$\cos\alpha = \frac{c}{e}$	○	○	
d)	$\tan\alpha = \frac{x}{d}$	○	○	
e)	$\cos\alpha = \frac{c+d}{e+f}$	○	○	

4 Es ist $\tan\alpha = \frac{3}{2}$. Skizziere zwei Dreiecke mit diesem Seitenverhältnis.

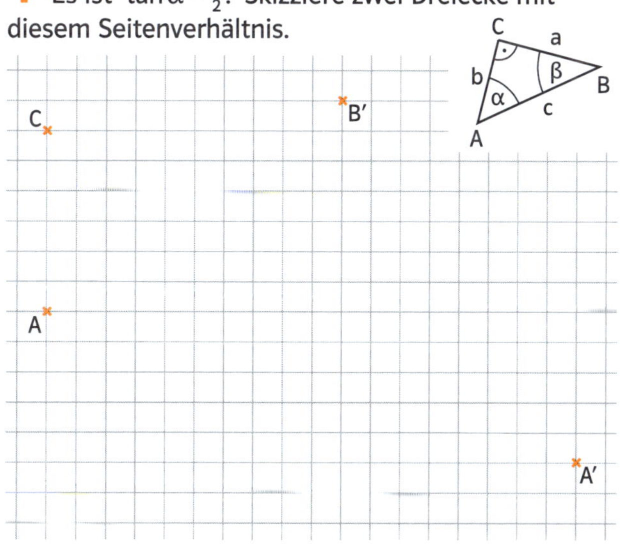

5 Kreuze richtige Aussagen an.

	a)	b)	c)	d)
$\sin\alpha < \cos\alpha$	○	○	○	○
$\tan\beta = 0{,}75$	○	○	○	○
$\cos\beta = \sin\alpha$	○	○	○	○
$\tan\alpha = 1$	○	○	○	○
$\sin\beta = \cos\beta$	○	○	○	○

a)

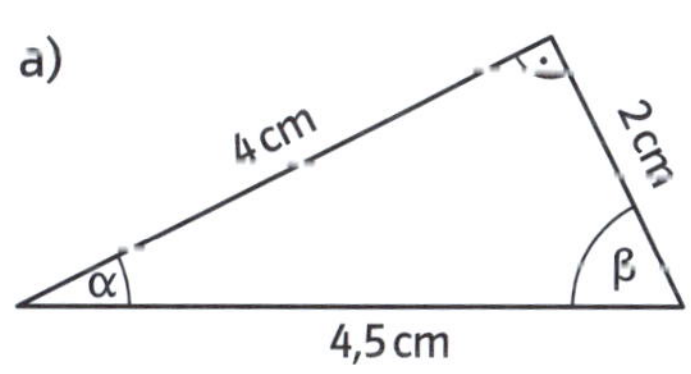

b)

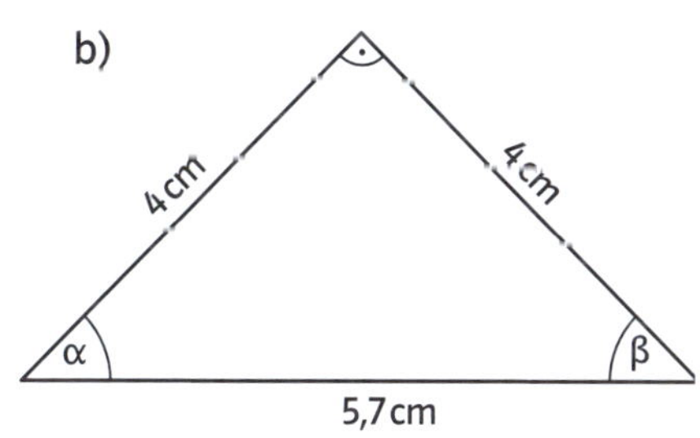

c)

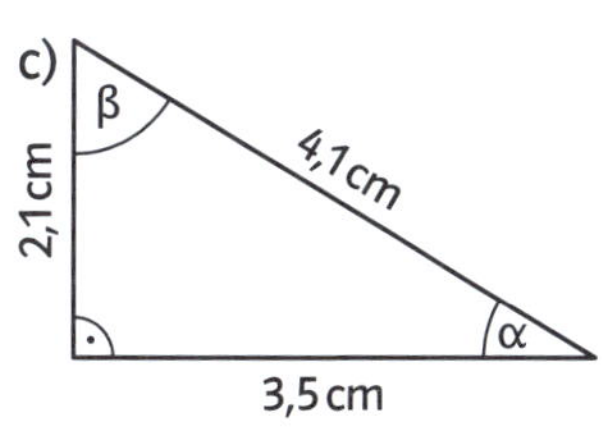

d)

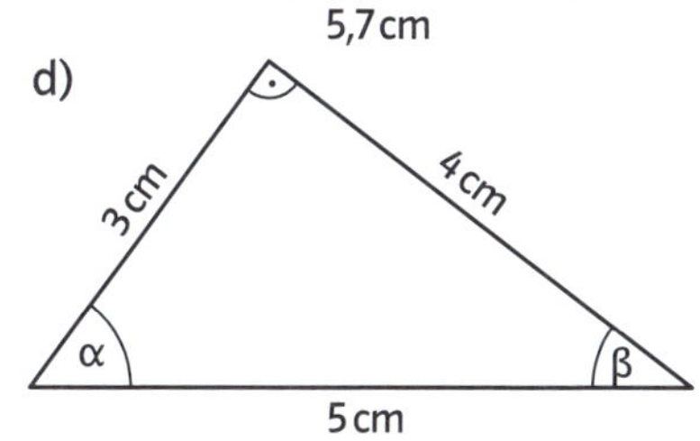

Rechtwinklige Dreiecke berechnen (1)

1 Ordne die Kärtchen A bis D den Dreiecken passend zu. Achte darauf, dass die unbekannten Winkel und Seiten nur mit den vorgegebenen Werten berechnet werden.

a)

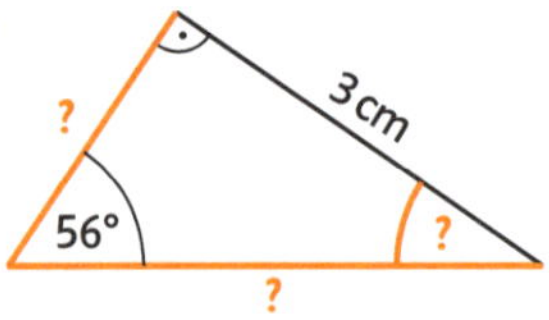

b)

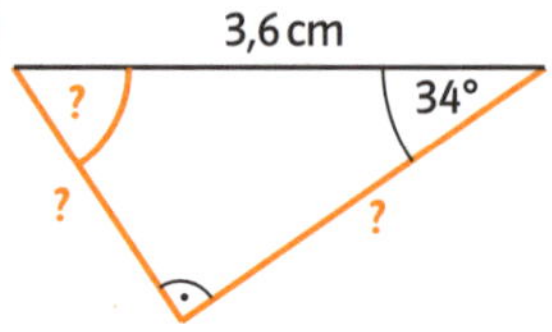

c)

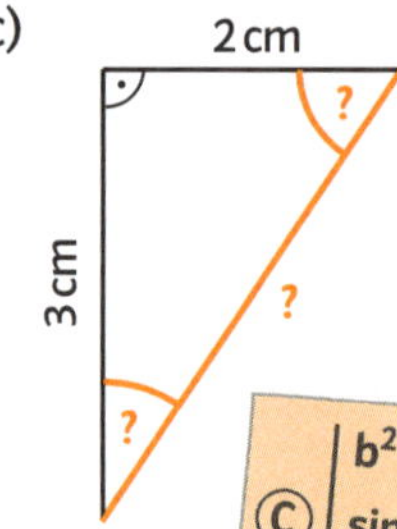

d)

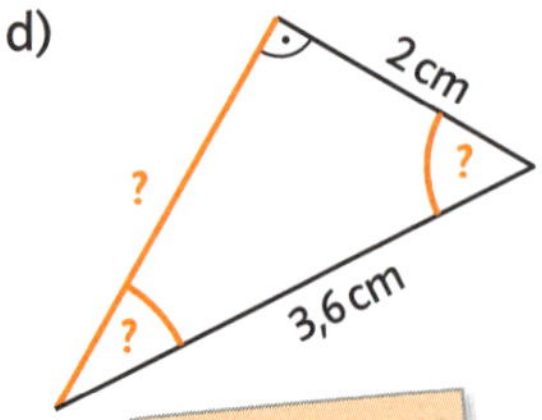

(A) $a^2 + b^2 = c^2$; $\tan\alpha = \frac{a}{b}$; $\tan\beta = \frac{b}{a}$

(B) $\alpha + \beta = 90°$; $\sin\alpha = \frac{a}{c}$; $\cos\alpha = \frac{b}{c}$

(C) $b^2 = c^2 - a^2$; $\sin\alpha = \frac{a}{c}$; $\cos\beta = \frac{a}{c}$

(D) $\alpha + \beta = 90°$; $\sin\alpha = \frac{a}{c}$; $\tan\alpha = \frac{a}{b}$

2 Ein Turm ist 8 m von einem geradlinig verlaufenden Fluss entfernt. Von der Aussichtsplattform in 20 m Höhe erscheint das jenseitige Flussufer unter einem Winkel von $\alpha = 50°$. Wie breit ist der Fluss?

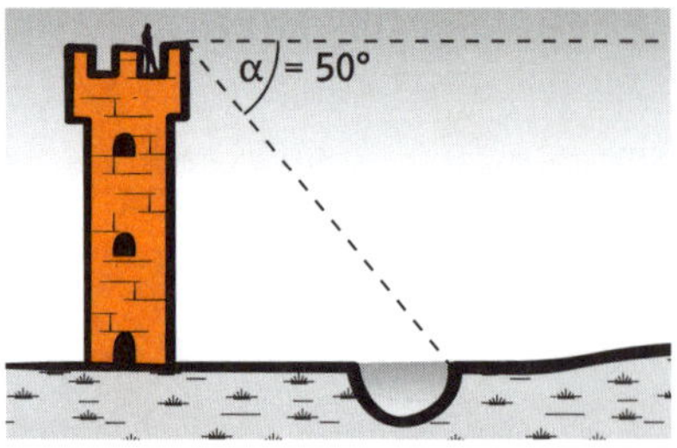

a) Welche Skizze passt zur Aufgabe? Kreuze an.

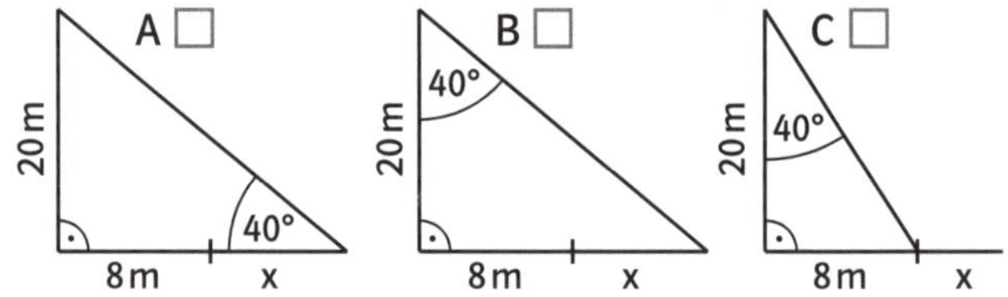

b) Bestimme x mit ______ 40° = ——— . x ≈ ______ m

3 Es geht abwärts.

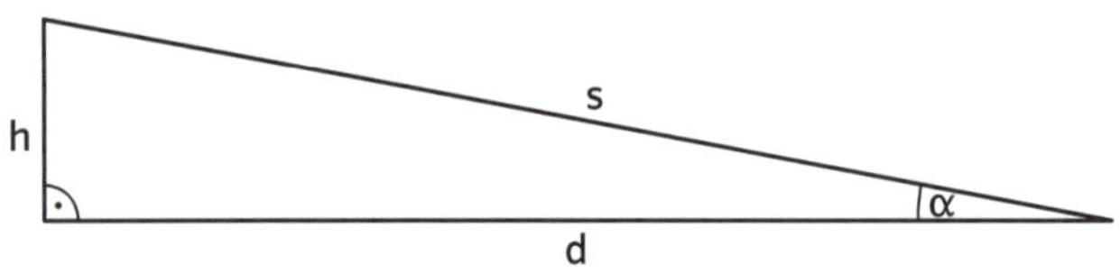

h: Höhenunterschied
s: zurückgelegte Wegstrecke
d: Distanz (auf die horizontale Grundebene bezogener Abstand)

Ergänze die Tabelle. [T1; T2]

	α	m	h	d	s
Segelflieger	3,4°			605 m	
Autofahrer		11,5 %			600 m
Wanderer			35,2 m		300 m

Segelflieger: ______ α = ______ h ≈ ______
______ α = ——— s ≈ ______
m = ______ α m ≈ ______

Autofahrer: ______ α = ______ α ≈ ______
______ α = ——— h ≈ ______
______ α = ——— d ≈ ______

Wanderer: ______ α = ——— α ≈ ______
m = ______ α m ≈ ______
______ α = ——— d ≈ ______

Welche Bewegung ist am steilsten?

____

Wer überwindet den größten Höhenunterschied?

____

[T1] m = tan α

[T2] Auch bei Gefälle wird auf Straßenschildern die Steigung in positiven Prozentzahlen angegeben. Beispiel: m = −0,05 entspricht 5 % Gefälle.

Rechtwinklige Dreiecke berechnen (2)

1 Berechne die orange markierten Seiten und Winkel der Dreiecke.

a)

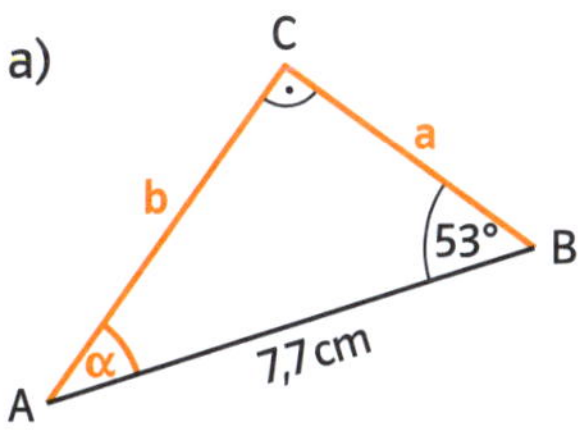

b)

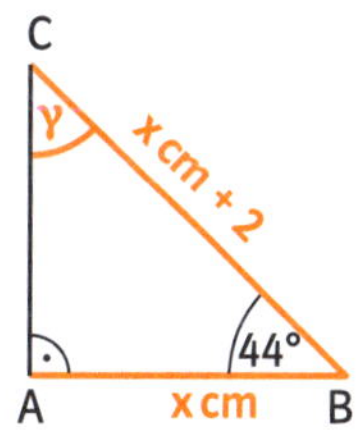

2 Das Fenster im Bilderrahmen ist für jeden Winkel α immer ein Quadrat.

a) Schau dir die Zeichnung an der Stelle mit dem Pfeil genau an. Erläutere, weshalb immer ein quadratisches Fenster entsteht.

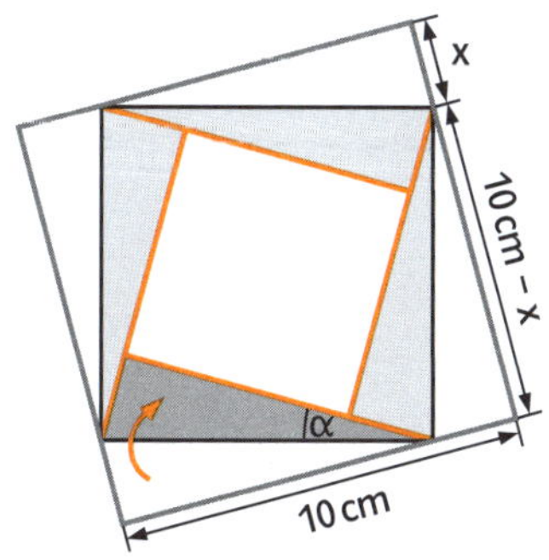

b) Der Bilderrahmen sieht gut aus, wenn der Winkel $\alpha = 15°$ gewählt wird. Beschrifte die Seiten eines grauen Dreiecks mit den Termen, die du aus der Zeichnung entnehmen kannst. Berechne den Wert x.

c) Berechne die Fläche des Bildfensters für $\alpha = 15°$. [T1]

Schräger Bilderrahmen für schräge Typen

Nimm für den Bilderrahmen ein quadratisches Stück Karton mit 10 cm Kantenlänge. Miss von jedem Eckpunkt im Uhrzeigersinn eine Strecke x ab und markiere die Stelle. Verbinde benachbarte Punkte durch Strecken. Knicke daran die entstandenen Dreiecksflächen nach innen. Lege ein Bild in die schräg liegende quadratische Innenfläche, bevor du die Kanten verklebst.

3 a) Beschrifte die Abbildung (Eckpunkte, Seiten, Winkel, Höhe, c_1 und c_2).

b) Berechne den Flächeninhalt A des Dreiecks. Bringe dafür die Kärtchen in eine geeignete Reihenfolge. Fülle die Kärtchen aus.

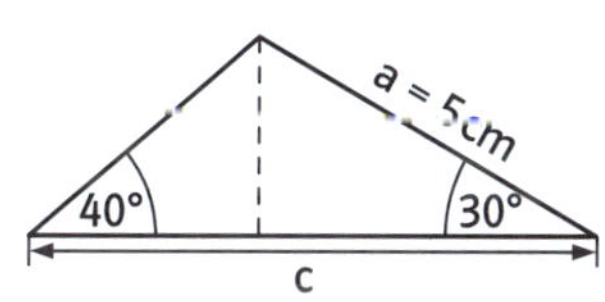

1 | $h_c = a \cdot \sin \beta$	| c_1 = ____
| c_2 = ____	| c = ____
| A = ____	| b = ____

4 Gut trainierte Menschen finden beim Werfen sehr genau den Winkel, mit dem sie das Ziel treffen. Berechne in den Beispielen die Winkelgrößen und nummeriere sie von der höchsten notwendigen Genauigkeit bis zur geringsten. Erstelle zuerst eine Planskizze zur Bestimmung des Zielwinkels δ, die für alle Beispiele geeignet ist. Erstelle eine gemeinsame Formel für diese Berechnungen.

Planskizze:

○ Ein Fußballspieler schießt aus 20 m Torentfernung auf einen 1,50 m breiten Bereich.

○ Ein Basketballspieler wirft 4 m weit und trifft das 59 cm breite Viereck über dem Korb.

○ Ein Bogenschütze zielt aus 50 m Entfernung auf eine 80 cm breite Zielscheibe.

tan ___ = ____

[T1] Zähle die gleich großen Dreiecke, die vom Ausgangsquadrat abgezogen werden müssen.

1 Laura und Sören berechnen den Flächeninhalt eines Vierecks auf zwei unterschiedliche Arten. Führe beide Berechnungen durch und trage dabei die Zwischenergebnisse in die Skizzen ein.

a) Laura rechnet:

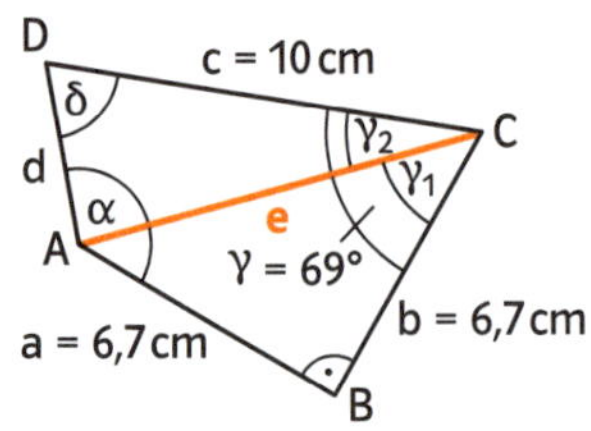

Das Dreieck ABC ist

______________ und

______________ .

Flächeninhalt:

A_{ABC} = ______________

$\gamma_2 = \gamma - 45° =$ ______________ ; $e = \sqrt{a^2 + b^2} \approx$ ______________

A_{ACD} = ______________

Vierecksfläche:

A_{ABCD} = ______________

b) Sören rechnet:

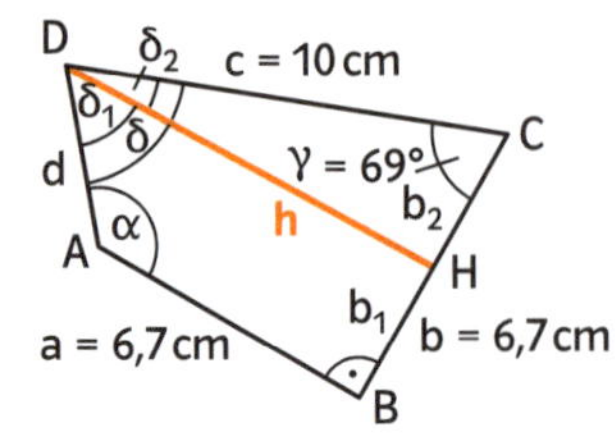

Im ______________

Dreieck HCD ist

h = ______________

______________ cm.

b_2 = ______________

A_{HCD} = ______________

b_1 = ______________

Flächeninhalt des Trapezes:

A_{ABHD} = ______________

Gesamtfläche: A = ______________

c) Beschreibe, worin sich die beiden Ansätze unterscheiden: ______________

____

2 Du stehst an einer rechtwinkligen Weggabelung **A**. In 7 km Entfernung (Luftlinie) liegt der Ort **C**ellstadt, den du erreichen möchtest. Entscheidest du dich für den rechten Weg, kommst du nach 5 km zur **B**urg und biegst dort im rechten Winkel nach links ab. Der zweite Weg führt von **A** nach links. Nach 3 km kommst du zum **D**orf und biegst schräg rechts ab nach **C**ellstadt. Bestimme den kürzeren Weg.
Erstelle eine Planskizze und berechne die Weglängen.

$\overline{BC}$ mit Pythagoras: ______________

∢ BAC mit cos: ______________

∢ CAD mit 90°-Ergänzung: ______________

$h_{\overline{AC}}$ im Dreieck ACD mit sin: ______________
Strecke von A zum Fußpunkt von $h_{\overline{AC}}$ mit Pythagoras:

____

obere Teilstrecke von $\overline{AC}$: ______________

$\overline{DC}$ nun mit Pythagoras: ______________

Die Differenz zwischen linkem und rechtem Weg beträgt ________ km.

Mit ________ km ist der ____________ Weg der kürzere.

3 Eine Schülergruppe erstellt einen Längsschnitt einer Abraumhalde. Den Steigungswinkel des ersten Anstiegs messen sie mit $\alpha = 33{,}7°$. Der Weg $\overline{AD}$ ist 72 m lang. Weitere 41 m sind es bis zum Gipfel in 50 m Höhe. Nach 78 m Abstieg ist Punkt B erreicht.

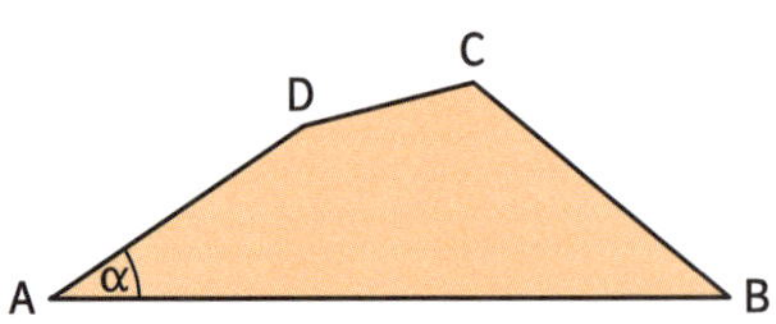

a) Bestimme die Größe der Schnittfläche: ________ m^2. Trage Daten und Hilfslinien in die Skizze ein.

____

____

b) Welches Volumen hat die Halde bei einer Seitenlänge von 100 m? ______________

Trigonometrie im Raum (1)

1 a) Kreuze die Eigenschaften der Dreiecke an. K liegt in der Mitte der Strecke $\overline{FG}$.

b) Benenne rechte Winkel und gleich lange Seiten der Dreiecke.

	rechtwinklig	gleichschenklig	gleichseitig
Δ AFH	○	○	⊗ $\overline{AF} = \overline{FH} = \overline{AH}$
Δ BHD	○	○	○
Δ BCF	○	○	○
Δ ACG	○	○	○
Δ BCK	○	○	○
Δ EBH	○	○	○

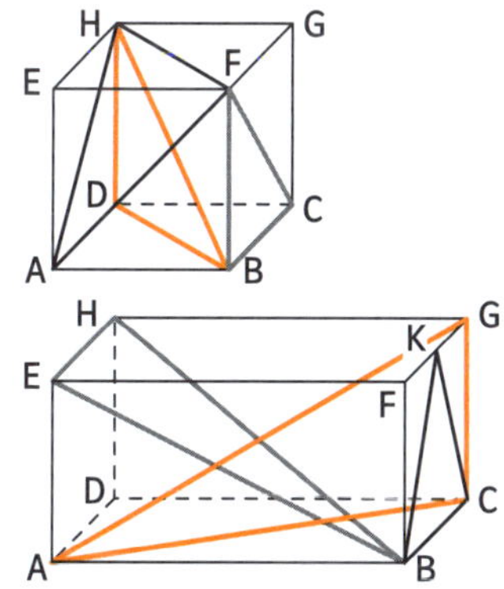

2 Die quadratische Pyramide hat eine Grundkantenlänge von $a = 18\,cm$ und eine Höhe von $h = 24\,cm$.

a) Zeichne den Winkel α zwischen der Grundfläche und einer Seitenfläche sowie den Winkel β zwischen der Grundfläche und einer Seitenkante s ein.

b) Beschrifte eine Skizze der Stütz- bzw. Hilfsdreiecke und berechne die Größe der Winkel α und β.

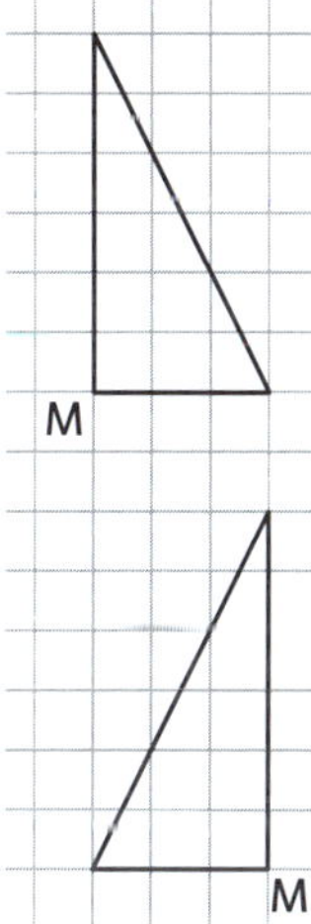

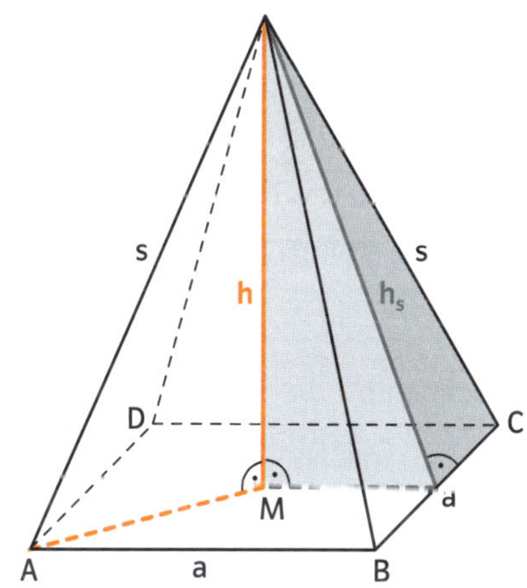

α ≈ ____________ β ≈ ____________

3 a) Ein Quader hat die Kantenlängen $a = 5\,cm$, $b = 4\,cm$ und $c = 3\,cm$. Schneidet man den Quader wie abgebildet durch, erhält man ein Viereck BCHE, in dem β liegt. Färbe das rechtwinklige Dreieck, in dem β liegt. Berechne nun β. [T1]

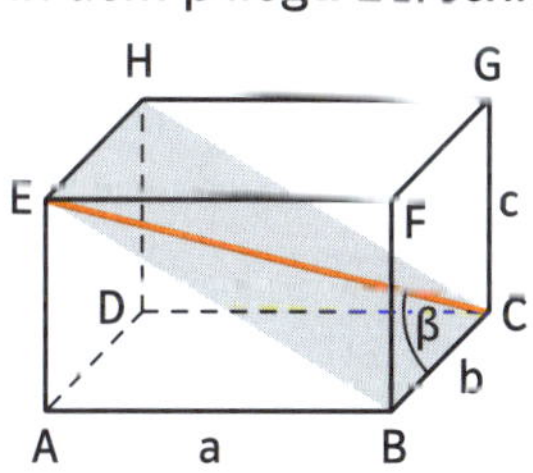

β ≈ ____________

b) Im gleichen Quader soll nun der Winkel α berechnet werden.
Zeichne zuerst eine geeignete Schnittfläche ein (nutze dazu geeignete Hilfslinien). [T2]

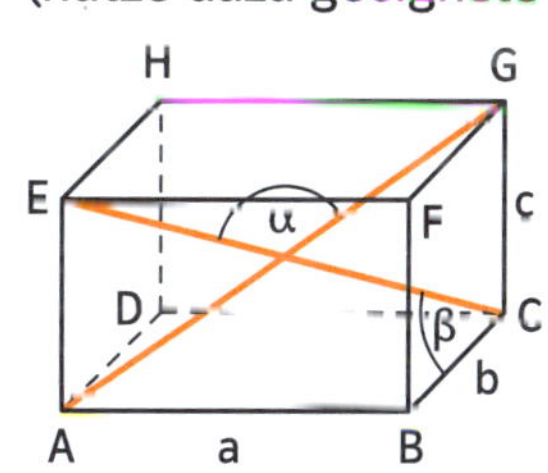

α ≈ ____________

[T1] Berechne zunächst $\overline{EB}$ als Flächendiagonale mithilfe des Satzes von Pythagoras.

[T2] Betrachte das Rechteck ACGE. Der Schnittpunkt der Diagonalen liegt auf halber Höhe.

Trigonometrie im Raum (2)

1 Bei einem Quader sind die Kantenlängen $a = 8\,\text{cm}$, $c = 11\,\text{cm}$ und der Winkel $\alpha = 36{,}87°$ gegeben.

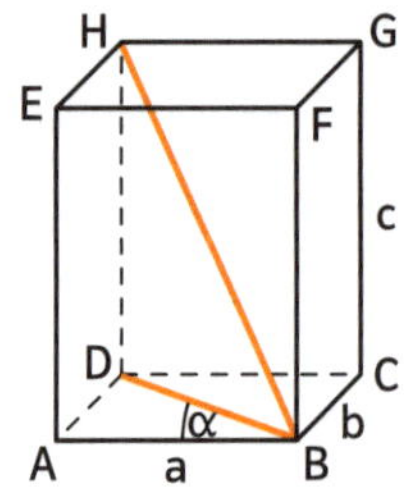

a) Zeichne den Winkel ε zwischen der Flächen- und der Raumdiagonalen ein und berechne ihn. $\varepsilon \approx$ ______ °

b) Berechne die Größe der Oberfläche des Quaders. [T1] $O =$ ________ cm^2

2 Tobias berechnet die Winkel α, β und γ des Dreiecks ABC in der quadratischen Pyramide. Der Punkt C halbiert die Seitenkante s. Die Grundkantenlänge a ist 5,4 cm und die Seitenkante ist 12,8 cm lang.

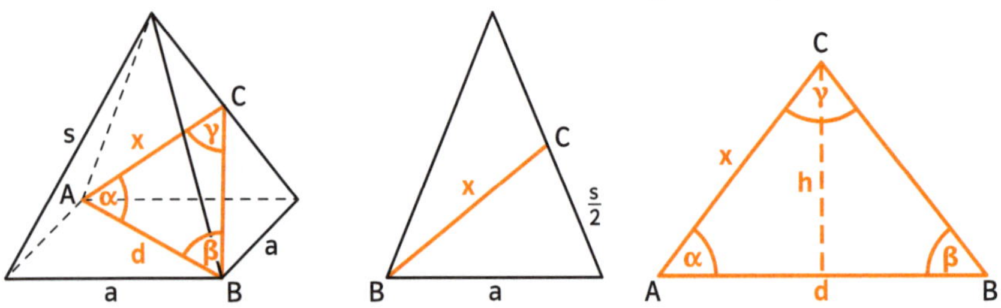

$d = \sqrt{5{,}4^2 + 5{,}4^2}\,\text{cm} \approx 7{,}64\,\text{cm}$

$x = \sqrt{a^2 + \left(\frac{s}{2}\right)^2}\,\text{cm} \approx 8{,}37\,\text{cm}$

$\cos\alpha = \frac{0{,}5d}{x}$

$\alpha = \beta \approx 62{,}85°$

$\gamma \approx 54{,}3°$

a) Leider ist ihm bei der Berechnung ein gravierender Fehler unterlaufen. Welcher?

____

b) Korrigiere die Rechnung. $\alpha \approx$ ______ ; $\beta \approx$ ______ ; $\gamma \approx$ ______

3 Auf der Oberfläche des Trapezprismas ist ein 14,8 cm langer Streckenzug $\overline{BKH}$ gezeichnet.

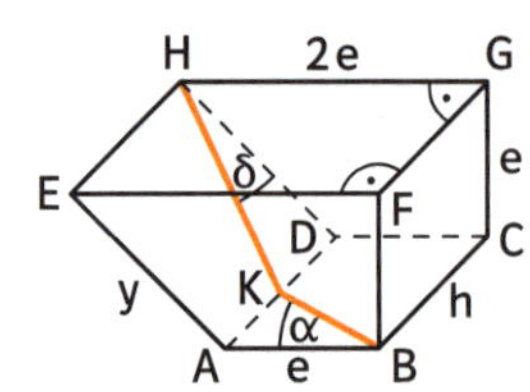

a) Berechne den Winkel δ für $e = 5\,\text{cm}$ und $\alpha = 40{,}75°$. [T2] $\delta =$ ________

b) Berechne das Volumen des Prismas. Tipp: Um die Körperhöhe h zu erhalten, berechne die Länge der Strecke $\overline{AK}$ im Dreieck ABK und die Länge der Strecke $\overline{DK}$ im Dreieck KDH [T3] $V =$ ________

[T1] $O = 2(ab + bc + ac)$

[T2] Berechne y aus der Grundfläche.

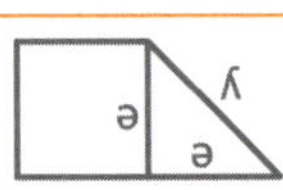

[T3] $V = G \cdot h = \frac{e + 2e}{2} \cdot e \cdot h$

1 Verbinde den Graphen mit dem Kärtchen der zugehörigen Funktionsgleichung.

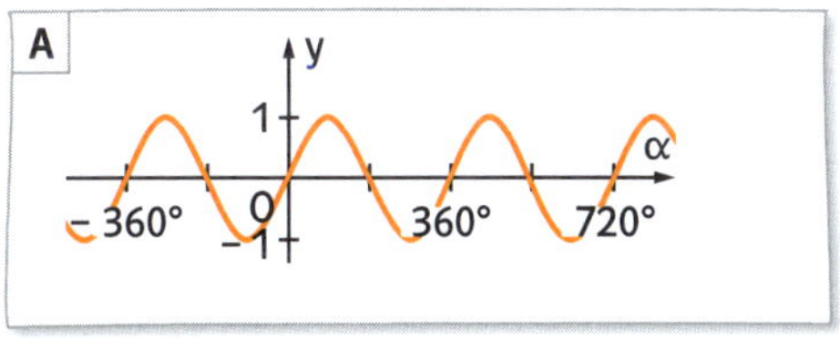

y = cos α

y = sin α

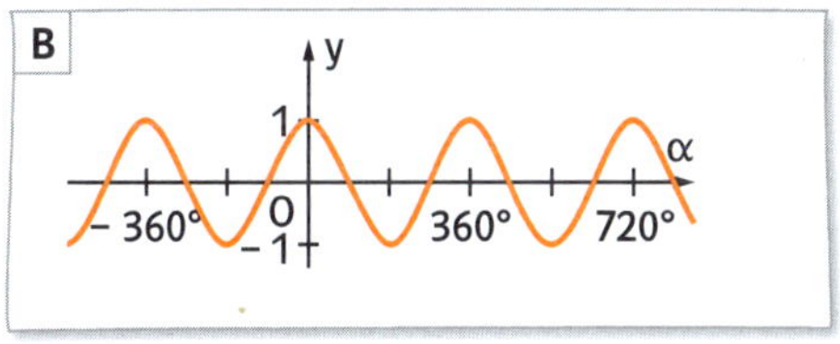

2 Wahr oder falsch? Markiere die richtigen Felder und finde das Lösungswort. ______

Aussage	wahr	falsch
Der Graph der Sinusfunktion ist periodisch.	M	R
$\sin(180° - \alpha) = \sin\alpha$	A	E
Der Graph der Kosinusfunktion ist achsensymmetrisch zur α-Achse.	N	I
Die Werte der Kosinusfunktion sind höchstens 1 und mindestens −1.	S	T
Die Periodenlänge des Graphen der Kosinusfunktion beträgt 180°.	F	B
Der Sinus wird für positive Winkel positiv und für negative Winkel negativ.	E	R
Der Graph der Sinusfunktion ist punktsymmetrisch zum Ursprung.	O	L
$\sin(180° + \alpha) = \sin\alpha$	D	T

3 Verbinde zusammengehörige Kärtchen.

$\sin\alpha > 0$ und $\cos\alpha > 0$ | $\cos\alpha < 0$ | $\sin\alpha > 0$ | $\sin\alpha > 0$ und $\cos\alpha < 0$

$90° < \alpha < 270°$ | $90° > \alpha > 0°$ | $180° > \alpha > 90°$ | $0° < \alpha < 180°$

4 Bestimme zeichnerisch Näherungswerte.

a) $\sin 70° \approx$ 0,94

b) $\cos 120° \approx$ ______

c) $\sin 250° \approx$ ______

d) $\cos 320° \approx$ ______

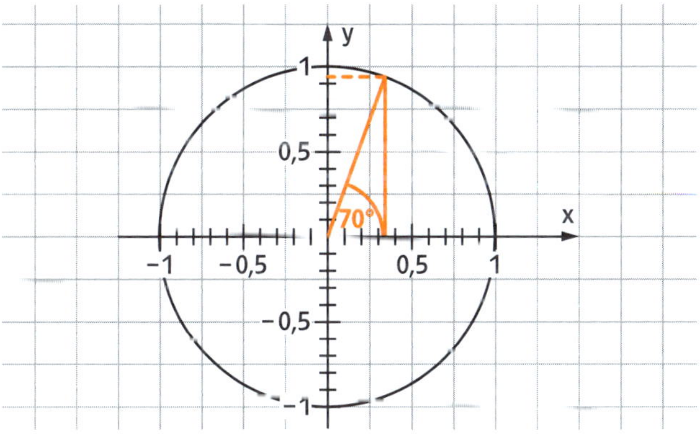

5 Bestimme zeichnerisch alle Winkel α zwischen 0° und 360°, für die gilt:

a) $\sin\alpha = 0{,}7$ $\alpha_1 \approx$ 44° ; $\alpha_2 \approx$ ______

b) $\sin\alpha = -0{,}4$ $\alpha_1 \approx$ ______ ; $\alpha_2 \approx$ ______

c) $\cos\alpha = 0{,}4$ $\alpha_1 \approx$ ______ ; $\alpha_2 \approx$ ______

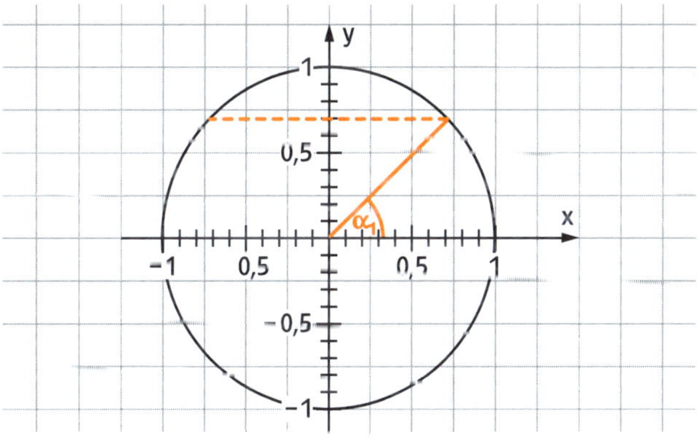

6 Fülle die Lücken mit den passenden Werten der Kärtchen.

a) $\sin 140° = \sin$ ______ $= \cos$ ______ $= \cos$ ______

b) $\sin 10° = \sin$ ______ $= \cos$ ______ $= \cos$ ______

c) $\sin$ ______ $= \sin$ ______ $= \cos 120° = \cos$ ______

50° | 40° | 70° | 240° | 130° | 80° | 310° | 170° | 250° | 280° | 330° | 210°

1 a) Markiere in den Dreiecken die gegebenen Werte. Finde unter den Vorgaben die dazu passende Form des Sinussatzes und streiche alle fehlerhaften Formulierungen des Sinussatzes durch.

b) Berechne die Größe, die als Erste berechenbar ist.

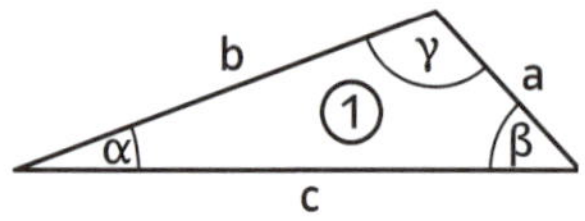

$\beta = 47°$, $\gamma = 110°$, $b = 4{,}5\,cm$

$\frac{\sin\beta}{\sin\gamma} = \frac{b}{a}$

$b = \frac{c}{\sin\gamma \cdot \sin\beta}$

$c = \frac{b \cdot \sin\gamma}{\sin\beta}$

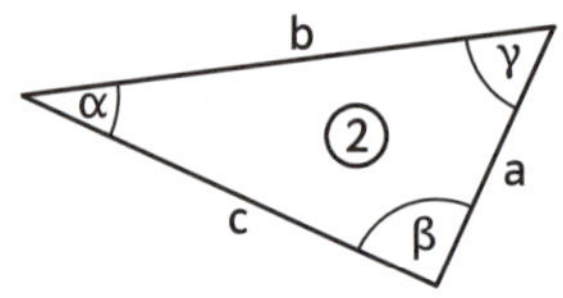

$c = 5{,}1\,cm$, $\gamma = 58°$, $b = 6\,cm$

$\frac{\sin\beta}{\sin\gamma} = \frac{b}{c}$

$\beta = \frac{b \cdot \sin\gamma}{c}$

$\frac{\sin\gamma}{\sin\beta} = \frac{b}{c}$

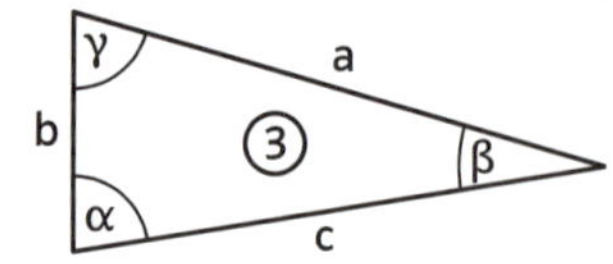

$\gamma = 74°$, $c = 5\,cm$, $\beta = 25°$

$b \cdot \sin\beta = c \cdot \sin\gamma$

$b \cdot c = \sin\beta \cdot \sin\alpha$

$b = \frac{\sin\beta \cdot c}{\sin\gamma}$

2 Beginne bei der Startlinie. Suche im Dreieck die Seite, die sich mit den eingezeichneten Winkeln und dem Sinussatz bestimmen lässt. Markiere die Seite. Sie gehört zu einem weiteren Dreieck. Die erste Seite ist schon eingezeichnet. Wiederhole den Vorgang nun in diesem Dreieck und wandere so durch das Labyrinth, bis es nicht mehr weitergeht. Wo kommst du an?

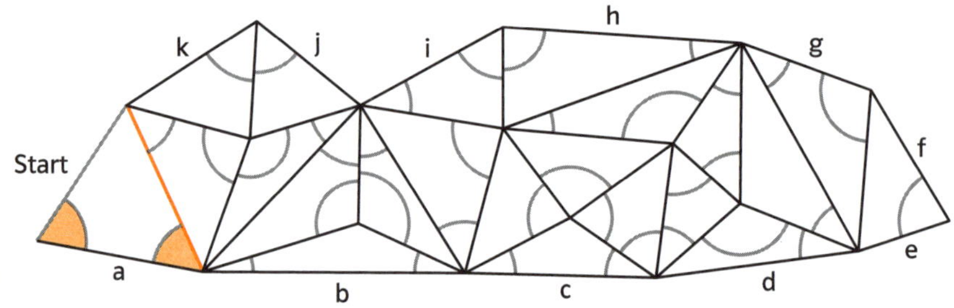

3 Eine Schülergruppe hat ein fünfeckiges Tiergehege im Zoo vermessen. Der Punkt D ist nicht zugänglich.

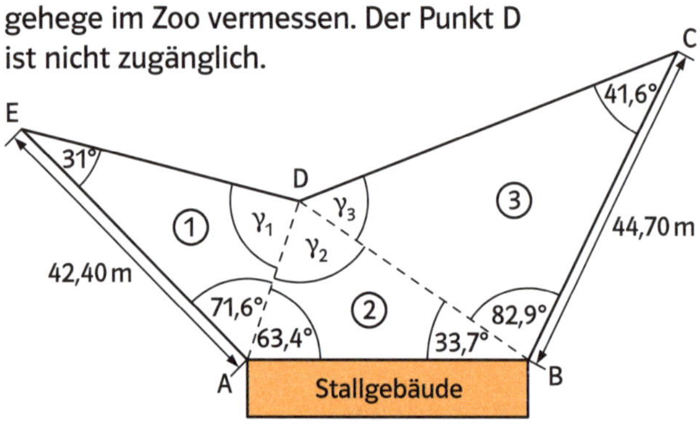

a) Berechne die fehlenden Strecken und Winkel.

Dreieck$_1$: γ_1 = 180° –

$\overline{ED}$ =

$\overline{AD}$ =

Dreieck$_2$: γ_2 =

$\overline{AB}$ =

$\overline{BD}$ =

Dreieck$_3$: γ_3 =

$\overline{CD}$ =

b) Berechne die Flächengröße des Geheges.

A = 0,5 ·

4 Vanessa und Leon messen zweimal den Höhenwinkel eines Flugzeugs. Die erste Messung ergibt 31°, 50 Sekunden später messen sie 56°. Das Flugzeug hat eine Reisegeschwindigkeit von 810 km/h.

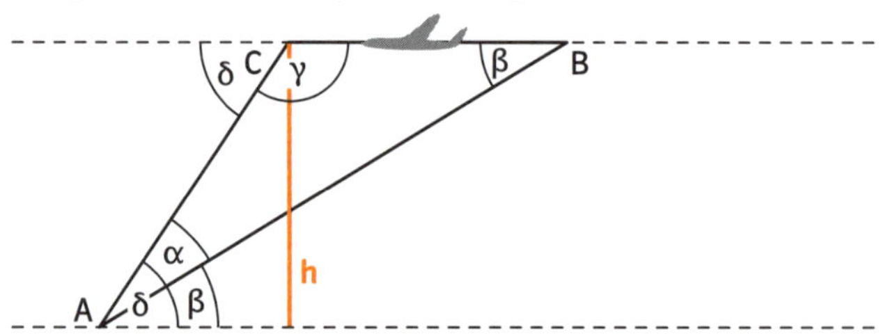

a) Berechne die Höhe, in der das Flugzeug fliegt; einige Notizen von Vanessa können dir helfen.

δ – β | 810 : 3600 · 50 | Sinussatz: $\overline{AC}$ = | 180° – δ | rechtwinkliges Dreieck: h =

α =

$\overline{CB}$ =

b) Bei der Messung des zweiten Winkels hat das Einstellen der Geräte etwas länger gedauert. Es waren schon 51 s vergangen statt der angenommenen 50 s. Verfolge die Schritte deiner Berechnung und streiche die falschen Angaben:
$\overline{CB}$ ist in Wirklichkeit (größer/kleiner). $\overline{AC}$ ist dann (größer/kleiner). h wird dadurch (größer/kleiner).

Fülle die Lücken. Für jeden Buchstaben findest du einen Strich. Löse dann die Beispielaufgaben.

Sinus, Kosinus, Tangens

Im _ _ _ _ _ _ _ _ _ _ _ _ _ _ _ Dreieck gilt:

$\sin\alpha = \frac{\text{Gegenkathete von } \alpha}{\text{Hypotenuse}}$

$\cos\alpha = \frac{\text{Ankathete von } \alpha}{\text{Hypotenuse}}$

$\tan\alpha = \frac{\text{Gegenkathete von } \alpha}{\text{Ankathete von } \alpha}$

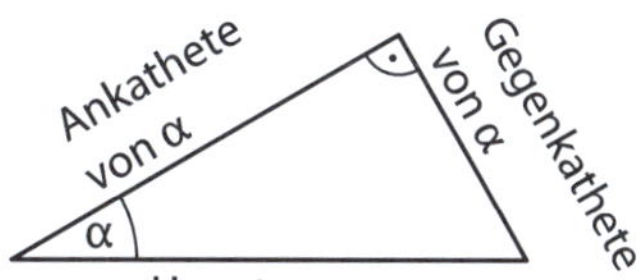

■ Fülle die Lücken.

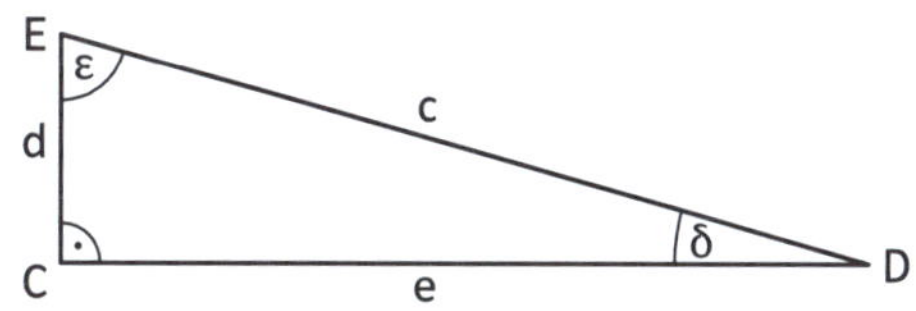

$\cos\delta = \frac{\_\_}{\_\_}$

$\sin\delta = \frac{\_\_}{\_\_}$

$\sin\varepsilon = \frac{\_\_}{\_\_}$; $\cos\varepsilon = \frac{\_\_}{\_\_}$; _____ $\varepsilon = \frac{e}{d}$; _____ $\delta = \frac{d}{e}$

Berechnen rechtwinkliger Dreiecke

Will man in einem rechtwinkligen Dreieck ABC mit $\gamma = 90°$ fehlende Seiten und Winkel berechnen, so kann man den Winkelsummensatz ($\alpha + \beta = 90°$), den Satz des Pythagoras ($a^2 + b^2 = c^2$) und Umformungen der Definitionen von Sinus, Kosinus und Tangens verwenden.

■ gegeben: Dreieck ABC mit $\gamma = 90°$, $b = 2{,}9\,\text{cm}$, $c = 4{,}1\,\text{cm}$; gesucht: α, β

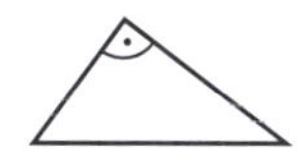

____

____

Berechnen allgemeiner Dreiecke

Allgemeine Dreiecke werden durch Einzeichnen einer Höhe in zwei _ _ _ _ _ _ _ _ _ _ _ _ _ _ Teildreiecke _ _ _ _ _ _ _ .

Mithilfe von Sinus, Kosinus und Tangens lassen sich dann die fehlenden Stücke des Dreiecks berechnen.

■ Gegeben ist a, b, α. Nummeriere die Kärtchen in der Reihenfolge, in der du rechnest.

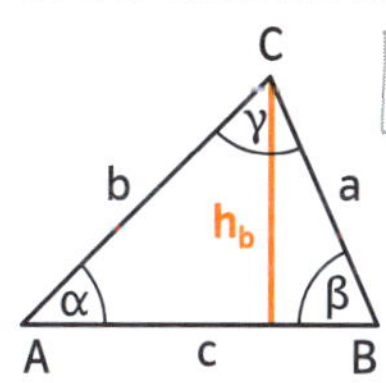

- [ ] β aus $\sin\beta = \frac{h_b}{a}$
- [ ] c_1 aus $\cos\alpha = \frac{c_1}{b}$; c_2 aus $\cos\alpha = \frac{c_2}{a}$
- [ ] c aus $c_1 + c_2$
- [ ] h_b aus $\sin\alpha = \frac{h_b}{b}$
- [ ] $\gamma = 180° - \alpha - \beta$

Trigonometrie in der Ebene

Um fehlende Werte in Vierecken und Vielecken zu berechnen, verwendet man Teil- oder Ergänzungsfiguren. Dazu geeignet sind rechtwinklige Dreiecke, Quadrate, Rechtecke und Trapeze.

■ Zerlege die linke Fläche geeignet und ergänze die rechte Fläche geeignet.

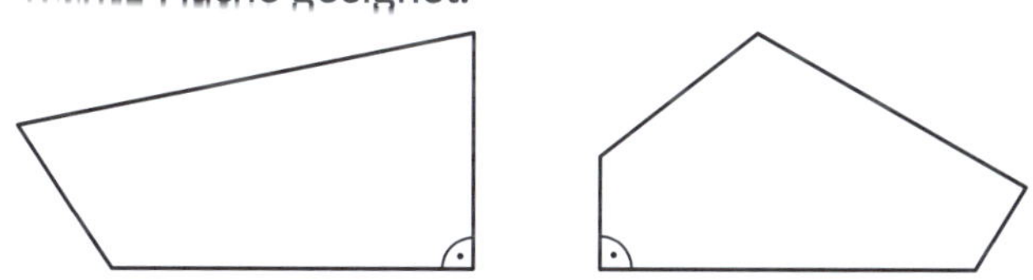

Sinus- und Kosinusfunktion

Die Sinusfunktion ordnet jedem Winkel α den y-Wert des zugehörigen Punktes auf dem Einheitskreis zu. Für die Kosinusfunktion ist dies der x-Wert.
Ein Punkt auf dem Einheitskreis hat also die Koordinaten (______ α | ______ α).

Trägt man die Werte in ein Koordinatensystem ein, erhält man den Graphen der Sinus- bzw. Kosinusfunktion.

■ Ordne die Kärtchen richtig den Grafiken zu.

y = sin α

cos α

y = cos α

sin α

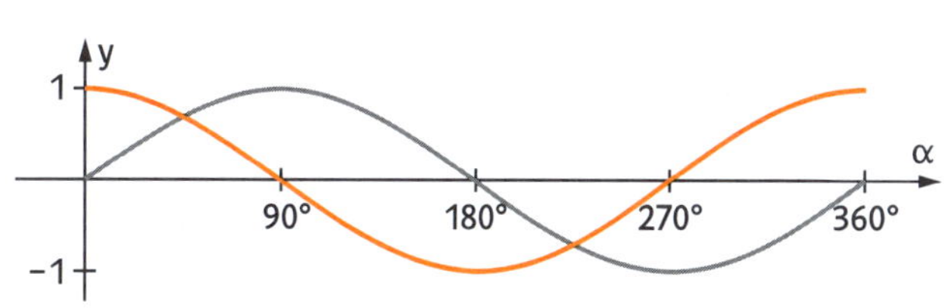

1 Ein Heißluftballon verharrt kurz vor seiner Landung in einer konstanten Höhe. Er erscheint dabei von Gunnars Standpunkt unter einem Blickwinkel von $\gamma = 54°$. Als sich Gunnar um 10 m auf den Ballon zubewegt, erscheint der Ballon unter einem Blickwinkel von $\delta = 62°$. In welcher Höhe befindet sich der Ballon, wenn Gunnars Augenhöhe 1,50 m über dem Boden beträgt? Beschrifte die Grafik.

Der Ballon befindet sich __________ m über dem Boden.

2 Ein großer Schreibtisch mit den Maßen $a = 1{,}90\,m$ und $b = 1{,}10\,m$ wird schräg in eine Zimmerecke gestellt. Die Strecke s gibt an, wie weit der Tisch mit der Ecke in den Raum hineinragt. Berechne die Länge von s. [T1]

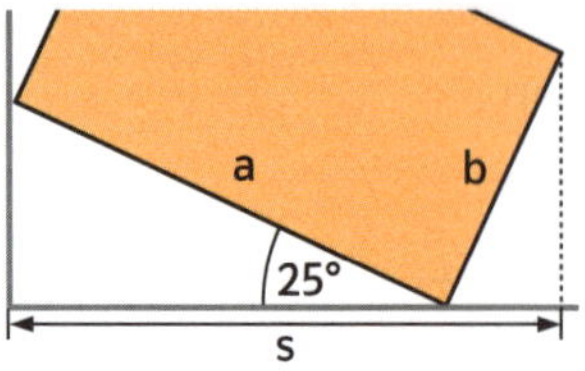

____

3 In der Kiste A befinden sich vier schwarze und sechs weiße Kugeln, in der Kiste B sind fünf schwarze und sieben weiße Kugeln. Aus jeder Kiste soll eine Kugel gezogen werden.

a) Wie groß ist die Wahrscheinlichkeit, dass man zwei schwarze Kugeln zieht? __________

b) Kati behauptet, dass die Wahrscheinlichkeit gleich bleibt, wenn man alle Kugeln zusammenschüttet und dann nacheinander zwei Kugeln zieht. Stimmt das?

P(schwarz, schwarz) = __________ . Kati hat __________ .

c) Berechne die Wahrscheinlichkeit, dass bei b) zwei Kugeln mit gleicher Farbe gezogen werden. Zeichne das vollständige Baumdiagramm.

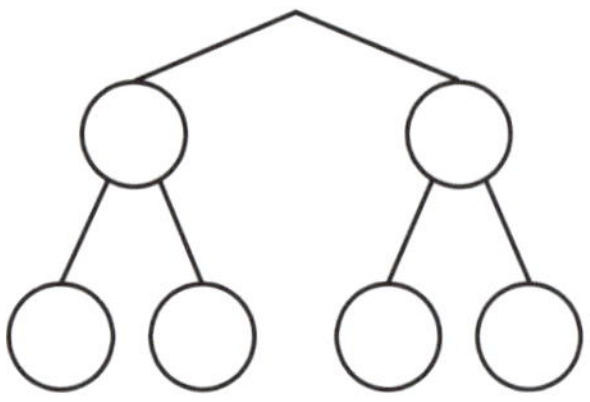

Die Wahrscheinlichkeit beträgt __________ .

4 Ein Kapital von 2500 € wurde mit einer jährlichen Verzinsung von 4,5 % angelegt.

a) Berechne die Höhe des Kapitals inklusive der Zinsen nach zehn Jahren. __________

b) Wann hätte sich das Kapital verdoppelt? __________

5 Berechne die Oberfläche und das Volumen

a) des Kegels,

s = ________ ; O = ________ ; V = ________

b) der rechteckigen Pyramide. h_a = ________ ;

h_b = ________ ; O = ________ ; V = ________

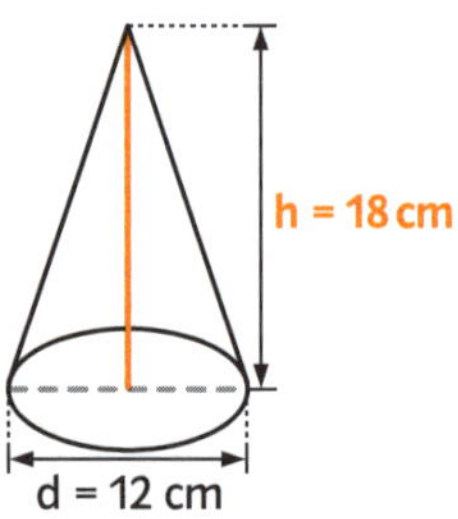

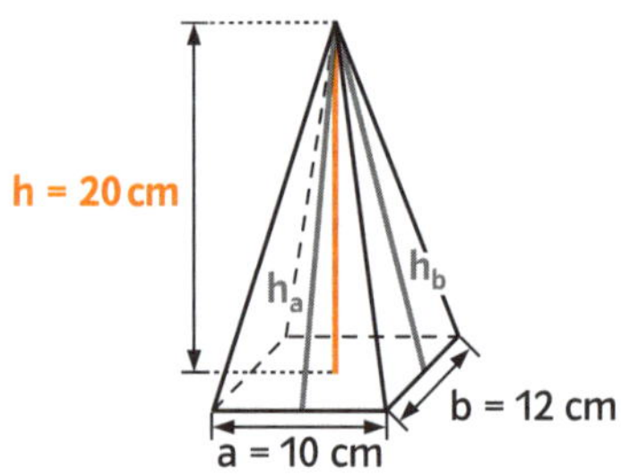

6 Für die automatische Verpackung von Druckerpapier testet eine Firma zwei Maschinen. Beide Maschinen sollen 500 Blatt pro Paket verpacken. Stelle das Testergebnis in zwei Boxplots dar. Welche Maschine sollte gekauft werden? Begründe.

Blätter pro Paket	494	495	496	497	498	499	500	501	502	503	504	505	506
Pakete bei Maschine A	19	33	50	29	16	14	15	11	3	3	3	2	2
Pakete bei Maschine B	2	5	7	11	13	36	55	33	15	11	6	4	2

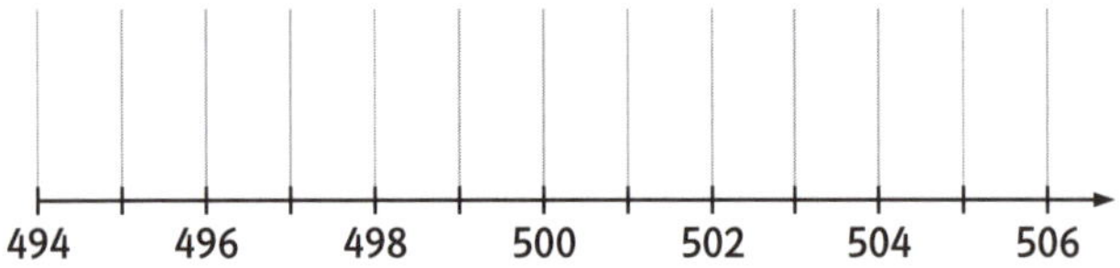

____

____

____

[T1] Untersuche entstehende Dreiecke. Benenne die Teilstrecken von s.

1 Fernseh- und Hörfunkprogramme kann man über Satellit empfangen. Dazu wurden Kommunikationssatelliten wie zum Beispiel die Astra-Satelliten in eine feste, geostationäre Umlaufbahn um die Erde gebracht. Diese Satelliten befinden sich immer über dem gleichen Punkt auf der Erde.

a) Ein Satellit hat eine geostationäre Umlaufbahn 35 880 km über der Erde. Es werden Funksignale von Punkt A über den Satelliten zu Punkt B mit einer Geschwindigkeit von 300 000 km/s übertragen. Wie lange brauchen sie von Punkt A nach B? [T1]

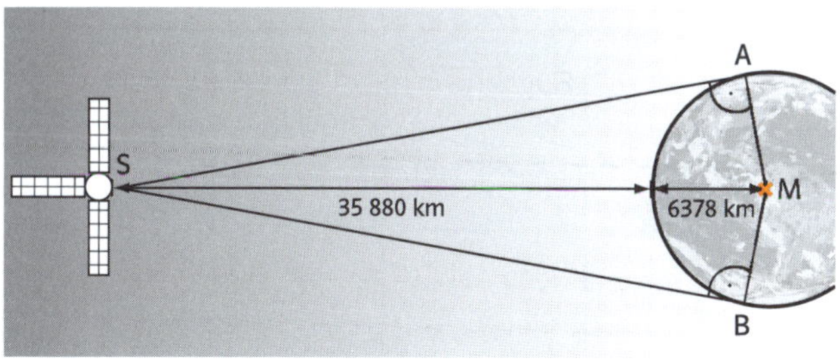

b)

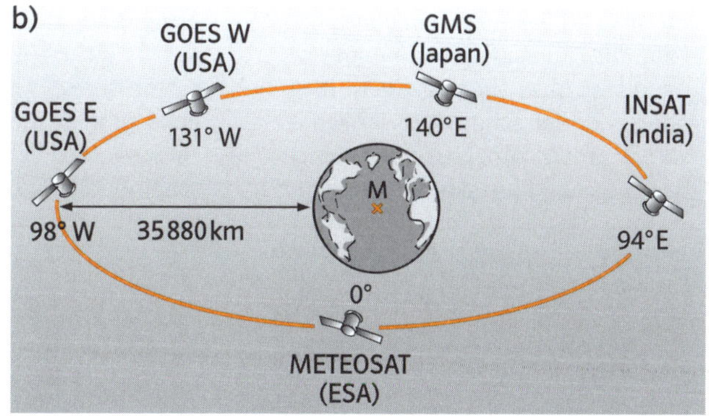

Wie weit sind die Satelliten METEOSAT und GOES W voneinander entfernt? [T2; T3]

c) Wie groß müsste die Erde gezeichnet werden, wenn die Bahn der Satelliten korrekt abgebildet wurde?

d) Die europäische Weltraumorganisation ESA (European Space Agency) hat 2008 ihr Forschungsmodul Columbus erfolgreich an die internationale Raumstation ISS (International Space Station) angedockt.

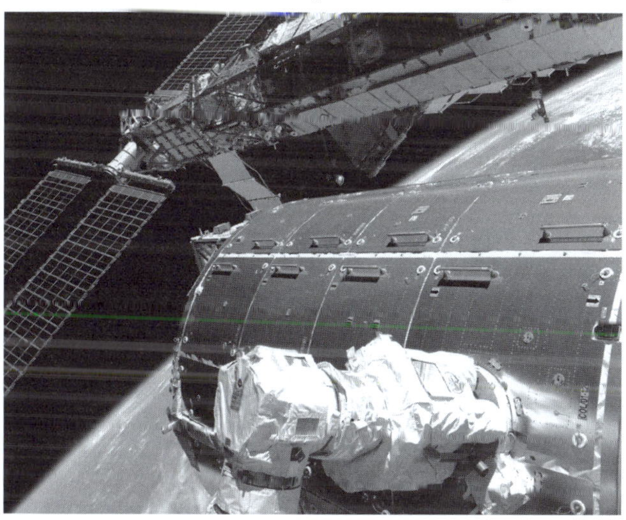

Um das zylinderförmige Modul vor kleinen Meteoren zu schützen, hat das Modul eine Außenpanzerung. Welche Fläche hat diese Panzerung etwa? [T4; T5]

e) Wenn die Panzerung 5 cm dick ist, hat die Panzerung ein Gesamtvolumen von ________ m^3. [T6]

Forschungsmodul Columbus	
Verwendungszweck	Experimente
Länge	6,9 m
Durchmesser	4,5 m
Startmasse	12,8 t (inklusive 2,5 t Nutzlast)
Maximalmasse	19,3 t
Zahl der Experimentierschränke	10
Anzahl der beteiligten Länder	13 (Hauptanteil BRD)
Missionskontrolle	Oberpfaffenhofen
Transport zur ISS	2008 (Raumfähre Atlantis)
Betriebsdauer	mindestens 10 Jahre

[T1] Welche Entfernung müssen die Signale zurücklegen?
[T2] Mittelpunkt der Umlaufbahn ist der Erdmittelpunkt. Addiere Erdradius und Höhe der Satellitenumlaufbahn.
[T3] Satelliten bilden mit M ein gleichschenkliges Dreieck. Die Höhe durch M halbiert das Dreieck (Teildreieck).
[T4] Bestimme erst den Radius, berechne dann die Grundfläche und die Mantelfläche.
[T5] Die Formel für die Mantelfläche eines Zylinders lautet $M = 2 \cdot \pi \cdot r \cdot h$
[T6] Die Grundfläche dieses Körpers ist ein Kreisring.

Bei Flügen mit dem Airbus A300 Zero G für das Deutsche Zentrum für Luft- und Raumfahrt (DLR) wird die Schwerelosigkeit durch Parabelflüge für etwa 20 Sekunden simuliert. Dazu wird das Flugzeug beschleunigt und dann steil nach oben gezogen (ca. 47°), dann wird der Schub der Triebwerke zurückgenommen. Jetzt bewegt sich das Flugzeug ohne Antrieb auf einer parabelförmigen Flugbahn (wie ein geworfener Ball). Die Piloten beeinflussen nun den Flugverlauf nur mit kleinsten Korrekturen, um z. B. die Auswirkung des Luftwiderstandes auszugleichen. Im Innenraum der Maschine herrscht nun Schwerelosigkeit. Etwa zehn Sekunden, nachdem das Flugzeug den Scheitel überquert hat, schalten die Piloten die Triebwerke wieder auf vollen Schub und fangen die stürzende Maschine ab. Viele Wissenschaftler nutzen die kurze Phase der Schwerelosigkeit für Experimente, die ansonsten nur im Weltraum möglich wären. Um ausreichend schwerelose Zeit für die Experimente zu erhalten, wird dieses Manöver pro Flug 31-mal wiederholt.

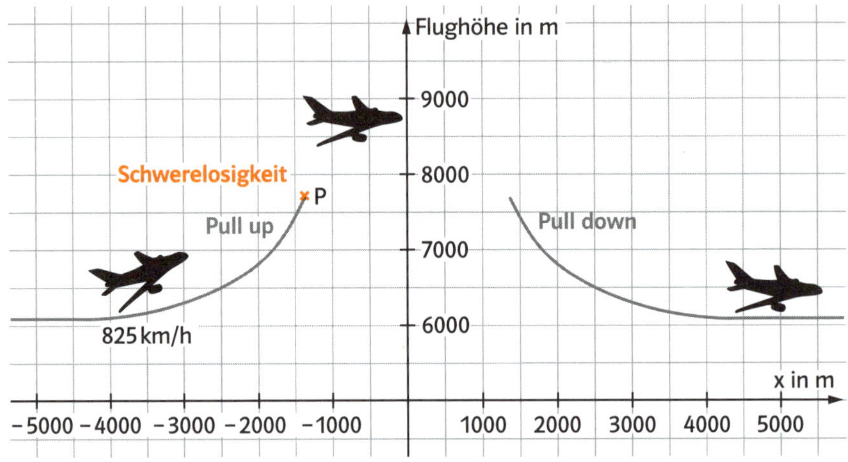

1 a) Der Airbus steigt teilweise in einem Winkel von 47°. Welcher Geradensteigung entspricht dies?

b) Nimm an, dass die Schwerelosigkeit während eines Flugs bei P(–1340 | 7700) einsetzte und der Scheitel der Flugparabel bei S(0 | 8419) lag. Bestimme die Parabelgleichung. [T1]

c) Zeichne in der Grafik den weiteren Verlauf der oben bestimmten Parabel möglichst genau ein. Notiere deine berechneten Werte in der Tabelle. [T2] Falls du b) nicht gelöst hast, benutze $f(x) = -0{,}0004x^2 + 8419$.

x				
f(x)				

d 1) Einen Tag später befindet sich ein Militärflugzeug im zuvor gesperrten Luftraum. Die Flugbahn des nach dem Start steil steigenden Kampfjets verläuft entlang $f(x) = 0{,}6x + 7419$.
Kreuzen sich die Flugbahnen des A300 und des anderen Flugzeugs? Begründe deine Antwort.

d 2) Das Militärflugzeug war mit einem Steigungswinkel von 18° gestartet. Welche Strecke hat es vom Startpunkt aus über dem Boden zurückgelegt, wenn es in der Luft 5 km im Steigflug geflogen ist?

[T1] $f(x) = ax^2 + c$. Aus S kann c erschlossen werden. Aus P kann dann a bestimmt werden.

[T2] Bestimme zumindest die Punkte, für die $f(x) = 5000$ gilt (unterste Höhenlinie in der Grafik ist nicht 0).

1 Im Freizeitpark bietet Luigi verschiedene Eissorten an.

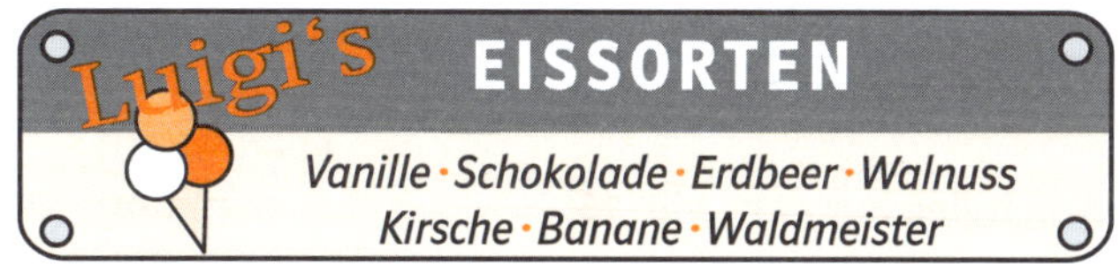

a) Jeden Tag ordnet er seine nebeneinander liegenden Eisbehälter in einer anderen Reihenfolge. Nach wie vielen Tagen muss er spätestens auf eine schon einmal verwendete Reihenfolge zurückgreifen?

____

b) Petra tippt ohne hinzusehen dreimal auf die Eiskarte. Vervollständige das Baumdiagramm. Wie groß ist die Wahrscheinlichkeit,

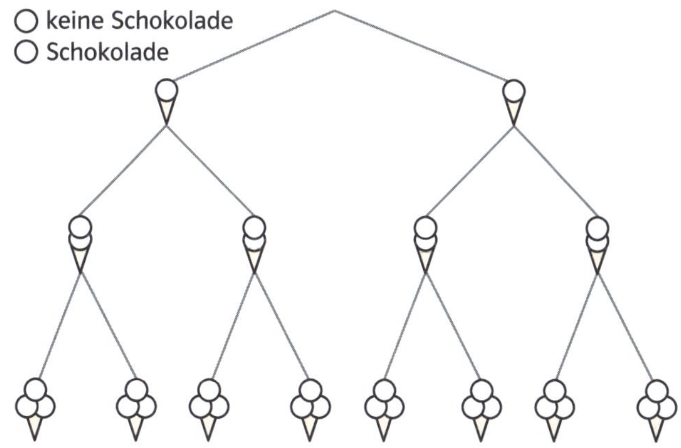

b 1) dass sich mindestens eine Kugel ihrer Lieblingssorte „Schokolade" darunter befindet?

____

b 2) dass sie mindestens zwei Kugeln „Schokolade" erhält? ________________________

2 Die quadratische Pyramide „Fluch des Pharao" hat eine Höhe von 38 m und die Länge der Grundkante beträgt 50 m.

a) Berechne das Volumen der Pyramide. V ≈ ____________ m^3

b) Das Äußere der Pyramide ist sehr ansprechend mit Steinen verkleidet. Berechne die Fläche dieser Bemantelung. M ≈ ____________ m^2

c) Berechne den Sturzwinkel der Boote, wenn sie entlang der Höhe der Pyramidenseite herunterfahren würden: ________________ . Der tatsächliche Wert ist 45°.

3 Im Freizeitpark befindet sich ein besonderes Riesenrad, ein Coaster Wheel.

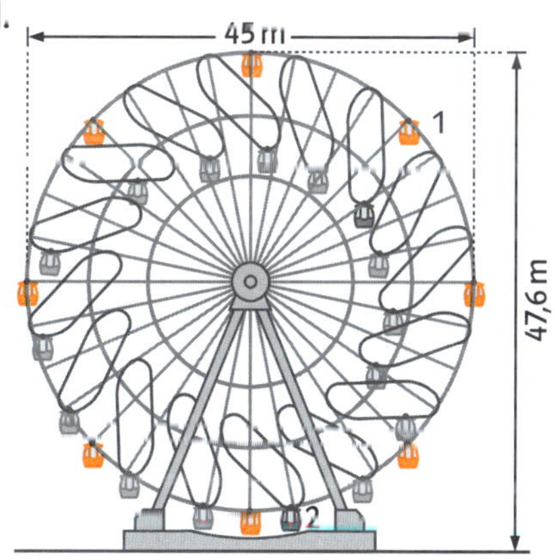

a) Die Speichen stehen in einem Winkel von ________ zueinander.

b) Berechne, wie viele Personen pro Stunde mit dem Riesenrad fahren können, wenn eine Fahrt aus drei Runden besteht. Vernachlässige Ein- und Ausstiegszeiten.

Technische Daten	
Höhe	47,6 m
Durchmesser	45 m
Umdrehungen pro Minute	0,5
Anzahl mobiler Gondeln	16
Anzahl fester Gondeln	8
Anzahl der Personen/Gondel	6

____

c) Berechne die Abstände der Aufhängung von Gondel 1 und Gondel 2 vom Boden (y) sowie ihre waagerechte Entfernung von der Nabe (x).

Gondel 1: ________________________

Gondel 2: ________________________

d) Berechne die Geschwindigkeit von Gondel 1

____

____

4 Die drei Hauptattraktionen im Park sollen mindestens 500 m voneinander entfernt sein, damit sich die Besucher über den Park gut verteilen. Prüfe, ob die Bedingungen eingehalten worden sind (Skizze nicht maßstabsgerecht).

____

Die Seitenangaben in Schwarz verweisen auf die Lerneinheit, die in Orange auf den Merkzettel.